DESIGN YOUR LIFE

Marius Kursawe und **Robert Kötter** haben mit Work-Life-Romance eine Job-Manufaktur für Sinnsucher und Unzufriedene geschaffen. Als Autoren und Speaker widmen sie sich dem Thema „Zukunft der Arbeit". Artikel über ihre Arbeit erschienen in der *F.A.S.*, *Manager-Seminare*, *enorm*, *Training aktuell* und *Good Impact*. Sie sind Gewinner der Bonner Ideenbörse 2014.
Pascal Schöning ist seit über 10 Jahren als Creative Director, Editorial Designer und Typograf im Bereich Design und Unternehmenskommunikation tätig. Er ist Gründer und Betreiber von DAS STUDIO in Köln.

www.workliferomance.de

ROBERT KÖTTER
MARIUS KURSAWE

Creative Direction
PASCAL SCHÖNING

DESIGN YOUR LIFE

Dein ganz persönlicher Workshop für Leben und Traumjob!

ISBN 978-3-593-50447-6 Print
ISBN 978-3-593-43202-1 E-Book (PDF)
ISBN 978-3-593-43220-5 E-Book (Fixed Layout)

Das Werk einschließlich aller seiner Teile ist urheberrechtlich geschützt. Jede Verwertung ist ohne Zustimmung des Verlags unzulässig. Das gilt insbesondere für Vervielfältigungen, Übersetzungen, Mikroverfilmungen und die Einspeicherung und Verarbeitung in elektronischen Systemen.
Copyright © 2015 Campus Verlag GmbH, Frankfurt am Main.
Gesamtgestaltung und Satz: Pascal Schöning, Köln
Illustration: Maria Klingenberg, Köln
Druck und Bindung: Beltz Bad Langensalza
Printed in Germany

www.campus.de

Inhalt

KAPITEL 1
DESIGN YOUR LIFE — SEITE 6
Verstehe die Prinzipien des Life-Designs und begegne Menschen, für die die Zukunft der Arbeit schon jetzt begonnen hat

KAPITEL 2
ERSCHAFFE DEINE ZUKUNFT — SEITE 48
Definiere dein Design-Ziel und formuliere die Rahmenbedingungen für deine ganz persönliche Work-Life-Romance

KAPITEL 3
ENTDECKE DEIN POTENZIAL — SEITE 66
Verstehe deine Talente, Leidenschaften und Werte und gestalte damit die Bausteine für dein späteres Life-Design

KAPITEL 4
GESTALTE NEUE IDEEN — SEITE 144
Entwickle Ideen, die dich begeistern und mit denen du deine Vision von Work-Life-Romance Wirklichkeit werden lässt

KAPITEL 5
TESTE MIT PROTOTYPEN — SEITE 202
Teste deine Ideen und erwecke sie zum Leben. Erfahre, wie sich dein Traumjob in der Wirklichkeit anfühlt

KAPITEL 6
LEBE DEINE TRÄUME — SEITE 250
Plane deine weiteren Schritte und beginne mit der Umsetzung deiner Ideen. Lasse dein Life-Design Realität werden

DIE AUTOREN — SEITE 272
DANKE — SEITE 275
BILDQUELLEN — SEITE 277

KAPITEL 1

DESIGN YOUR LIFE

Verstehe die Prinzipien des Life-Designs und begegne Menschen, für die die Zukunft der Arbeit schon jetzt begonnen hat.

Beginne hier

Es gibt Tage, die man nie vergisst. Die sich einbrennen in das Gedächtnis. Und die im Rückblick eine ganz besondere Bedeutung erhalten. Für uns ist das der Tag, an dem wir „Work-Life-Romance" gegründet haben. An diesem Tag haben wir aufgehört zu arbeiten. Zumindest würden wir es nicht mehr Arbeit nennen – in dem Sinne, den viele Menschen damit verbinden: Arbeit als Pflicht oder als Last. Woran zeigt sich der Unterschied? Vielleicht an der Vorfreude auf das, was der Tag bringen wird, wenn man morgens wach wird. Am Gefühl der Zugehörigkeit zu den Menschen, mit denen wir zusammenarbeiten und den immer neuen und interessanten Begegnungen. An der Energie, die entsteht, wenn man eine neue Idee entwickelt und es nicht erwarten kann, sie umzusetzen. An dem Gefühl, etwas verändern und bewegen zu können und der Dankbarkeit, die einem dafür entgegengebracht wird. Oder vielleicht ganz einfach an dem großen Spaß, den unser Job uns macht – Tag für Tag.

Das klingt vielleicht kitschig. Aber es ist einfach so! Wir tun das, was wir lieben und wir genießen es. Und mit diesem Gefühl sind wir nicht allein. In den vergangenen Jahren sind wir immer mehr Menschen begegnet, die genau so empfinden. Viele von ihnen werden wir dir in diesem Buch vorstellen. Wie wir haben sie sich ein Leben geschaffen, das ihren Talenten, Leidenschaften und Werten entspricht. Keiner von ihnen sagt morgens: „Ich muss dann mal zur Arbeit." Sie denken nicht in Kategorien wie Arbeit und Freizeit. Für sie ist Arbeitszeit Lebenszeit und umgekehrt. Sie machen da keinen Unterschied, kümmern sich nicht um ihre Work-Life-Balance und brennen trotzdem nicht aus. Im Gegenteil: Sie blühen auf und ziehen Energie aus dem, was sie tun. Warum? Weil sie ein echtes Leben führen, dass sie täglich nach ihren Bedürfnissen gestalten. Sie wollen nicht mehr nach den Regeln leben, die andere ihnen vorgeben, sie stellen einfach ihre eigenen auf.

Noch sind wir in der Minderheit und der gesellschaftliche Konsens besteht darin zu sagen: Arbeit nervt! Millionen Menschen sehnen täglich den Feierabend herbei und leben für die paar Wochen Urlaub im Jahr, in denen sie ganz weit weg von Job, Kollegen, Vorgesetzten und ungeliebten Pflichten sein dürfen. Viele richten sich in dieser Situation ein und bestätigen damit Glaubenssätze wie „Erst die Arbeit, dann das Vergnügen". Aber stimmt das wirklich? Nein! Das beobachten wir insbesondere bei jenen Menschen, die mit einem Funkeln in den Augen sagen, dass sie den perfekten Job gefunden haben. Und auch wenn es wenige sind: Es handelt sich dabei nicht um das Vorrecht einer privilegierten Minderheit, noch hat es mit Glück, Schicksal oder gar Geld zu tun. Es hängt viel mehr von einer Entscheidung ab. Der Entscheidung für ein Leben nach deinen Vorstellungen und Möglichkeiten. Ein Leben, in dem Arbeit nicht mehr jene acht Stunden sind, die dich vom nächsten Feierabend trennen. Ein Leben voller Arbeit, die Spaß macht, sinnstiftend ist und Relevanz hat – und zwar für dich und dein Umfeld. Mit „Design Your Life" wollen wir dich dabei unterstützen, diesen Weg ebenso zu gehen. Wir haben in dieses Buch all unsere Erfahrung gesteckt. Mehr noch: Wir haben die Erfahrung von über 50 Menschen zusammengetragen, die diesen Weg schon gegangen sind und die ihre Work-Life-Romance gefunden haben. Darunter sind Teilzeit-Unternehmer, Job-Tandems, digitale Nomaden, Portfolio-Jobber, Gründer und viele, viele Menschen, die ihren alten Beruf hingeschmissen haben und heute von sich sagen: Ich habe meinen Traumjob gefunden! Du wirst ihnen in diesem Buch begegnen. Ihre Geschichten sollen dich inspirieren und dir Mut machen. Sie sollen dir zeigen, dass du nicht allein bist mit deinen Zweifeln und dem Gefühl, dass dein Leben reicher sein könnte, als es heute ist. Denn wenn dein Bauchgefühl dir sagt, dass der Kurs nicht mehr stimmt, solltest du das nicht ignorieren. Ihre Beispiele sollen dir aber auch Ansporn sein, deine Komfortzone zu verlassen. Gründe, warum an der aktuellen Situation nichts zu ändern ist, sind schnell gefunden. Die meisten davon sind Ausreden. Alle Geschichten in diesem Buch sind die Geschichten ganz normaler Menschen. Wenn sie es geschafft haben, dann kannst du das auch!

Warum wir uns da so sicher sind? Weil wir in unseren Workshops seit Jahren Menschen auf der Suche nach ihrer Work-Life-Romance begleiten und erleben, wozu sie fähig sind, wenn sie anfangen, ihr Leben nach ihren eigenen Regeln zu gestalten. Darunter sind Studenten und Uni-Absolventen auf der Suche nach Orientierung beim Berufsstart. Aber auch viele in den 30ern oder 40ern, die schon viel erreicht haben, aber von dem Gefühl begleitet werden: „Das kann es noch nicht gewesen sein!" Und auch Menschen, die mit 50+ beschließen, etwas zu ändern, kommen zu unseren JobCamps. Das Konzept unserer Workshops basiert auf Design Thinking. Die im Silicon Valley entstandene Innovationsmethode wurde von uns erstmals auf Coaching-Prozesse übertragen. Design Thinking beschreibt einen klar definierten Fünf-Phasen-Prozess für die Lösung komplexer Fragestellungen. Standen dabei bislang jedoch eher komplexe Fragen der Produkt- und Service-Entwicklung im Fokus, haben wir uns schon früh die Frage gestellt, warum nicht auch die Frage „Wie will ich Leben?" mit Design Thinking beantwortet werden kann. Unser JobCamp-Workshop ist das Ergebnis dieser Idee. Für „Design Your Life" haben wir diesen Workshop nun in ein Buch übersetzt, das dich Schritt für Schritt durch den Design-Prozess begleiten wird. Dafür haben wir viele Tools entwickelt, mit denen du dein neues Leben selbst gestalten kannst.

Wenn wir in unseren Workshops eines gelernt haben, dann das: Alleine entwickelst du nur halb so gute Ideen wie im Team. Die Zweifel werden größer und der Mut zur Veränderung kleiner, wenn du im stillen Kämmerlein über deine Situation nachdenkst – das tust du vielleicht schon viel zu lange. Wir wollen dich dafür begeistern, dein Life-Design zusammen mit anderen zu gestalten. Deshalb haben wir das Buch ganz bewusst so konzipiert, dass du in den Austausch mit anderen trittst und die Ideen und Sichtweisen anderer Life-Designer einbeziehst. Das können gute Freunde sein, deine Familie, aber auch fremde Menschen, die in der gleichen Situation sind wie du und vor denselben Fragen stehen. Auf unserer Website www.worklife-romance.de kannst du dich mit anderen Lesern dieses Buches vernetzen. Versuche, diesen Vorteil zu nutzen: Suche dir Gleichgesinnte in deiner Stadt oder Region. Oder gründe selbst die erste Life-Design-Zelle, der andere Leser beitreten können. Auf unserer Website findest du darüber hinaus viel Begleitmaterial zum kostenlosen Download. Außerdem findest du dort Video-Tutorials, in denen wir dich beim Einsatz der Tools unterstützen werden.

Dieses Buch würde es in dieser Form nicht geben ohne die Hilfe der vielen Tool-Tester, Interviewpartner, Lebenskünstler und anderen Supporter. Denn unseren Ratschlag, sich beim Design mit anderen zu vernetzen, haben wir wörtlich genommen und unsere Ideen für dieses Buch in Leser-Workshops oder Video-Konferenzen getestet und damit stetig weiter verbessert. In einem Blog, das den Schreibprozess vom ersten Tag an begleitet hat, haben wir die zukünftigen Leser eingebunden und durch ihr Feedback gelernt, was das Buch leisten muss. Du kannst also davon ausgehen, dass nicht nur wir zwei, sondern viele andere Menschen in verschiedener Weise an „Design Your Life" mitgewirkt haben – sei es durch einen Impuls, eine Kritik, eine Anregung oder mit der Geschichte ihres Lebens. Eine Liste all dieser Unterstützer findest du am Ende des Buches. Für das Vertrauen in uns und dieses Buchprojekt möchten wir ihnen hiermit danken!

Es gibt Tage, die man nie vergisst. Die sich einbrennen in das Gedächtnis. Und die im Rückblick eine ganz besondere Bedeutung erhalten. Mache den heutigen Tag für dich unvergesslich. Mache ihn zu dem Tag, an dem du aufgehört hast zu arbeiten. Zu dem Tag, an dem du angefangen hast, dein Leben zu gestalten, statt darauf zu hoffen, dass sich irgendwann irgendetwas ändert. Das wird es nicht. Nicht, solange du es nicht selbst in die Hand nimmst. Beginne jetzt. Beginne hier. Werde zum Designer deines Lebens.

START DESIGNING YOUR LIFE!

Die Zukunft der Arbeit

VON SINNSUCHERN UND ZEIT-MILLIONÄREN
Nichts ist so vergänglich wie die Jobs, die wir ausüben. Was wir heute unter Arbeit verstehen, hat nur noch wenig mit dem zu tun, was im 20. Jahrhundert gegolten hat. Das Industriezeitalter ist vergangen, wir leben in einer Dienstleistungsgesellschaft und haben den nächsten Schritt in das Informations- und Wissenszeitalter schon vollzogen. Arbeitsprozesse und -inhalte werden digital gesteuert und von komplexen Algorithmen erledigt. Intelligent arbeitende Roboter, das Internet der Dinge und erschwingliche 3D-Drucker sind heute keine Utopien mehr. Und in der Geschwindigkeit, in der diese Innovationen voranschreiten, verändert sich auch unsere Arbeitswelt. Zukunftsforscher identifizieren dabei schon jetzt diese Trends:

VIELSEITIGKEIT:
Technische Innovationen verändern die Arbeitswelt rasant. In dem Maße, in dem neue Arbeitsbereiche und -formen entstehen, werden dem Menschen auch neue Fähigkeiten abverlangt. In vielen Bereichen entsteht ein Bedarf an komplexen Fähigkeiten, den der Arbeitsmarkt immer schwerer stillen kann. Von Arbeitnehmern wird vor allem eins verlangt: Sich immer wieder neu und möglichst schnell in neue Bereiche einzuarbeiten. Das erfordert ein hohes Maß an Eigenverantwortung und die Bereitschaft, sich ständig weiterzubilden. Neben Spezialisten werden Vielseitigkeitskünstler immer wichtiger: Menschen, die über Fachrichtungen und Disziplinen hinweg denken und arbeiten. Ihre Karrieren verlaufen nicht mehr linear, sondern wechseln dynamisch zwischen Fachrichtungen, Berufsfeldern und Job-Portfolios.

FLEXIBILISIERUNG:
Dass eine spezialisierte Ausbildung in den einen konkreten Job mündet, ist eher der Ausnahmefall als die Regel. Täglich entstehen neue Jobs, andere verschwinden oder werden von intelligenten Maschinen erledigt – schneller, genauer, günstiger. Arbeitgeber versuchen, ihre Belegschaften zu reduzieren und stattdessen mit kleinen Kernteams und – je nach Bedarf – externen Experten zu arbeiten. Langfristige Arbeitsverträge werden immer seltener. An ihre Stelle treten projektbezogene und flexible Bündnisse. Aber auch die Arbeitnehmer wünschen sich zunehmend flexiblere Work-Life-Modelle: Nicht nur diejenigen, die Kinder haben oder Angehörige pflegen, wenden sich vom alten Vollzeit-Modell ab. So können Micropreneure, also Mini-Unternehmer, neben dem regulären Job mit einem selbstverantworteten Zusatzgeschäft ein zusätzliches Einkommen erzielen, aber auch mehr Spaß und Sinngehalt erleben. Denn es geht ihnen längst nicht mehr nur um finanziellen Erfolg. Sie etablieren eine neue Währung: Zeit für Dinge, die ihnen wichtig sind. Wir nennen sie Zeit-Millionäre.

MOBILITÄT:
Arbeiten muss nicht länger bedeuten, im Büro anwesend zu sein. Viele Jobs werden nicht mehr nur beim Arbeitgeber und zu den tariflich vereinbarten Zeiten erledigt. Arbeit wird in vielen Berufsfeldern keine Frage des Ortes oder der Uhrzeit mehr sein. Egal ob im Homeoffice, im Café oder im Co-Working-Space: Dank Internet können wir theoretisch von jedem Ort der Welt für eigentlich jeden Arbeitgeber der Welt arbeiten. Langjähriges Arbeiten mit den gleichen Kollegen weicht der Kooperation in Netzwerken, die je nach Job und Bedarf neu organisiert werden.

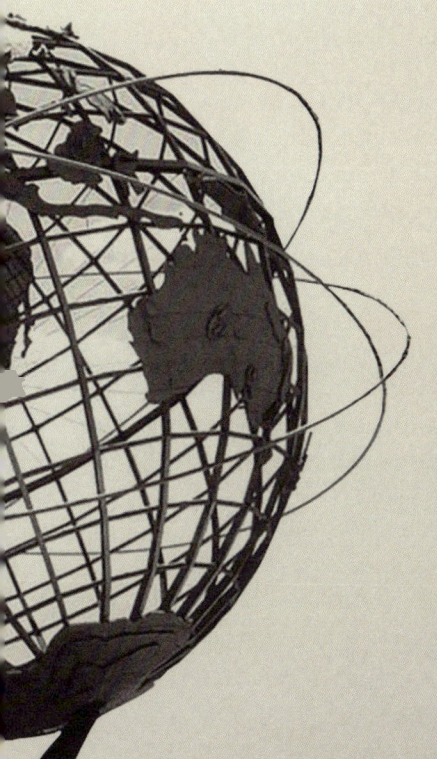

SINNSUCHE:
Lange war Geld die einzige Währung, mit der Arbeit vergolten wurde. Heute gibt es immer neue Bewegungen, die einen neuen Arbeitssektor begründen: Ob Urban Gardening oder Co-Working, die Sharing Economy oder die zahllosen Freiwilligen, die soziale Projekte unterstützen – ihnen allen ist gemein, dass Geld nur eine untergeordnete Rolle spielt. Menschen arbeiten in diesen Bereichen, weil es sie erfüllt. Weil sie der Gesellschaft etwas zurückgeben wollen. Geld ist eben nicht alles, oder wie es die Arbeitsforscherin Tammy Erickson auf den Punkt gebracht hat: „Meaning is the new money."

Love it? Change it? Leave it!

ARBEIT IST FUTTER FÜR DIE SEELE
Man muss nicht erst in die Zukunft schauen, um festzustellen, dass sich das Verhältnis zwischen Mensch und Arbeit in den vergangenen Jahren bereits grundlegend verändert hat. In der Wissens- und Informationsgesellschaft stellen wir andere Anforderungen an unsere Jobs. Es geht nicht mehr ausschließlich darum zu überleben oder Wohlstand aufzubauen. Heute soll sie auch für Zufriedenheit sorgen. Das führt jedoch zunehmend zu einer Schieflage zwischen Wunsch und Wirklichkeit.

WIRKLICHKEIT: MEINE ARBEIT, WIE SIE IST

STARRE STRUKTUREN OHNE SPIELRÄUME
„Wenn ich gegen 16 Uhr aus dem Büro komme, um meine Tochter abzuholen, ist mein schlechtes Gewissen ein ständiger Begleiter. Ich habe meinen Arbeitgeber zwar in langen Verhandlungen von einem Teilzeitmodell überzeugt, aber mein Arbeitspensum ist das alte – bei weniger Zeit als zuvor! Rund dreimal in der Woche fahre ich 30 Kilometer, um meine Mutter im Pflegeheim zu besuchen, in dem sie nach einer langen Krankheit untergebracht wurde. Ich kann einfach nicht mehr!"
(Sonja, 32, PR-Beraterin)

JEDER ARBEITET FÜR SICH
„Ich habe mich längst damit abgefunden, aber manchmal macht es mich so richtig wütend: In all den Jahren, in denen ich in der Bank arbeite, hat mich noch niemand danach gefragt, ob man vielleicht etwas verbessern könnte. Mein Chef ist ganz in Ordnung, aber auch er interessiert sich nicht besonders viel für meine Arbeit. Einmal habe ich vorgeschlagen, wie man einen Prozess schlanker machen könnte. Bis heute habe ich nichts mehr davon gehört. Ich kann einfach nichts bewegen, obwohl ich so viele Ideen habe."
(Malati, 44, Bankerin)

SINNFREIE RÄUME
„Mein Arbeitstag in der Schule ist total durchgetaktet. Für die persönliche Betreuung eines Kindes habe ich so gut wie kaum Zeit. Ich habe das Gefühl, den Kindern eigentlich gar nicht gerecht zu werden, sondern eher stur den Lehrplan abzuarbeiten. Der sinnvolle Teil meiner Arbeit, der mich ursprünglich so motiviert hat, ist immer weniger vorhanden. Ich bin überarbeitet und gefrustet."
(Björn, 27, Lehrer)

Was aber ist es genau, das eine PR-Beraterin dazu bringt, ihren gut bezahlten Job hinzuschmeißen? Warum schlägt eine Bankerin die Beförderung aus und reicht stattdessen die Kündigung ein? Was treibt einen Lehrer aus einem sicheren Beamtenverhältnis heraus? Die Antworten darauf sind so individuell wie die Menschen, denen wir in unserer Arbeit begegnen. Sie alle haben sich oft über viele Jahre bemüht, in das Raster zu passen, das ihre Jobs ihnen vorgegeben haben. Sie selbst sind dabei auf der Strecke geblieben, wie die Berichte von Sonja, Malati und Björn zeigen.

WUNSCH: MEINE ARBEIT, WIE SIE SEIN KÖNNTE

FREIRAUM UND FLEXIBILITÄT
„Ich will mich nicht ständig zwischen Job und Kindern entscheiden müssen. Ich mag meine Arbeit, aber als Alleinerziehende ist der Spagat zwischen Beruf und Familie eben noch schwieriger als für andere Eltern. Ein flexibles Homeoffice würde meinen Zeitplan schon total entlasten. Viele Dinge könnte ich auch abends erledigen und stattdessen vormittags für meine Kinder da sein. Und als meine Mutter vor einem Jahr schwer krank wurde, hätte ich mir sehr gewünscht, sie durch die Krankheit begleiten und pflegen zu können."

EIGENVERANTWORTUNG UND TEILHABE
„Nach 19 Jahren in meinem Job bin ich mittlerweile eine echte Expertin in meinem Bereich. Viele Prozesse könnte ich deutlich verbessern und profitabler machen. Ich habe so viele Ideen, dass die Zeit eigentlich gar nicht ausreicht, um sie umzusetzen. Ich würde mir wünschen hier und da mitgestalten zu können und mir die Arbeit zu meinem eigenen Projekt zu machen."

RELEVANZ UND SINN
„Ich wusste schon früh, dass ich Lehrer werden möchte. Ich hatte einfach immer einen guten Draht zu Kindern und möchte mit meiner Arbeit dazu beitragen, dass sie sich ihren Stärken entsprechend entwickeln können. Das gibt mir eine große Genugtuung. Zusammen mit Kollegen würde ich mich außerdem gerne in einer Initiative für Flüchtling engagieren, die sich um die Integration von Kindern kümmert."

Arbeitszeit = Lebenszeit

WORK-LIFE-BALANCE: VIELE GRÜSSE AUS DEN NEUNZIGERN!

Die Berichte von Sonja, Malati und Björn stehen beispielhaft für eine Entfremdung zwischen Mensch und Arbeit, zwischen dem, was sie wollen und dem, was sie tatsächlich tun. Dass dieser Riss weiter wächst, hat viel damit zu tun, dass Lösungen meist nur an der Oberfläche ansetzen. Am deutlichsten sieht man das am Konzept der Work-Life-Balance. Es gibt wohl kaum einen Irrtum zum Thema Arbeit, der sich so lange und erfolgreich hält wie die Formel Arbeitszeit = Lebenszeit.

Dahinter steht die Idee einer Trennung von Arbeit und Leben. Ihren Idealzustand sollen diese beiden Pole in der Balance, einer austarierten, aber stets fragilen Waage finden. Die Formel der Work-Life-Balance erinnert dabei an Gift und Gegengift: Ein Zuviel an Arbeit muss mit einer entsprechenden Portion Leben neutralisiert werden. Der Lohn wiegt das Leiden auf.

ZUFRIEDENHEIT IN HUNDERTSTELSEKUNDEN

Das Problem dabei: Balance ist eine flüchtige Erscheinung. Es ist ein Zustand der höchstens in Bruchteilen von Sekunden erreichbar ist, aber niemals von Dauer sein kann. Darüber hinaus ist der Gedanke, Leben und Arbeit voneinander zu trennen, in der Realität nur schwer umsetzbar. Wesentliche Teile unserer Identität – Interessen, Werte, Empfindungen – können wir nicht einfach abschalten, bis der Feierabend da ist. Arbeitszeit ist Lebenszeit und umgekehrt.

Das Konzept der Work-Life-Balance führt uns darüber hinaus in Versuchung, Defizite zu akzeptieren, anstatt sie zu ändern: Wenn die Arbeit nervt, dann gehe ich zum Ausgleich zum Yoga. Aber wäre es nicht viel erstrebenswerter, wenn wir unsere Arbeit so gestalten, dass wir sie gar nicht mehr aus unserem Leben verbannen wollen? Wir sollten Zufriedenheit und Glück nicht nur für eine Hälfte unseres Lebens anstreben. Warum auch, wenn wir beides haben können – in einem Leben, zu dem Arbeit selbstverständlich dazugehört.

DESIGN YOUR LIFE KAPITEL 1

ARBEITSZEIT = LEBENSZEIT 15

Traumjobber gesucht!

WAS GUTE ARBEIT AUSMACHT

Wer etwas darüber lernen will, was echte Zufriedenheit im Beruf ausmacht, der sollte die alten Rezepte hinter sich lassen und stattdessen mit denen sprechen, die von sich sagen: Ich habe den perfekten Job für mich gefunden! In einer Mikro-Studie haben wir dafür mit rund 100 solcher Menschen gesprochen. Einige von ihnen wollen wir dir hier kurz vorstellen. Du wirst ihnen im Laufe des Buches wieder begegnen.

Von der HR-Expertin zur Fotografin

„Ich fühle mich frei und erfüllt, weil ich andere Menschen mit meiner Arbeit glücklich mache."

Nicole Wahl hatte 16 Jahre für ein und dasselbe Unternehmen gearbeitet, als sie sich entschied, die Leidenschaft für die Fotografie in den Mittelpunkt ihres Lebens zu stellen. Leicht fiel ihr der Abschied aus den sicheren Strukturen nicht, doch sie zog die Entscheidung durch. Ihr Talent spricht sich herum und aus dem einstigen Hobby wurde schließlich ihr neuer Beruf.

IHRE GANZE GESCHICHTE ERZÄHLEN WIR AUF SEITE 64.

Vom Juristen zum Maßschuhmacher

„Durch meine Arbeit kann ich etwas Nützliches und Schönes erschaffen."

Alexander Fröhlich hat seine Berufung erst nach Jahren des Suchens und Ausprobierens gefunden. Nach seinem Jura-Studium bricht er mit der Juristerei, geht für einige Jahre zum Radio und arbeitet anschließend als Fotograf in Jerusalem. Das Gefühl, nicht richtig angekommen zu sein, bleibt sein ständiger Begleiter. Als der Leidensdruck zu groß wird, setzt er einen alten Traum um und beginnt eine Ausbildung zum Maßschuhmacher. Heute lebt und arbeitet er mit eigener Werkstatt in Bonn-Bad Godesberg.

SEINE GANZE GESCHICHTE ERZÄHLEN WIR AUF SEITE 82.

Von der Projektmanagerin zur Gartendesignerin

„Die Horizonte in meinem Leben sind weiter geworden."

Als Christiane von Burkersroda mit Mitte 30 beschließt, beruflich noch mal neu durchzustarten, ist sie mit ihrem Job eigentlich ganz zufrieden. Inhaltlich und menschlich passt alles. Dennoch wird sie das Gefühl nicht los, dass da noch mehr geht. Sie beschließt ihre Leidenschaft zum Gärtnern zum Beruf zu machen und beginnt ein Fernstudium in England. Von dem Moment an ist sie nicht mehr aufzuhalten: Noch während des Studiums akquiriert sie ihre ersten Kunden. Deren Begeisterung ist auch heute noch ihr größter Ansporn.

HRE GANZE GESCHICHTE ERZÄHLEN WIR AUF SEITE 96.

Vom Werber zum Lehrer

„Als Lehrer hab ich den Sinn gefunden, den ich in meinem alten Job vermisst habe."

Als Kreativ-Direktor einer Werbeagentur hatte Harald Schmidt-Ott das erreicht, wovon viele träumen. Dennoch fehlte ihm irgendwann der tiefere Sinn in seiner Arbeit. Er, der bislang Vorstände beraten und große Kampagnen entwickelt hatte, beschließt in eine völlig andere Welt zu wechseln und wird Lehrer. Seine Entscheidung hat er nie bereut und seine Schüler profitieren von seinen Erfahrungen in der Wirtschaft. Und auf Veranstaltungen und Schulfesten ist er dann doch hin und wieder ganz der Werbeexperte.

SEINE GANZE GESCHICHTE ERZÄHLEN WIR AUF SEITE 130.

Vom Banker zum Krippenbauer

„Ich genieße es selbstbestimmt zu arbeiten und mir meine Zeit frei einzuteilen."

Wolfgang Mans hat als Banker die Veränderung in der Branche am eigenen Leib erfahren. Immer häufiger ging er mit Bauchschmerzen zur Arbeit, seinen Ausgleich fand er im Handwerk. Als er merkte, dass seine handgebauten Krippen eine echte Marktnische bedienten, sattelte er um. Seit über sechs Jahren ist er nun professioneller Krippenbauer: Erfolgreich und erfüllt.

SEINE GANZE GESCHICHTE ERZÄHLEN WIR AUF SEITE 72.

I ♥ Arbeit

WORK-LIFE-ROMANCE: WENN ARBEIT UND LEBEN HARMONIEREN

Auf der Suche nach neuen Wegen für die Arbeit der Zukunft lohnt sich ein Blick auf die Generation, die gerade in den Arbeitsmarkt eintritt. Sie haben den Burnout ihrer Eltern erlebt und gesehen, dass man sich trotz steiler Karriere schnell in einem Leben wiederfinden kann, in dem man eher Statist ist, statt die Hauptrolle zu spielen. Diese Generation will es anders machen und wirft die Karriere-Formeln ihrer Eltern über Bord. Statt wie sie im Hamsterrad zu rennen, stellen sie die Sinnfrage. Ein gelungenes Leben ist für diese jungen Menschen in hohem Maße von Arbeit geprägt, die sinnstiftend ist und glücklich macht. Natürlich werden auch sie ihre Fehler machen und ja, man kann ihre Einstellung naiv und auch hedonistisch finden – die Generationen vor ihnen sollten sich aber eingestehen, dass ihre Rezepte zwar zu Wohlstand geführt haben, aber nicht unbedingt zu Wohlbefinden.

Es ist längst nicht mehr das Vorrecht der Jungen, die alten Regeln zu hinterfragen. Im Gegenteil: Die meisten Menschen, die du in diesem Buch kennenlernen wirst, sind keine Vertreter der Generation Y. Längst stellen Beschäftigte in den Dreißigern, Vierzigern und Fünfzigern ebenfalls die Sinnfrage und steigen aus dem System aus. Weite Teile des Diskurses in Politik und Wirtschaft laufen dieser Entwicklung noch hinterher. Wie-Fragen beherrschen deren Diskussion: Wie lange müssen und wie lange dürfen wir arbeiten, am Tag und im Leben? Wie hoch muss der Anteil weiblicher Führungskräfte in einem Unternehmen sein? Wie fällt die nächste Tarifrunde aus? Das sind ohne Zweifel wichtige Fragen. Aber sie zielen ausschließlich auf messbare Ergebnisse: Arbeitszeit, Genderquoten, Gehälter. Bleibt da überhaupt Raum für die Frage nach so etwas wie Sinn oder Glück?

DAS ENDE DES HÖHER-SCHNELLER-WEITER

Dass Arbeit überhaupt mehr sein kann als reiner Broterwerb, ist eine Erfindung der Neuzeit. Die Vorstellung, Arbeit könne darüber hinaus eine sinnstiftende Dimension haben, ist gerade mal ein paar Jahrzehnte alt – wenn überhaupt. In den 80er- und 90er-Jahren des letzten Jahrtausends galt das Prinzip „höher, schneller, weiter". Es waren die Jahre, in denen Work-Life-Balance zur prägenden Formel in Unternehmen und Organisationen wurde. Status und Prestige waren ihr Antrieb. Dabei ging es weniger darum, was man tat, als darum, wie man es tat: möglichst erfolgreich natürlich! Ihr Ende fand diese Ära mit dem Einsturz des World Trade Centers durch die Attentate des 11. Septembers, spätestens jedoch mit den Folgen der weltweiten Finanzkrise seit 2008.

Heute messen Menschen ein gelungenes Leben nicht mehr am Titel auf der Visitenkarte oder dem italienischen Sportwagen in der Garage. Immer mehr Menschen stellen ganz selbstverständlich die Frage nach dem Sinn ihres Tuns und das vor allem in Bezug auf ihre Arbeit. Der Job wird damit zum Ort, an dem Sinn entsteht und von dem Sinn ausgeht. Statt zu nehmen und zu konsumieren, geben sie der Gesellschaft etwas zurück und sind gerade dadurch glücklicher und zufriedener. Dabei geht es nicht darum, die Arbeit dem Spaß unterzuordnen. Tatsächlich ist es noch radikaler: Die eigentliche Revolution der letzten Jahre ist Wunsch nach einer Aufhebung der alten Trennung von Arbeit und Leben. Heute sagen Menschen aller Milieus und Altersstufen: Ein anderes Arbeitsleben ist möglich!

ARBEIT NEU DENKEN

Die Formel der Work-Life-Balance greift nicht mehr bei denjenigen, die an ihre Arbeit die gleichen Ansprüche stellen wie an ihre Freizeit. Das Bild der Waage trifft nicht mehr das Lebensgefühl vieler Menschen. Sie planen ihr Leben nach anderen Kriterien und Idealen; ihr Zielbild ist nicht mehr Work-Life-Balance, sondern Work-Life-Romance. Arbeit und Leben stellen darin keine gegensätzlichen Pole dar, die sich gegenseitig neutralisieren und ins Gleichgewicht gebracht werden müssen. Sie gehen eine enge Verbindung ein und durchdringen einander in vielfältigen Tätigkeiten, die vielleicht schon bald nicht mehr „Arbeit" genannt werden. Was zählt, ist nicht der eine Job. Es ist das gesamte Konstrukt von Leben und Arbeit in einem individuellen Design, das fließend und dynamisch ist und das nach den eigenen Vorstellungen und Regeln gestaltet wird. Zufriedenheit entsteht dabei gerade durch diese Kombination, durch Arbeit, die mehr ist als nur reiner Broterwerb und durch Tätigkeiten, die gesellschaftlich relevant sind.

Dennoch: Der alte Glaube an die Bedeutung von Work-Life-Balance ist nach wie vor mächtig. Immer noch versuchen Unternehmen ihren Mitarbeitern dabei behilflich zu sein ins Gleichgewicht zu kommen. Was sie nicht verstehen, ist die Tatsache, dass weder Betriebsyoga noch Homeoffice zukünftige Arbeitnehmer dazu bringen werden, sich für oder gegen einen Arbeitgeber zu entscheiden oder sich gar langfristig an ihn zu binden. Viel entscheidender wird hingegen die Frage sein, wie Arbeitgeber zur Work-Life-Romance ihrer Mitarbeiter (im Sinne von „miteinander arbeiten") beitragen werden, denn genau das werden diese einfordern. Menschen werden aktiv ihre Arbeit und ihr Leben mitgestalten, statt zu hoffen, dass Entspannung am Abend oder in der Mittagspause den furchtbaren Job halbwegs erträglich macht. Sie wollen in ihrer Arbeit Sinn erleben und etwas tun, das sie als sinnvoll erleben. Diesen Zustand nennen wir Work-Life-Romance. Den Weg dorthin beschreiben wir in diesem Buch als Life-Design.

Deine Work-Life-Romance

LERNE, DEIN LEBEN NACH DEINEN VORSTELLUNGEN ZU GESTALTEN!
Wenn nun deine Work-Life-Romance dein Ziel ist, wie kommst du dort hin? Wo fängst du an und wie gehst du vor? Die Antworten auf diese Fragen haben wir in unseren JobCamp-Workshops gefunden. Dort begegnen wir den unterschiedlichsten Menschen und lernen ihre Biografien bis ins Detail kennen. Egal ob Senior oder Young Professional, Boss oder Barkeeper, Frau oder Mann – wir haben seit dem ersten Tag für ihre Geschichten gebrannt. Wir wollten unbedingt herausfinden, warum die einen im Job das pure Glück und die anderen nur Frust finden. Irgendwann erkannten wir in ihren Geschichten dann tatsächlich Muster. Also fingen wir an, noch genauer hinzuschauen und noch genauer nachzufragen. Besonders bei denen, die ihre Arbeit als erfüllend und sinnstiftend beschreiben.

ES GIBT KEINE TRAUMJOB-FORMEL
In vielen Interviews und Begegnungen sind wir der einen Frage nachgegangen: Wie findet man den ganz persönlichen Traumjob? Wie schafft man für sich den Zustand der Work-Life-Romance? Einfache Antworten darauf haben wir bis heute nicht gefunden. Und wer glaubt, es gäbe eine Traumjob-Formel, den müssen wir leider enttäuschen. Was wir aber gelernt haben, ist von weitaus größerem Wert: Wir konnten beobachten, was erfolgreiches Life-Design ausmacht. Design im Sinne von Gestalten, Formen und Entwerfen. Gelernt haben wir das von Menschen, die nichts Geringeres designen als ihr Leben. Wir sind davon überzeugt, dass wir von diesen Life-Designern viel darüber lernen können, was es bedeutet, ein Leben den eigenen Bedürfnissen, Fähigkeiten, aber auch Begrenzungen entsprechend zu gestalten.

DIE RICHTIGEN FRAGEN STELLEN
Designen bedeutet Entscheidungen zu treffen. Entscheidungen für das eigene Leben, die Konsequenzen haben für die Menschen in unserer Umgebung. Deshalb ist es entscheidend, Empathie zu entwickeln, die Bedürfnisse unserer Mitmenschen zu verstehen und daraufhin fundierte Entscheidungen zu treffen. Life-Designer haben diesen kontinuierlichen Prozess in der Hand und verfügen über die Methoden, ihn ständig an neue Bedingungen anzupassen. Denn die Vorstellung, einmal fertig zu werden, wenn man erst „den Traumjob" gefunden hat, ist eine Illusion – dafür ist das Leben viel zu komplex und sind Pläne zu schnell veraltet. In diesem Buch wird es deshalb nicht darum gehen, standardisierte Lösungen anzubieten. Wir möchten dich zu einem guten Gestalter ausbilden, zu einem echten Life-Designer. Statt dir Antworten zu geben, bringen wir dir bei, die richtigen Fragen zu stellen. Wie das geht, können erfolgreiche Life-Designer uns zeigen.

Planner oder Designer?

LIFE-PLANNER

Die meisten Leute, denen wir begegnen, sind keine Designer. Sie gestalten ihr Leben nicht, sie planen es. Dabei folgen sie bestimmten Vorgaben, in der Regel fremden. Statt zu handeln, reagieren sie – und das streng rational und strategisch. Wenn sie sich für einen neuen Job entscheiden, denken sie dabei schon an den nächsten. Sie wissen genau, was ihre Karriere fördert und was nicht. Einem einmal aufgestellten Plan zu folgen, gilt als eisern und konsequent – auch wenn der schon längst nicht mehr zu ihnen passt und sich als vollkommen falsch herausgestellt hat. Irgendwann merken sie, dass sie gar nicht wissen, was sie eigentlich wollen und was sie ausmacht. Für sie ist Arbeit etwas, bei dem möglichst viel für sie herausspringen muss.

LIFE-PLANNER
1 Reagiert
2 Reflektiert und handelt
3 Vermeidet Fehler
4 Fragt als erstes „Wie?"
5 Optimiert
6 Erfüllt (fremde) Erwartungen
7 Analysiert die Welt
8 Nimmt
9 Bewegt sich innerhalb von Grenzen
10 Traumjob als Ziel
11 Sieht Probleme

> *„There is a big difference between planning a life, drifting through life, and designing a life."*
>
> TIM BROWN, MITBEGRÜNDER DES DESIGN THINKING UND GRÜNDER DER INNOVATIONSSCHMIEDE IDEO

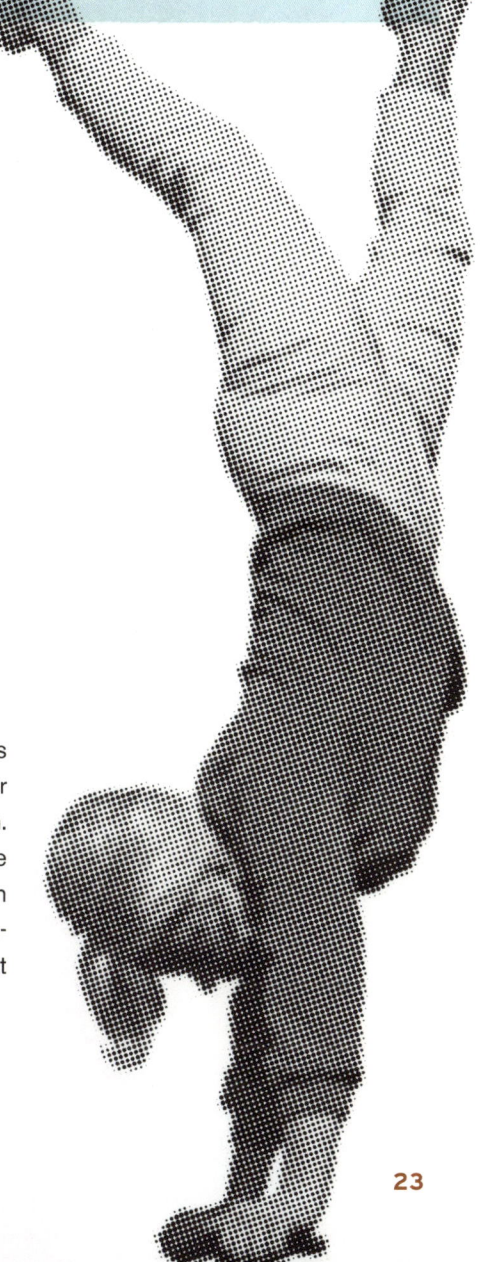

LIFE-DESIGNER
1 **Agiert**
2 **Handelt und reflektiert**
3 **Wird durch Fehler immer besser**
4 **Fragt als erstes „Warum?"**
5 **Innoviert**
6 **Erfüllt die eigenen Bedürfnisse**
7 **Beobachtet die Welt**
8 **Gibt**
9 **Verschiebt Grenzen**
10 **Traumjob als Zustand**
11 **Sieht Herausforderungen**

LIFE-DESIGNER

Life-Designer agieren vollkommen anders. Sie experimentieren, probieren aus und feiern jeden „Fehler" als wertvolle Erfahrung, die sie auf ihrem Weg weiter bringt. Sie suchen sie sogar, um ihre Grenzen auszuloten und zu überwinden. Ihr Motto: Fail often and early! Anstatt große Pläne zu schmieden, setzen sie ihre Ideen möglichst schnell in die Praxis um. Dafür bauen Sie Job-Prototypen und testen, testen, testen. Sie achten auf sich selbst und auf ihre Mitmenschen und wissen genau, was sie wollen, können und brauchen. Leben findet für sie in der Gegenwart statt.

Formen von Life-Design

ACHT WEGE ZUM GLÜCK

Life-Design kann völlig unterschiedliche Formen annehmen. Hier siehst du sechs verschiedene Möglichkeiten, wie du dein Leben selbst in die Hand nehmen kannst. Das sind natürlich nur Beispiele, dazwischen ist Platz für deinen individuellen Ansatz. Life-Design ist so bunt wie ein Regenbogen.

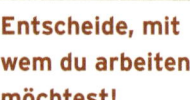

Wähle, wo und wie du leben willst!

Friederike von Wedel-Palow: Wochentags lebt sie direkt am Alexanderplatz, mitten in Berlin, am Wochenende auf einer Insel im Tegelsee, in einem kleinen Haus in ihrem Garten. Dorthin kommt sie mit Rad und Ruderboot.

Frage dich, was dein Leben reicher macht!

Christiane Ahumada. „Früher hatte ich einen Haufen Geld, habe diesen aber im Endeffekt sinnlos verschleudert für Ersatzbefriedigungen. Sicherlich braucht man ein gewisses Maß an Geld, aber Geld kann das, was selbstbestimmtes und freies Leben ermöglicht, nicht ersetzen und heute bin ich zehnmal glücklicher bei einer guten Tasse Cappuccino als früher beim „Michelin"-Menü."

Entscheide, mit wem du arbeiten möchtest!

Robert Kötter & Marius Kursawe: „Wir haben beide früher in Einzelbüros gearbeitet. Als wir Work-Life-Romance gegründet haben, haben wir unser Umfeld bewusst gestaltet: Wir haben einen Co-Working-Space im Erdgeschoss eines Gründerzeithauses in der Bonner Altstadt gegründet. Dort arbeiten wir mit Menschen zusammen, die nicht nur Kollegen sind, sondern auch Freunde."

Mach eine Kehrtwendung!

Jürgen Courret: Nach 35 Jahren als Schreibtischtäter gründete der Pfälzer ein Unternehmen, mit dem er Mountainbike-Touren durchführt. Erst hatte er Angst, er sei zu alt für dieses Geschäft. Aber gerade weil er mit 57 Jahren nicht mehr dem Klischee des Radprofis entspricht, kommen viele Kunden zu ihm. Seine größte Sorge ist damit sein Erfolgsrezept geworden.

Schaffe dir Freiräume!

Sandra Spinneken hat auf Teilzeit reduziert, um sich freitags auf einem solidarischen Bauernhof um Kräuter zu kümmern. Sie unterstützt ein sinnvolles Projekt und genießt ihre Arbeitszeit auf dem Feld besonders. Ihr Einsatz für eine ganzheitliche, ökologische Landwirtschaft gibt ihr Zufriedenheit und schenkt ihr Sinn und Erfüllung neben ihrem regulären Job.

Übe mehrere Berufe gleichzeitig aus!

Gerhard Raith: Der gelernte BWLer hat seine Leidenschaft zum Beruf gemacht und kombiniert heute einen Tag Controlling mit drei Tagen Frisör-Selbstständigkeit. Gleichzeitig ist er noch als Visagist unterwegs. Völlig unterschiedliche Berufe, die seinen völlig unterschiedlichen Interessen gerecht werden.

Übe dich in Achtsamkeit!

Kathrin Kelz, Yoga-Lehrerin und Inhaberin von Butterfly Yoga: „Achtsamkeit hat mir weitergeholfen. Ich habe meine Innenwelt in der Phase der Entscheidungsfindung beobachtet: Kann ich mich selbstständig machen? Yoga war für mich als Schüler meine Heilung und als Lehrer gleichermaßen meine berufliche Herausforderung. Achtsamkeit hat mich auch bei der Umsetzung dessen, was ich entschieden habe, unterstützt."

Bewege etwas!

Paul Ketz ist Designer aus Köln, hat ein Studio in Istanbul und hat den Pfandring erfunden, ein Zusatz, durch den öffentliche Mülleimer zu Sammelstellen für Pfandflaschen werden. Dadurch müssen Pfandsammler nicht in die Mülleimer greifen und Leergut bleibt im Recyclingkreislauf. „Wer denkt, die Welt nicht verändern zu können, unterschätzt sich selbst."

Ein Buch für dich!

EGAL AN WELCHEM PUNKT IM LEBEN DU STEHST, FANG JETZT DAMIT AN ES ZU GESTALTEN!

Es war in einem unserer ersten Workshops: Eine Teilnehmerin, Mitte 40, sagte zu einem anderen Teilnehmer, der mit 27 gerade ins Berufsleben eingetreten war, dass sie gerne noch mal an seiner Stelle wäre. Er hätte ja noch die Zeit und Möglichkeiten den richtigen Weg einzuschlagen. Seine Zukunft liege noch vor ihm. Sie habe es in ihrem Alter viel schwerer. Er entgegnete total verdutzt, dass es doch genau umgekehrt sei und er sie darum beneide, sich schon etwas aufgebaut zu haben; sie sei in der perfekten Situation, um noch einmal durchzustarten. Er hingegen stehe unter großem Druck, überhaupt einmal Fuß im Berufsleben zu fassen und sich im Leben zu beweisen.

In dieser Situation wurde beiden schlagartig klar, welche Möglichkeiten vor ihnen lagen, und dass es keinen idealen Moment für einen Kurswechsel im Leben gibt. Jedes Alter und jede Lebensphase bergen ihre eigenen Risiken, aber eben auch besondere Chancen. Das wird uns manchmal erst bewusst, wenn wir aus einer anderen Perspektive auf unser eigenes Leben blicken. Design Thinking lehrt uns, diesen Perspektivwechsel immer wieder zu vollziehen und damit zu neuen Einsichten zu gelangen.

Eines haben wir über die Jahre von unseren Workshop-Teilnehmern gelernt: Es ist nie zu früh und nie zu spät, den beruflichen Kurs zu hinterfragen und gegebenenfalls zu korrigieren. Dieses Buch soll dir Menschen vorstellen, die diesen Weg bereits gegangen sind und dich dabei unterstützen, ihn selbst zu gehen – egal wie alt du bist und an welchem Punkt im Leben du dich gerade befindest.

FÜNF LESERTYPEN

Der Abiturient
Daniel ist 18 Jahre alt und hat gerade Abi gemacht. In ein paar Wochen wird er nach Indien aufbrechen und bei einer Hilfsorganisation ein Jahr lang Kindern Englisch-Unterricht geben. Leider hat er keinen Plan, wie es danach weitergehen soll. Es gibt unendlich viele Möglichkeiten und nichts interessiert ihn so richtig. Für welchen Weg soll er sich entscheiden?

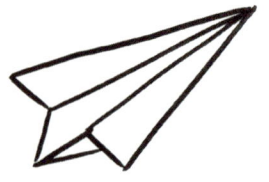

Die Studentin

Shila ist 24 und studiert seit einigen Jahren Agrarwissenschaften. Sie hat sich bewusst für dieses Fach entschieden, weil sie die Natur und Tiere mag. Inzwischen ist sie sich nicht mehr so sicher, ob das eine gute Wahl war. Das Studium ist ihr zu theoretisch und ihr fehlt die Praxis. Ihre Eltern sagen, sie solle durchhalten, sonst sei doch alles umsonst gewesen. Soll sie abbrechen oder weitermachen?

Der Young Professional

Cem ist 32 und arbeitet als Wirtschaftsinformatiker bei einem Automobilhersteller. Er war eigentlich immer sehr ehrgeizig und ist entsprechend schnell aufgestiegen. Vor einem Jahr ist Cems Tochter auf die Welt gekommen. Seitdem hat sich vieles geändert. Cem ist die Zeit mit der Kleinen sehr wichtig. Er würde seine Arbeitszeit gerne halbieren, um mehr Zeit für die Familie zu haben, was sein Arbeitgeber nicht zulässt. Soll er seinen guten Job für seine Familie aufs Spiel setzen?

Die Berufserfahrene

Beate ist 41 und hat immer hart gearbeitet. Ihre zwei Kinder sind inzwischen erwachsen und werden bald das Haus verlassen. Eigentlich hat sie nie viel über ihren Job nachgedacht. Seit ein paar Monaten fragt sie sich aber, ob es so bis zur Rente weitergehen soll. Sie hatte viele Träume und keinen wirklich umgesetzt. Soll sie in ihrem Alter noch mal von vorne anfangen?

Der Silver Worker

Georg ist 65 Jahre alt und seit kurzem Rentner. Er hat sein Leben lang beim selben Arbeitgeber gearbeitet. Seit ein paar Jahren beschäftigt er sich intensiv mit den Themen Ernährung und Fitness. Viele Freunde und Bekannte hat er schon motiviert, ein aktiveres und gesünderes Leben zu führen. Seine Frau sagt, er solle seinen Ruhestand genießen. Georg will lieber etwas tun und denkt darüber nach, sich als Coach selbstständig zu machen. Soll er den Schritt wagen oder macht er sich damit lächerlich?

Grundlagen des Life-Designs

WIE DIESES BUCH FUNKTIONIERT

Bevor du startest, noch ein paar Dinge zur Arbeit mit diesem Buch. Dieses Buch funktioniert wie ein Workshop. Du solltest es also nicht nur lesen. Du solltest es durcharbeiten. Mit Stift und Papier, mit deiner Lebenserfahrung und dem, was dich als Persönlichkeit ausmacht und von anderen unterscheidet. Das Ziel dieses Workshops ist deine persönliche Work-Life-Romance – die für dich ideale und einzigartige Verbindung von Arbeit und Leben. Los geht's!

DIESES BUCH HAT VIELE AUTOREN

Alles, was du in diesem Buch liest, ist mehrfach getestet worden. Wir haben die meisten Tools für unsere JobCamp-Workshops entwickelt, einige sind auch extra für dieses Buch entstanden. Und weil wir selbst immer predigen: „Teste, teste, teste!", haben wir uns hierfür das Knowhow unserer Co-Autoren geholt. Bei uns im Büro oder online, per Mail, am Telefon und über ein eigens eingerichtetes Blog www.life-design-buch.de haben wir alle einzelnen Schritte von echten Menschen ausprobieren lassen.

ECHTE BEISPIELE AUS DEM ECHTEM LEBEN

Im Buch verteilt findest du Berichte über Menschen, die mit ihrem Life-Design sehr zufrieden sind. Wir stellen ihre Erfolgsgeheimnisse und ihre wichtigsten Tipps vor, um dir auf deinem Weg zu helfen. Sie sollen Vorbilder sein und als Anregung dienen. Weitere Fälle findest du auf unserem Blog www.workliferomance.de.

DIE WICHTIGSTEN ÜBUNGEN ERKLÄREN WIR PER VIDEO

Immer wenn du dieses Symbol siehst, bedeutet das, dass es ein Video-Tutorial zur Übung auf unserer Website gibt. Dort kannst du uns dabei zuschauen, wie wir das Tool erklären und es selbst durchführen.

ALLE VORLAGEN STEHEN ZUM DOWNLOAD BEREIT

Auf unserer Website www.workliferomance.de stehen den Käufern dieses Buches alle Vorlagen, die du bei den einzelnen Übungen brauchst, kostenlos als PDF zum Herunterladen bereit. Du erkennst das an diesem Symbol:

DU BIST NICHT ALLEIN

Viele Übungen kannst du problemlos allein durchführen. An einigen Stellen haben wir jedoch gemerkt, dass Unterstützung von außen extrem hilfreich sein kann. An diesen Punkten raten wir dir, die Menschen aus deinem Umfeld einzubinden. Du kannst das per Telefon oder bei einem Kaffee tun. Unser Tipp ist, einen Smartphone-Messenger wie WhatsApp zu nutzen, um deine Fragen gleich an eine Gruppe von Vertrauten richten zu können. So kannst du dich während des Prozesses jederzeit unterstützen lassen. Dieses Symbol zeigt dir an, wenn du dein Team einbinden solltest:

TREFFE DICH MIT ANDEREN LESERN

Stell dir vor, du würdest dieses Buch nicht alleine durcharbeiten, sondern gemeinsam mit anderen Lesern. Mit Menschen, die in der gleichen Situation sind und zur selben Zeit am selben Thema arbeiten. Ihr würdet Aufgaben zusammen bearbeiten, euch gegenseitig inspirieren und mit Ideen befruchten. Aber auch in Phasen des Zweifels würdet ihr euch gegenseitig motivieren dranzubleiben und nicht aufzugeben. Genau so arbeiten die Teilnehmer unserer Workshops, die oft noch lange nach der Teilnahme in Kontakt stehen und sich miteinander austauschen. Wir wollen dir dieselbe Möglichkeit bieten! Auf unserer Website unter www.workliferomance.de kannst du dich mit anderen Lesern in deiner Region oder Stadt zusammenschließen und das Buch gemeinsam durcharbeiten oder auch einfach nur austauschen.

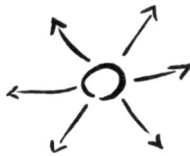

KAPITEL 1 DESIGN YOUR LIFE

Deine Ausrüstung

WIE DU DICH AUF DEN LIFE-DESIGN-PROZESS VORBEREITEST

Als Life-Designer brauchst du zuerst die richtige Ausrüstung – das sind ein paar zusätzliche Werkzeuge, die dir bei der Arbeit helfen. Sehr wichtig ist Papier, wir nutzen DIN A3, um genug Platz für Skizzen, Notizen und Ideen zu haben. Außerdem natürlich Stifte, ganz egal ob Blei- oder Filzstifte, ob Füller oder Kugelschreiber. Hauptsache, du schreibst und zeichnest gerne damit. Dann Zettel, die du an der Wand befestigen kannst. Du kannst Post-its nehmen, wir empfehlen Stattys. Das sind statisch aufgeladene Zettel, die den Vorteil haben, dass sie überall haften und du sie auch an der Wand oder auf dem Fenster unkompliziert verschieben kannst. Kreppband und Schere sind ebenso unverzichtbar. Ein Smartphone oder eine Kamera können auch sehr nützlich sein, um Zwischenstände zu dokumentieren.

Deine Wall

WO DU DEIN LIFE-DESIGN ENTWICKELST

Wenn du deine Materialien zusammen hast, steht der nächste wichtige Schritt an: Du brauchst eine Arbeitsfläche. Eigentlich ist es noch mehr als das: Es ist der Ort, an dem du im Laufe des Design-Prozesses alle Ergebnisse, Ideen und Einfälle speicherst und dokumentierst. In unseren Workshops verwenden wir dazu eine große Fläche – eine Wand, ein Fenster oder den Fußboden – die wir mit einem breiten Kreppband abkleben. So hat sich der Begriff „Wall" bei uns etabliert.

Die Form dieser Fläche ist egal, nur groß genug muss sie sein. Zwei Quadratmeter sollten ausreichen. Teile die Wall mittig in zwei gleich große Bereiche, die eine ist zum Sammeln, die andere für deine Zukunft. Betrachte diese Wall als deine analoge Festplatte, auf der du während des Design-Prozesses deine Ergebnisse ablegst und so immer im Auge behältst.

SO NUTZT DU DIE WALL:

So lange du an deinem Life-Design-Projekt arbeitest, wird die Wall deine Arbeitsplattform sein – der Ort, an dem alle Ergebnisse zusammenlaufen und neue Ideen entstehen. Du wirst sie nutzen, um zu visualisieren, zu gewichten und zu verdichten. Du kannst Inhalte dort gruppieren, priorisieren, gegenüberstellen oder einfach nur lose sammeln. Für all das nutzt du den Bereich „Sammeln".

Die Wall ist aber mehr als das: Sie hilft dir, Zusammenhänge zu visualisieren und das große Ganze zu erkennen. Sie ist der Ort an dem dein zukünftiges Life-Design Schritt für Schritt Gestalt annimmt. Dafür ist der Bereich „Zukunft" vorgesehen. Das klingt kompliziert? Eigentlich ist es kinderleicht. Wir werden dich an entscheidenden Stellen im Buch immer darauf hinweisen, wie du die Wall nutzen kannst. Fürs Erste reicht es, wenn du dir eine Arbeitsfläche – wie oben beschrieben – abklebst. Der Rest ergibt sich von ganz alleine.

TEILE DEINE WALL MITTIG IN ZWEI BEREICHE: SAMMELN UND ZUKUNFT!

Dein Weg

DEFINITION – BESCHREIBE DEINE DESIGN-CHALLENGE!

Was ist mein Ziel und wann habe ich es erreicht?
In diesem Schritt arbeitest du an deiner Ziel-Vision. Du wirst dir darüber klar, was dir in deinem Leben wichtig und was weniger wichtig ist. Hier wirst du dir deines Wertesystems bewusst und setzt damit die Rahmenbedingungen für dein späteres Life-Design.

WIE DEIN LIFE-DESIGN IN FÜNF SCHRITTEN GESTALT ANNNIMMT

Der Prozess des Life-Design folgt einer klaren Struktur: In fünf aufeinanderfolgenden Phasen setzt du dein Projekt in die Praxis um. Du wirst Schritt für Schritt dabei angeleitet, konkrete Ideen zu entwickeln und umzusetzen.

WARUM EIN LOOPING?

Stell dir vor, du arbeitest über Wochen an deinem Life-Design-Projekt, nur um am Ende herauszufinden, dass es in der Praxis nicht funktioniert. Wir raten dir, deine Ergebnisse so früh wie möglich zu testen, um herauszufinden, ob sie zu deinen Anforderungen passen. Schleifen drehen bedeutet, schnell und frühzeitig unpassende Ideen auszuschließen.

TESTEN – ERSTELLE UND TESTE PROTOTYPEN!

Wie kannst du deine Ideen testen?
Der Realitätscheck: Jedes Experiment zeigt dir, was für dich funktioniert und was nicht. Wir stellen dir Menschen vor, die das Testen perfektioniert haben.

IMPLEMENTIERUNG – FÜHRE DEINE IDEEN IN DIE PRAXIS!

Wie kannst du deine Prototypen in dein Leben integrieren?
Dein Life-Design-Projekt wird erwachsen. Jetzt geht es darum, es langfristig in dein Leben zu integrieren. Wir zeigen dir, worauf du achten solltest, und unterstützen dich Schritt für Schritt bei der Umsetzung.

INTERPRETATION – VERSTEHE UND BEGREIFE WAS DICH AUSMACHT!

Was sind meine Talente, Wünsche, Werte und Interessen?
Als Life-Designer besteht dein „Baumaterial" aus den Dingen, die für dein Life-Design wichtig sind: Deine Talente, deine Interessen, deine Träume und Wünsche, aber auch deine Werte und Ideale.

IDEENENTWICKLUNG – GESTALTE MÖGLICHKEITEN!

Wie können neue Wege aussehen?
In diesem Schritt geht es darum, frei zu denken und losgelöst von äußeren Zwängen möglichst viele Ideen zu sammeln. Lass dich dabei nicht von vermeintlich rationalen Eingebungen hemmen. Sätze wie „Das geht nicht!" „Das ist zu verrückt!" Oder: „Das funktioniert doch nie!" sind tabu!

Dein Mindset

DIE VERÄNDERUNG BEGINNT IN DEINEM KOPF!

FAIL EARLY, FAIL OFTEN!
Als Life-Designer musst du Entscheidungen treffen. Versuche dabei nicht in Kategorien wie „richtig" oder „falsch" zu denken. Verbanne das Konzept des „Scheiterns" am besten ab sofort aus deinem Kopf und ersetze es durch „Experimentieren". Betrachte dein Life-Design als andauerndes Experiment, in dem jeder Schritt neue Erkenntnisse darüber bringt, ob eine Idee oder ein Weg für dich funktioniert oder eben nicht. Dein Ziel ist, ein Job-Design zu erstellen, das dir entspricht.

DREHE KREISE!
Life-Design ist niemals ein linearer Prozess. Du wirst immer wieder feststellen, dass etwas nicht so funktioniert wie erwartet. Das macht überhaupt nichts, im Gegenteil: Gerade diese Erfahrung ist wertvoll, denn sie bringt dich dazu, als Gestalter noch genauer zu sein. Wir haben den Prozess so angelegt, dass du jederzeit zu einem vorherigen Schritt im Design-Prozess zurückkehren und von dort aus neu starten kannst.

ACT FIRST, THINK LATER!
Nur wer einen Job ausprobiert hat, kann beurteilen, ob er zu ihm passt oder nicht. Kein YouTube-Video, keine Google-Recherche und kein Zeitungsbericht können diese Erfahrung ersetzen! Viele tendieren dazu, an den Vorstellungen von ihrem Traumjob festzuhalten, ohne ihn auch nur einen Tag in der Praxis zu testen. Erst wenn wir unsere Träume leben, wissen wir, ob sie wirklich erstrebenswert sind.

VISUALISIERE!

Bilder helfen uns, Ideen und Zusammenhänge besser zu verstehen. Versuche daher so oft wie möglich, deine Gedanken in Bildern zu notieren. Dabei kommt es nicht darauf an, ein guter Zeichner zu sein. In unseren Workshops haben wir oft genug erlebt, dass schon ein einfaches Strichmännchen zu einem gedanklichen Durchbruch verhelfen kann. Nutze Bilder auch, um anderen deine Ideen zu präsentieren.

PFLEGE DEINE NEUGIER!

Neugier ist uns angeboren. In der Kindheit treibt sie uns an, die Welt um uns zu entdecken. Als Erwachsene müssen wir oft erst wieder lernen, offen auf Neues zuzugehen und uns begeistern zu lassen. Für den Prozess des Life-Designs ist die Neugier unverzichtbar, um alternative Wege zu ergründen und Probleme aus verschiedenen Blickwinkeln zu betrachten.

SEI EIN RADIKALER OPTIMIST!

Werde dir bewusst, dass du es in der Hand hast, deine Zukunft zu gestalten – im Kleinen wie im Großen. Design steht für eine grundlegend optimistische Einstellung zum Leben und seinen Herausforderungen: Wir müssen einen Zustand nicht hinnehmen, sondern können ihn zum Besseren kehren. Ohne diesen Optimismus entsteht keine Kreativität. Life-Design bedeutet im Kern, dass es immer einen besseren Weg gibt, eine passendere Lösung. Unsere Aufgabe als Life-Designer ist, sie zu finden.

Dein Umfeld

SCHAFFE DIE VORAUSSETZUNG FÜR EINEN KREATIVEN PROZESS

DEIN DESIGN-UMFELD
Was wäre der Designer ohne Atelier! Für dein Life-Design-Projekt ist es essenziell, dass du in einer Umgebung arbeitest, die dich inspiriert und in der du dich wohl fühlst. An diesem Ort hat der Alltag nichts zu suchen! Verbanne alles, was dich ablenkt und auf negative Gedanken bringt. Investiere in dein Design Space und mache es zu dem Ort, an dem deine Veränderung ihren Anfang nimmt.

ENERGIE TANKEN
Wir wollen ehrlich zu dir sein. In den nächsten Wochen und Monaten wird es Phasen geben, an denen du das Gefühl hast, nicht weiterzukommen. Nicht entmutigen lassen! Das ist normal und völlig okay. Suche dir dann bewusst Menschen, Dinge oder Tätigkeiten, die dir gut tun und die dich mit frischer Energie versorgen. Vielleicht hilft es dir, in unserem Blog Berichte von Menschen zu lesen, die am selben Punkt waren und heute ihre Work-Life-Romance leben. Wenn alles nichts hilft: Schlag das Buch zu, nimm dir frei und mach dich locker. Morgen ist auch noch ein Tag!

INSPIRATIONSQUELLEN SCHAFFEN
Jeder gute Designer hält seine Augen und Ohren offen für Menschen, Themen, Dinge, die ihn inspirieren. Beobachte dich selbst und lerne, was dich inspiriert. Das kann ein interessanter Blog sein, ein gutes Buch, eine Ausstellung, Musik, ein Konzert, Spaziergang oder Ausflug, Sport, vielleicht aber auch eine längere Auszeit, Ortsveränderung oder Reise.

Schenke dir Zeit!

WANN SOLL ICH DAS ALLES SCHAFFEN?

„Im Alltag ist es so schwer, Zeit für mich selbst zu finden. Und auch wenn ich weiß, dass ich unbedingt etwas ändern muss: Ich habe einfach keinen Kopf dafür. Zu viele Menschen und Aufgaben zerren an mir, mein Tag ist viel zu durchgetaktet, um mal richtig nachzudenken, geschweige denn, um ein neues Leben designen zu können. Und wenn ich mal Ruhe habe, dann will ich vor allem entspannen und auftanken!" Wenn dir diese Gedanken bekannt vorkommen, dann sei beruhigt: Du bist nicht allein. Fast allen Menschen, denen wir im Rahmen unserer Arbeit begegnen, kennen diesen Konflikt. Mal klappt es häufiger, mal klappt es seltener, sich die nötige Zeit zu reservieren. Aus unserer Erfahrung wissen wir, dass dagegen nur zwei Dinge wirklich helfen: Planung und Disziplin! Betrachte die Arbeit mit diesem Buch als dein Projekt, das dir zugutekommt und in dem du dich einmal nur mit dir selbst beschäftigen darfst. Warte nicht auf spontane Freiräume, sondern trage dir die Zeit mit dem Buch in den Kalender ein und betrachte diesen Termin mit dir selbst als ein Zeitgeschenk, das du dir machst.

SCHAFFE DIR FREIRÄUME!

Auch wenn der Zeitgeist dies suggeriert: Manche Themen lassen sich nicht einfach mal so in einer Stunde zwischendurch angehen. Sie brauchen Zeit. Im Life-Design wirst du dich mit ganz essenziellen Lebensfragen auseinandersetzen. Diese Fragen zu beantworten, kann dauern. Aus diesem Grund reisen wir zum Beispiel einmal im Jahr mit Workshop-Teilnehmern nach Island, um dort in einzigartiger Umgebung abseits des Alltags neue Sichtweisen auf uns selbst zu erhalten. Eine solche Auszeit kann enorm wichtig sein, denn sie schafft Distanz zum Alltag und stellt eine Nähe zu uns selbst her. Du musst dafür aber nicht erst ans Ende der Welt reisen. Auch kleine Auszeiten können schon große Wirkung erzielen. Dazu zählt etwa Zeit, die du allein mit dir selbst bist, in der Natur oder auf einem Kurztripp in eine andere Stadt. Idealerweise ohne Handy und E-Mails und ohne Programm. Auch körperliche Erfahrungen sind für den Ausgleich besonders hilfreich: Wandern, Meditieren, bewusstes Atmen, um nur ein paar Beispiele zu nennen.

HOL DIR UNTERSTÜTZUNG!

Bei allem Lob des Alleinseins: Manche Probleme lassen sich nur mit anderen lösen. Wir sind sogar überzeugt: Richtiges Life-Design ist auf den Input von außen angewiesen. Deshalb solltest du nach deinem Rückzug – oder auch schon währenddessen – verschiedene Mitglieder in dein Design-Team holen. Auf der nächsten Seite stellen wir die wichtigsten Typen vor.

Dein Team

TAUSCHE DICH MIT ANDEREN AUS UND MULTIPLIZIERE DEINE MÖGLICHKEITEN

Gute Ideen entstehen vielleicht in Stillarbeit am Schreibtisch – revolutionäre Ideen entstehen dann, wenn sich gute Ideen miteinander verbinden. Design ist immer Ergebnis von Teamwork, es lebt von der Kritik und den Anregungen anderer. Daher lautet unser nächster Tipp: Baue dein Design-Team auf, suche dir Co-Designer und kollaboriere!

Wir erleben in jedem Workshop, wie wichtig und kraftvoll Co-Kreation ist. Viele unserer Workshop-Teilnehmer denken seit Jahren über die Frage nach, welcher berufliche Weg zu ihnen passt – ohne Ergebnis. Erst in der Interaktion mit anderen entdecken sie neue Aspekte und Möglichkeiten, an die sie vorher nicht gedacht haben. Scheue dich also nicht, deine Ideen mit anderen zu teilen!

Jeder Impuls von außen, jede neue Sichtweise eröffnet dir neue Wege und damit neue Möglichkeiten. Als Life-Designer brauchst du ein Team, das dich unterstützt, dir Feedback gibt und dich mit neuen Impulsen und Sichtweisen versorgt. Über den gesamten Design-Prozess werden wir dich immer wieder an verschiedenen Stellen dazu auffordern, gemeinsam mit einem oder mehreren Co-Designern an konkreten Aufgaben zu arbeiten.

Du wirst schnell sehen, wie bereichernd die Arbeit im Team ist und sie schon bald zu schätzen wissen. Dein Design-Team wird dich unterstützen, wenn du nicht weiterkommst und Wissen einbringen, das du nicht hast. Das Buch funktioniert natürlich auch ohne dieses Team. Dennoch möchten wir dich dafür begeistern, dein erstes Life-Design zusammen mit einem Design-Team zu gestalten.

TEAMARBEIT MIT DEM HANDY

Eine schnelle und effektive Möglichkeit, dich mit deinem Team und anderen Co-Designern auszutauschen sind Messenger-Dienste wie WhatsApp, die einen Gruppenchat ermöglichen. Einfache Fragen, Inspiration und Tipps können in einer solchen Gruppe schnell abgefragt werden. Schreibe denjenigen, die du gerne in der Gruppe hättest, dass du gerade an ein paar Job-Ideen für dich arbeitest und dich über ihre Unterstützung freuen würdest. Du wirst sehen, die meisten werden dich gerne unterstützen. Wann immer wir es für wichtig erachten, das du dich mit anderen austauschst, zeigen wir das mit diesem Symbol.

WER IN DEIN TEAM GEHÖRT, BESTIMMST DU. FOLGENDE BESETZUNG HAT SICH ALLERDINGS BEWÄHRT:

INSIDER
Der Insider kennt dich sehr gut und weiß, wie du tickst. Ihm kannst du nichts vormachen, denn er bringt tiefes Wissen über dich mit. Oft sind alte oder sehr gute Freunde geeignet für die Funktion des Insiders. Der Insider ist derjenige, der dich daran erinnert, dass du seit der Schulzeit von einer Karriere als Archäologe geträumt hast, bevor du schließlich ein BWL-Studium angefangen hast.

VISIONÄR
Der Visionär ist jemand, mit dem du neue Ideen entwickeln kannst, ohne gleich über ihre Machbarkeit zu spekulieren. Er ist jemand, der viel Kreativität und Offenheit mitbringt. Der Visionär ist derjenige, der dich ermutigt, mit Mitte 50 Konditormeister zu werden.

MACHER
Er denkt vor allem an die Umsetzung deiner Ideen in der Praxis und verliert sich nicht im Träumen. Der Macher ist derjenige, der sofort bei der Industrie- und Handelskammer anruft, um sich nach den Anforderungen zu erkundigen.

DER KRITIKER
Der Kritiker bringt die Aspekte ein, an denen dein Projekt scheitern könnte. Höre ihm gut zu, er verhilft dir über manche Klippe und verhindert, dass du womöglich in die falsche Richtung läufst. Der Kritiker ist derjenige, der dir sagt, dass du ein paar Jahre zu alt bist, um noch Torten backen zu lernen.

Love & Hate

WARM-UP: STARTE MIT EINER ERSTEN ÜBUNG!

Nachdem du jetzt die Grundlagen des Life-Designs kennengelernt hast, ist es Zeit für eine erste Aufwärmübung. Dabei wollen wir dich für eine Ressource sensibilisieren, die für dein Life-Design essenziell ist: deine Zeit! In unseren Workshops erleben wir oft, dass Teilnehmer mit dem Gefühl zu uns kommen, den Großteil ihrer Zeit mit Dingen zu verbringen, die sie nicht gerne tun und die sie zu viel Kraft kosten. Auf unsere Rückfrage, welche Dinge das genau sind und wie viel Zeit sie tatsächlich dafür aufwenden, können sie oft gar nicht antworten. Es ist nur so ein Gefühl.

Weißt du, wie du deine Zeit investierst? Wie viele Stunden am Tag verbringst du mit Menschen oder Tätigkeiten, die dir wirklich Spaß machen und die gut für dich sind? Und wie viele mit Dingen und Personen, die dir mehr Kraft rauben als sie dir schenken? Um dieses Verhältnis zu visualisieren haben wir die Übung „Love & Hate" entwickelt.

DEINE AUFGABE

1. Unterteile das Blatt in sieben Spalten. Wenn du nicht zeichnen magst, verwende unseren Vordruck. Jede Spalte steht für einen Wochentag einer ganz normalen Woche in deinem Leben.

2. Gehe jetzt jeden Tag Stunde für Stunde durch. Was tust du? Mit wem bist du zusammen? Wähle für die Antwort ein passendes Post-it aus: Entscheide dich dabei zwischen Love oder Hate. Verwende ein grünes Post-it für all das, was für dich positiv ist. Verwende ein rotes Post-it für alles, was negativ ist. Positiv kann eine Tätigkeit sein, die dir Freude bereitet oder die Begegnung mit einem Menschen, die dich bereichert und positiv gestimmt zurücklässt. Negativ sind Dinge, die bei dir negative Assoziationen auslösen. Auch hier können es Tätigkeiten oder Menschen sein, die du nicht magst und die dir Kraft rauben.

Benenne jede Tätigkeit auf der Vorderseite der Klebezettel möglichst knapp – zum Beispiel „Kinder ins Bett bringen" oder „Espresso-Pause". Beschreibe auf der Rückseite bitte in ein paar Sätzen, was diese Momente oder Begegnungen für dich so positiv macht.

Ein Tipp: Denke nicht zu lange und zu differenziert darüber nach. Eigentlich reicht schon das erste Bauchgefühl, wenn du an eine Sache denkst. Sagt dein Bauch Love oder Hate? Ein „weder-noch" gilt in diesem Fall nicht. Entscheide dich für eine Kategorie!

3. Am Ende sollte die ganze Woche mit Grün und Rot beziehungsweise mit Love und Hate bedeckt sein. Im nächsten Schritt gewichtest du jeden einzelnen Tag: Hänge pro Spalte alle grünen Notizzettel nach oben, alle roten nach unten. Vereinfacht gesagt hängen nun oben die Dinge, die dein Leben bereichern und dir Auftrieb geben. Unten hingegen die Dinge, die dir Kraft rauben und dich runterziehen. Schau dir das Verhältnis genau an. Welche Seite überwiegt? Oder sind beide Hälften ausgeglichen? Entspricht die Darstellung deinem Gefühl vor der Übung?

Notiere dir die Ergebnisse und übertrage sie mit dem Wochenplan auf deine Wall!

WOFÜR WILLST DU DEINE ZEIT WIRKLICH NUTZEN?

Wenn wir diese Übung zu Beginn unserer Workshops machen, haben viele Teilnehmer einen echten Aha-Moment. Sie werden sich bewusst, wie viel Zeit ihrer Woche sie für Tätigkeiten aufwenden, die ihnen Kraft rauben. Und dass sie sie in hohem Maße gerade den Dingen widmen, die ihnen nicht gut tun. Diese Aufwärmübung soll dir dabei helfen, bewusster und achtsamer mit deiner Zeit umzugehen. Versuche nicht jetzt schon nach Lösungen zu suchen. Sieh das Ergebnis von „Love & Hate" einfach als Startpunkt für dein Life-Design-Projekt, das genau jetzt beginnt!

Das brauchst du für die Übung:
Ein Blatt DIN A3 Papier, Post-its in zwei Farben, Stift

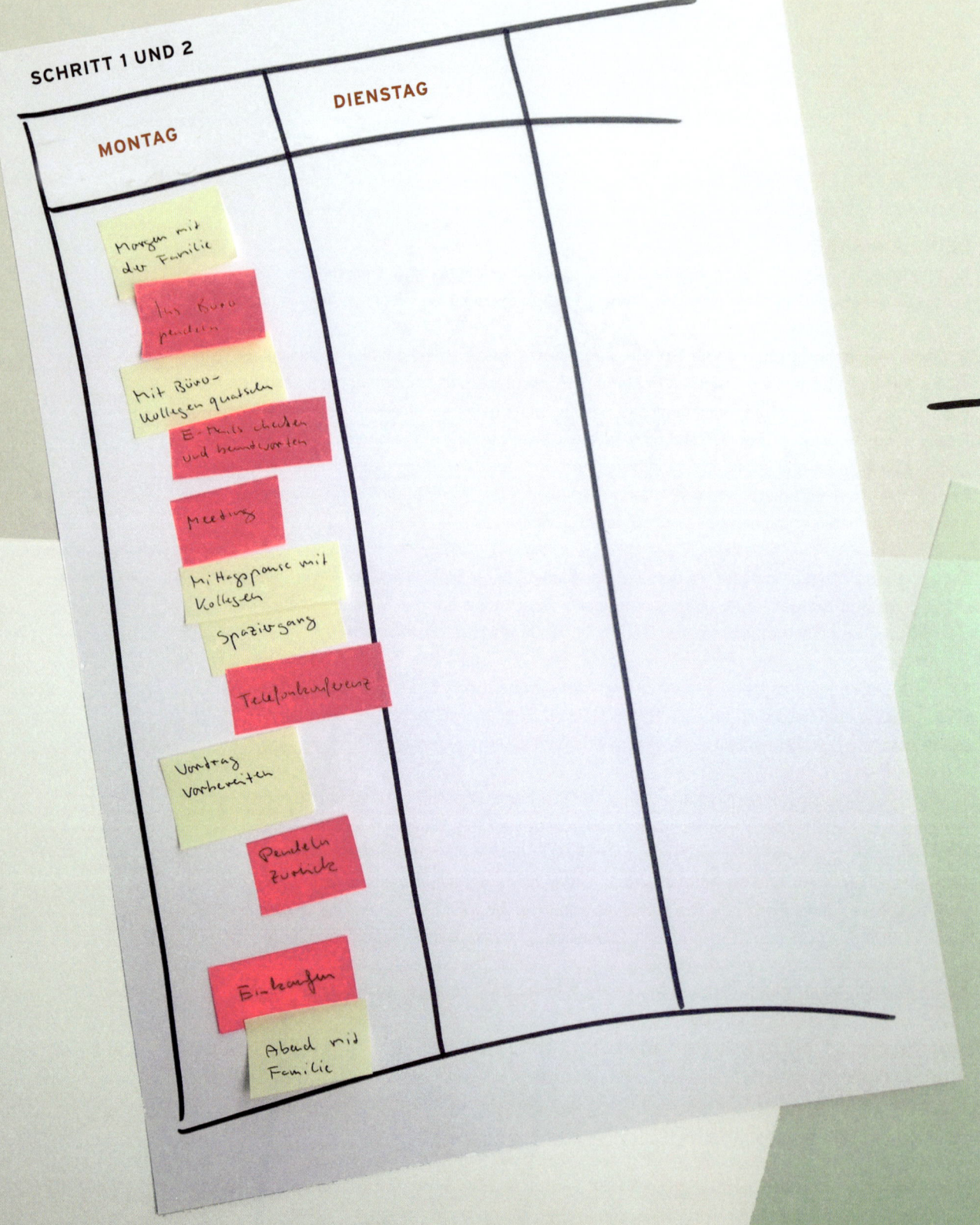

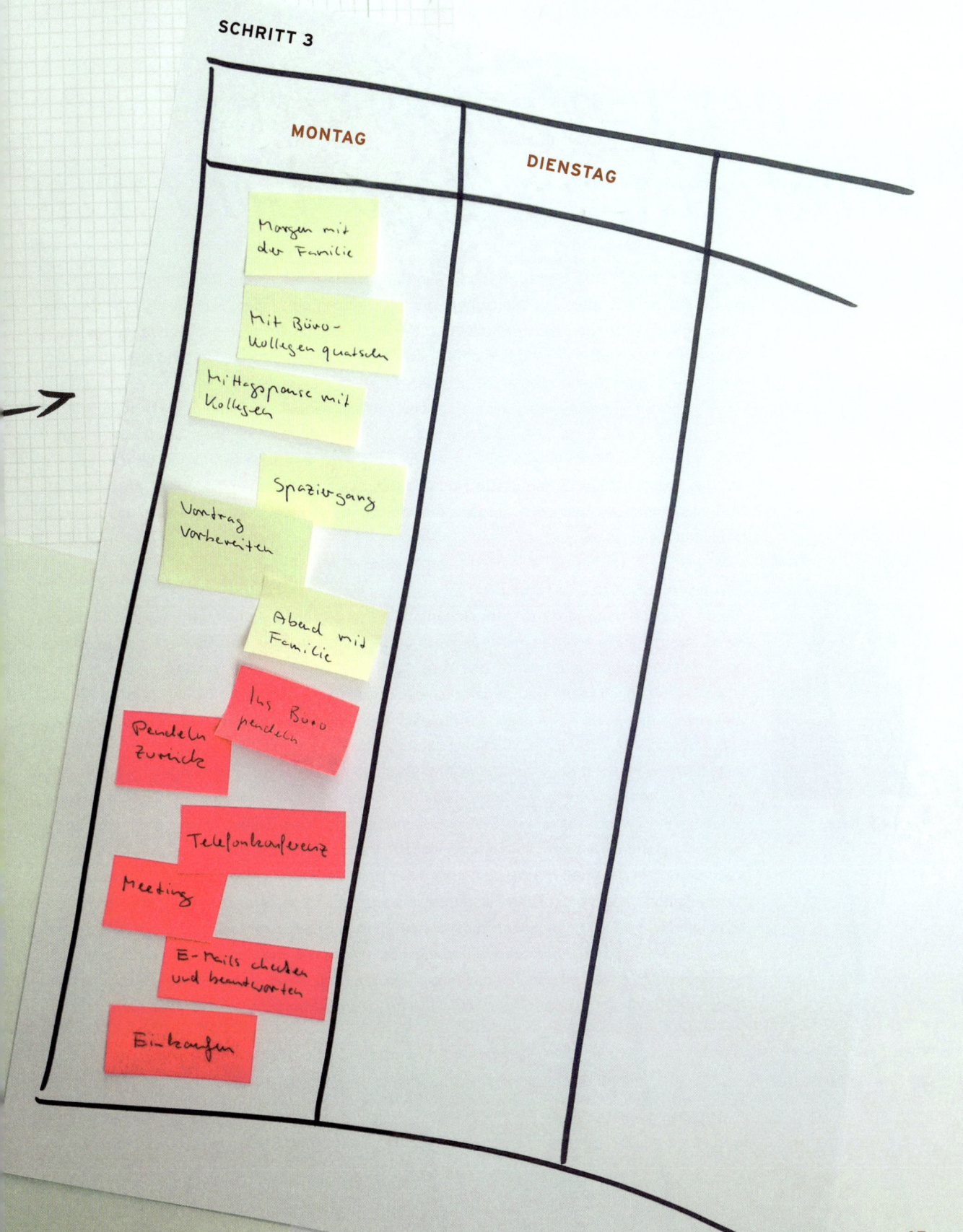

TESTIMONIAL   DESIGN YOUR LIFE

Von der Unternehmensberaterin zur Yoga-Lehrerin

Kurz vor der nächsten Stunde herrscht eine angenehme Stimmung bei Butterfly Yoga, dem Studio von Kathrin Kelz. Die Menschen, die ihre Schuhe abstreifen, Richtung Umkleide oder Küche gehen, scheinen sich zu kennen, die Freude auf die bevorstehende Stunde ist ihnen anzusehen. Wir treffen die ausgebildete Yoga-Lehrerin und ehemalige Unternehmensberaterin Kathrin Kelz in der kleinen Teeküche des Studios.

Die kommende Stunde hält sie gar nicht selbst, sondern eine der Lehrerinnen aus dem Team von Butterfly Yoga. „Als ich Anfang 2009 einfach so mein eigenes Studio aufgemacht habe, sah das noch anders aus. Alleine, etwas sorgenvoll, dennoch sehr optimistisch und stolz auf das Erreichte." Der Erfolg stellte sich ungefähr nach zwei Jahren ein: Sie hatte sich einen Kundenstamm aufgebaut, sich auf dem Markt etabliert und war jetzt neben Lehrerin auch zufriedene Chefin geworden.

Kathrin Kelz

INS NEUE LEBEN GESTOLPERT

Als wir sie nach der Zeit vor diesem Neuanfang fragen, erzählt sie offen davon, wie schlecht es ihr damals ging. Sie suchte einen Ausgleich und fand ihn im Yoga. Zu dieser Zeit arbeitete sie noch als Unternehmensberaterin, über Yoga „stolperte" sie mehr oder weniger zufällig. Sie fing jedoch sehr schnell Feuer und begann eine Ausbildung zur Lehrerin – damals noch ohne das Ziel, daraus eine neue Karriere zu formen. „Die Ausbildung war mein Rückzugsort in einer sehr schwierigen Zeit", erzählt sie. Während wir ihr zuhören, fällt es uns schwer, die kraftvolle und selbstsichere Frau mit der Person aus ihrer Erzählung in Verbindung zu bringen. Sie lacht viel, ist sehr aufmerksam und zugewandt. „Das war damals anders. Ich habe mich fehl am Platze gefühlt, schon während meines BWL-Studiums hatte ich das Gefühl, dass ich das eigentlich gar nicht machen will. Vielleicht habe ich es eher meinen Eltern zuliebe getan", erzählt Kelz. Die Veränderung in die Frau, die sie heute ist, habe lange gedauert: „Verantwortlich zu werden für mein eigenes Leben, mein Ding machen, das war ein Prozess, über den ich heute sehr glücklich bin." Und sie fügt nach kurzer Pause hinzu: „Die Tage, an denen ich auf der Arbeit gelitten habe, die vielen Zweifel und das Gefühl, dass immer nur die anderen Schuld waren, das alles war wohl nötig, um zu erkennen, dass einzig und allein ich etwas daran ändern kann." In dieser Zeit zeigte auch ihr Körper deutlich, dass eine Grenze überschritten war, sie hatte ständig Schmerzen und war krank.

RADIKALER SCHNITT

Auf die Frage, welche Bedeutung für sie hinter dem Namen „Butterfly Yoga" steht, lächelt sie: „Der Schmetterling ist das Symbol für mein Leben. Veränderung ist möglich, man muss nur an sich selbst glauben!" Für sie bedeutete das, sich aus einer Beziehung und einem Beruf zu lösen, mit denen sie sich nicht wohlfühlte, und ihrem Leben eine neue Richtung zu geben. Sie ist von München nach Bonn gezogen, hat einen radikalen Schnitt gemacht und sich neu erfunden. Ihre Expertise in Betriebswirtschaft und Marketing hat sie genutzt, um ihre Selbstständigkeit aufzubauen. „Den nötigen Rückhalt für den Berufswechsel habe ich aber von meinem neuen Mann und auch von meinem Vater bekommen, der mich wirklich gecoacht hat in der Zeit." Am Anfang der Selbstständigkeit war es eher ein Ausprobieren, berichtet sie: „Ich habe dann schnell gemerkt: Das passt zu mir. Da ich Gründungszuschuss bekommen habe, hatte ich auch etwas Zeit zum Ausprobieren: Will ich mehr Coach sein, freie Yoga-Lehrerin oder wirklich mein eigenes Studio eröffnen?"

TÜREN ÖFFNEN

Wir sprechen sie auf ein Zitat von ihrer Homepage an: „Mit der Yoga-Praxis nicht nur den Körper gesund und schön halten, Entspannung und Zufriedenheit finden, sondern vor allem Freude an der persönlichen Entfaltung entdecken. Menschen auf diesem Weg zu begleiten, bewegt mich jeden Tag aufs Neue." Wir fragen Kathrin Kelz, wie sie heute auf die Zeit schaut, als sie selbst noch auf der Suche war. „Ich habe selber viel durchgemacht, aber genau aus dieser Erfahrung schöpfe ich heute die Kraft für meine Arbeit." Als sie das sagt, strömen die Yoga-Schüler aus dem Übungsraum, manche in sich gekehrt, andere fröhlich plaudernd. Ab und zu bleibt jemand stehen, um ein paar Worte mit der Studio-Leiterin zu wechseln. Wir wollen noch wissen, ob Sie eine Botschaft hat, die sie weitergeben möchte. „Ich will andere Menschen ermutigen, herauszufinden, wer sie wirklich sind", antwortet sie. „Mir hat Yoga auf diesem Weg sehr geholfen. Ich hoffe, dass wir bei Butterfly Yoga auch anderen diese Tür öffnen können."

ERSCHAFFE DEINE ZUKUNFT

Definiere dein Design-Ziel und formuliere die Rahmenbedingungen für deine ganz persönliche Work-Life-Romance.

Erste Schritte

DEIN WEG ALS LIFE-DESIGNER BEGINNT GENAU JETZT. DEINE ERSTE AUFGABE: MIXE DEN SOUND DEINES LEBENS!

Irgendwann wurde Helene Stolzenberg klar, dass es so nicht weitergehen konnte. Die Beraterin für politische Kommunikation hatte sich mit großer Leidenschaft und Erfolg ihren Projekten und Kunden gewidmet. Nach der Geburt ihrer Tochter wurde ihr klar, wie schwierig die Vereinbarkeit von Agenturjob und Alleinerziehender wirklich ist. Sie war unzufrieden und erschöpft. Sie beschloss, dass sich etwas ändern musste. Zunächst bewarb sie sich auf andere Agentur-Stellen, erkannte aber schnell, dass ein neuer Job mit gleichen Strukturen auch ähnliche Probleme mit sich bringen würde. Stattdessen wollte sie flexibel und eigenbestimmt arbeiten und mehr Zeit für ihre Familie haben. Sie ging deshalb einen anderen Weg und eröffnete Nordliebe, einen Online-Shop für skandinavisches Design. Nach dem erfolgreichen Launch des Onlineshops machte sie sich zusätzlich als Beraterin selbstständig. Wenn ihre Mitarbeiter sich um den Versand von Nordliebe-Paketen kümmern, entwickelt sie Kommunikationsstrategien für Infrastrukturprojekte. Heute kann sie Beruf und Privatleben gut miteinander vereinbaren, ist ausgeglichener und verdient sogar dann Geld, wenn sie mit ihrer Tochter auf dem Land oder am Strand unterwegs ist.

Was wir von Helene Stolzenberg lernen können, ist ein wichtiger Grundsatz des Life-Design: Sie hat sich nicht nur die Frage gestellt, welcher Job zu ihr passen könnte. Sie hat sich vielmehr gefragt, welches Leben sie leben will. Sie hat die Rahmenbedingungen dafür klar definiert und festgelegt, was ihr im Leben wichtig ist. Die zentrale Fragestellung, die dich als Life-Designer antreiben sollte, ist also nicht die nach dem passenden Job. Frage dich zuerst, welches Leben du leben möchtest und arbeite dann daran, dass es Wirklichkeit wird. Nicht der Job muss zu dir passen, sondern dein Leben!

FRAGE NICHT: WIE WILL ICH ARBEITEN? FRAGE DICH: WIE WILL ICH LEBEN!

Deine Aufgabe

STARTE MIT DEM BRIEFING UND DEFINIERE DAMIT DEIN ZIEL!

Für dich als Life-Designer ist das Briefing der eigentliche Startpunkt – der Moment, an dem deine Design-Arbeit beginnt, noch bevor du über erste Ideen nachdenkst.

Warum das so ist, wollen wir dir an einem Beispiel erklären: Ein Getränkehersteller hat eine neue Limonade entwickelt. Was ihm noch fehlt, ist ein Behältnis, in dem er sie verkaufen kann. Er beauftragt einen Designer, der ihm bei diesem Problem helfen soll. Ohne ein konkretes Briefing, in dem die Rahmenbedingungen erklärt werden, wäre die Aufgabe nur schwer zu lösen, denn die Bandbreite an möglichen Ideen ist schier unendlich: Vom Plastikeimer, über 100-Liter-Tanks, bis zu kleinen Glasflaschen ist vieles denkbar und möglich. Der Designer braucht also noch weitere Informationen, um seine Arbeit zu beginnen. Wenn er gut ist, versucht er als erstes so viel wie möglich über denjenigen herauszufinden, der die Limonade später trinken soll – also den Kunden. Denn ob ein Design gut oder schlecht ist, entscheidet sich daran, ob es den Bedürfnissen des Kunden entspricht. Im Mittelpunkt jedes guten Designs steht immer der Mensch, für den es gemacht ist!

Was bedeutet das für dich als Life-Designer? Auch du brauchst ein möglichst klares Bild davon, wie ein gelungenes Ergebnis für dich aussieht und wie nicht. So kannst du klar definieren, was dein Ziel ist und wann du es erreicht hast. Wenn du einfach so drauflos arbeitest, würdest du vermutlich ziemlich schnell die Orientierung verlieren. Das Briefing wird deiner Arbeit einen klaren Rahmen geben und dir helfen, dein Ziel zu erreichen.

Als Life-Designer hast du einen großen Vorteil gegenüber deinem Kollegen, der die Limoflasche entwerfen soll. Denn der Kunde, für den du designst, bist du selbst. Die Aufgabe bleibt aber: Finde so viel wie möglich über dich heraus, um zu erfahren, welches Design deinen Anforderungen gerecht wird.

Deine Aufgabe für die nächsten Wochen und Monate lautet: Entwickle das für dich beste Work-Life-Design!

Briefing

Deine Aufgabe an dich:
Entwickle das für dich beste Work-Life-Design

WANN HABE ICH MEIN ZIEL ERREICHT?

→ Antworte möglichst konkret und detailliert. Beispiel: „Ich habe mein Ziel erreicht, wenn ich meine Fähigkeiten
→ als Jurist einsetzen kann, um wirklich etwas in der Welt zu verbessern. Gleichzeitig möchte ich mindestens 1/5
→ meines Verdiensts innerhalb der nächsten drei Jahre mit meiner Leidenschaft für Fotografie erwirtschaften."

WORAN MERKE ICH DAS?

→ Wie geht es dir, wenn du dein Ziel erreicht hast? Beschreibe einen konkreten Tag: Wie fühlst du dich beim Auf-
→ wachen, was ist künftig anders als heute?

WORAN MERKT DAS MEIN UMFELD?

→ Beispiel: „Mein Ehemann bemerkt den Glanz in meinen Augen, wenn ich von der Arbeit spreche. Meine Freunde
→ fragen mich, woher meine Energie und meine gute Laune kommen. Meine Kinder bemerken, dass ich mehr Ge-
→ duld habe und die Zeit mit ihnen mehr genieße."

BIS WANN WILL ICH DAS ERREICHT HABEN?

→ Nenne konkrete Daten. Sei realistisch und plane nicht zu kurzfristig. Wir erleben, dass es zwischen einem und
→ fünf Jahren dauern kann, bis dein Ziel erreicht ist.

Der Life-EQ

MIXE DEN SOUNDTRACK DEINES LEBENS

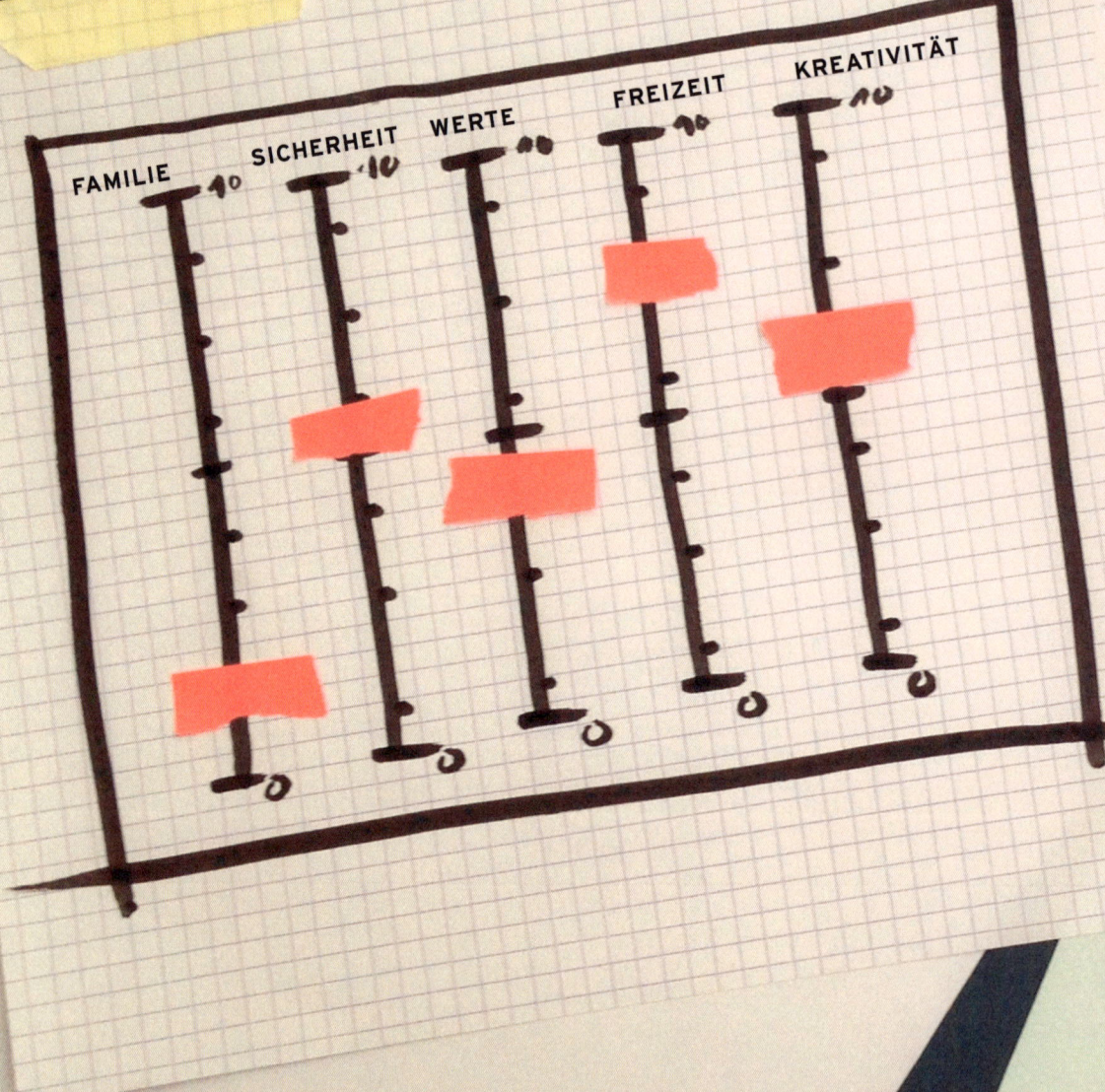

Mit der Erstellung deines Briefings hast du ein klares Ziel, auf das du jetzt hin arbeiten kannst. In der folgenden Übung wirst du dieses Ziel konkretisieren. Stell dir dafür vor, du mischst den Sound deines Lebens. Wie ein Musikproduzent kannst du die verschiedenen Elemente jedes Songs lauter und leiser einstellen: Mehr Bässe und der Song wird dumpf, mehr Höhen und der Sound wird kristallklar. Harmonisch wird der Klang erst in der feinen Abstimmung aller Regler untereinander. Das hinzubekommen ist eine Kunst.

Als Life-Designer kannst du den Sound deines Lebens mit dem Life-Equalizer (Life-EQ) einstellen. Jeder Regler steht dabei für einen Bereich, der für die Zufriedenheit in deinem Leben unverzichtbar ist. Das kann beispielsweise deine Familie sein. Aber auch Geld, Sicherheit oder soziales Engagement sind Elemente, die in vielen Life-EQ genannt werden. Welche Elemente du wählst, überlassen wir bewusst dir. Denn jeder hat andere Grundwerte, die für sein Leben wichtig sind. Nur du kannst das bestimmen. Frage dich, welche Bestandteile deines Lebens unverzichtbar sind?

Wir nutzen den Life-EQ, um zu visualisieren, welche Bestandteile für dein Leben wichtig sind und wann sie sich in Harmonie miteinander befinden. Wie ein Song kann auch dein Leben zu dumpf, aber auch zu schrill sein. Der Life-EQ kann dir zeigen, an welchen Reglern du arbeiten musst, um einen harmonischen Sound hinzukriegen.

Das brauchst du für die Übung:

Papier, Stifte, Stattys, 2x farbiges Klebeband

DEINE AUFGABE: MIXE DEN SOUND DEINES LEBENS!
Als Beispiel zeigen wir den Life-EQ von Sylvia. Nimm dir nun ein großes Blatt und übertrage darauf deinen Life-EQ. Du kannst aber auch die Download-Vorlage von unserer Website verwenden. Sylvias EQ hat mehrere Regler. Wie viele Bereiche dein EQ hat, überlassen wir dir. Wir empfehlen dir mindestens vier bis fünf. Wenn du fertig bist, mache bitte folgendes:

1. Definiere die Bestandteile deines Soundmixes. Was macht für dich ein Leben in Harmonie und Balance aus? Was brauchst du, um zufrieden und glücklich zu sein?

Eine Auswahl an Bestandteilen haben wir dir als Hilfe vorgegeben. Das sind Elemente, die in unseren Workshops immer wieder vorkommen. Wie gesagt, es sind nur Vorschläge; du kannst deine eigenen Begriffe hinzufügen. Du solltest dich aber auf das Wesentliche beschränken, die Bereiche, ohne die es wirklich nicht geht.

2. Wenn du deine Wahl getroffen hast – also jeder Regler für ein Element steht – geht es an den Mix. Versuche jeden Regler auf der Skala so einzustellen, dass er deinem gegenwärtigen (!) Leben entspricht. Du sollst nicht eintragen, wie es sein sollte, sondern wie es jetzt ist. Die Skala zeigt an, wie stark ein Element aktuell in deinem Leben ausgeprägt ist. Ganz oben bedeutet, dass der Bereich einen großen Anteil hat. Ganz unten bedeutet, dass er momentan nicht vorkommt. Setze den Regler nun für jeden Bereich. Wir nutzen dafür Klebeband, denn damit kannst du die Regler immer noch verändern.

MÖGLICHE BEREICHE FÜR DEN LIFE-EQ
Geld, Sicherheit, Familie, Gesundheit, Sport/Fitness, Freunde, Liebe/Partnerschaft, Wohnen, Spiritualität, Kreativität, Inspiration, Status, Sinn/Werte, Freiheit, Natur, Veränderung, Nachhaltigkeit, Sozialleben, soziales Engagement, Karriere, …

ERSCHAFFE DEINE ZUKUNFT KAPITEL 1

Sylvia Kautz

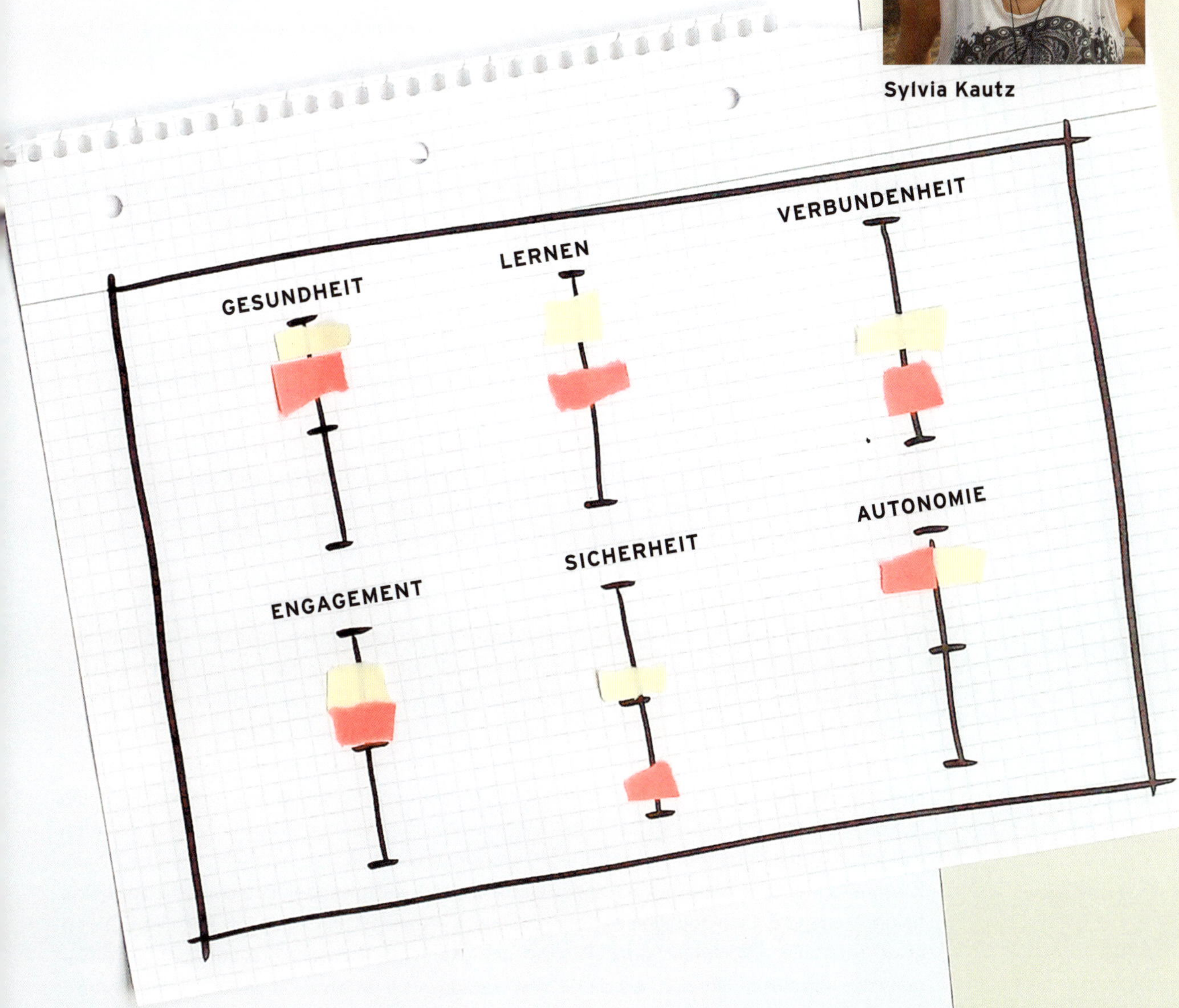

DER LIFE-EQ   55

Interpretiere deinen Life-EQ!

Hast du das Gefühl, dein Life-EQ ist fertig? Dann schaue ihn dir jetzt noch mal genauer an. Deine Aufgabe war es, den „Sound" so einzustellen, dass er deinem aktuellen Leben entspricht. Vielleicht hast du nicht lange dafür gebraucht. Vielleicht fiel es dir aber auch ein bisschen schwer. Denn schon der erste Schritt, die Auswahl der Bereiche, betrifft grundlegende Fragen unseres Lebens: Welche Rolle spielt etwa Geld für dich oder wie wichtig sind dir Freunde und Familie? Schon mit dieser Auswahl gewichtest du die Dinge und entscheidest, was für dich wichtig und was unwichtig ist. Für dein Life-Design ist diese Auswahl essenziell. Sie legt den Rahmen fest, in dem deine Ideen später Gestalt annehmen werden.

GEHE EINEN SCHRITT WEITER

Gehe die Fragen auf der rechten Seite durch und notiere deine Erkenntnisse auf Stattys. Manchmal reichen Stichworte, am besten sind aber komplette Sätze. Zum Beispiel: „Geld ist für mich ein wesentlicher Bestandteil meines Life-EQ, weil es mir Sicherheit gibt und mir ermöglicht, mich in der Freizeit Projekten zu widmen, die mir sehr wichtig sind." Oder: „Familie kommt in meinem aktuellen Leben sehr kurz. Das liegt vor allem daran, dass ich beruflich sehr eingespannt bin und nur wenig Zeit für andere Dinge zur Verfügung habe."
Hänge die Antworten in den Bereich „Sammeln" deiner Wall.

LIFE-DESIGN-DILEMMATA

Wahrscheinlich hast du schon festgestellt, dass einige Bereiche eng miteinander verbunden sind und die Veränderung des einen, Auswirkung auf einen anderen hat. Wir nennen das „Life-Design-Dilemma". Ein klassisches Beispiel für ein solches Dilemma ist die Verbindung von „Geld" und „Zeit". Viel Zeit zu haben bedeutet in der Regel auch, auf Geld zu verzichten und umgekehrt. Nach unseren Workshops entscheiden sich viele Teilnehmer etwa zu einer Verkürzung ihrer Arbeitszeit. Ihnen ist durch den Life-EQ bewusst geworden, wie wichtig ihnen freie Zeit für ein harmonisches Leben ist. Gehaltseinbußen nehmen sie dafür in Kauf. Anderen wiederum wird erst durch den Life-EQ klar, wie wichtig es ihnen ist, viel Geld zu haben. Diese Erkenntnis macht es plausibel, weniger Zeit für anderes aufzuwenden und damit zu beginnen, geldgetriebene Entscheidungen zu treffen. Weitere vermeintliche Gegensätze im Life-EQ sind etwa „Sinn" und „Sicherheit" oder „Familie" und „Karriere". Versuche erstmal nicht diese Gegensätze aufzulösen, sondern werde dir bewusst, dass sie da sind und wie sie funktionieren.

ERSCHAFFE DEINE ZUKUNFT   KAPITEL 2

**FRAGEN, DIE DIR HELFEN, DEINEN LIFE-EQ ZU INTERPRETIEREN.
ÜBERTRAGE DEN LIFE-EQ UND DIE ANTWORTEN IN DEN SAMMEL-BEREICH DEINER WALL.**

WELCHE BEREICHE HAST DU AUSGEWÄHLT UND WARUM NICHT ANDERE? BEGRÜNDE JEDE AUSWAHL IN EIN PAAR KURZEN SÄTZEN.

BEI WELCHEN BEREICHEN STEHEN DIE REGLER WEIT OBEN, BEI WELCHEN WEIT UNTEN? WARUM?

WELCHEN EINFLUSS HAT EIN BEREICH AUF DIE ANDEREN?

WIE IST DER SOUND INSGESAMT?

INTERPRETIERE DEINEN LIFE-EQ!

Der Sound deiner Zukunft

WAS WILLST DU AN DEINEM MIX VERÄNDERN?

Wie gefällt dir dein Mix? Bist du zufrieden mit dem, was du siehst? Oder sind einige Bereiche nicht so, wie du sie dir vorstellst? Jetzt hast du die Gelegenheit, das zu ändern. Nachdem du eben dein aktuelles Leben dargestellt hast, geht es jetzt um die Zukunft.

DEINE AUFGABE: MIXE DEN SOUND DEINES ZUKÜNFTIGEN LEBENS!

Nimm dir dafür noch mal deinen Life-EQ vor. Du musst ihn nicht noch einmal neu zeichnen, sondern sollst im alten Bild weiterarbeiten. Verwende jetzt aber eine andere Farbe und stelle die Regler so ein, dass der für dich perfekte Sound entsteht!

Vorsicht: In unseren Workshops erleben wir immer wieder, dass einfach alle Regler auf die höchste Einstellung gesetzt werden. Sorry, aber so einfach funktioniert das Leben leider nicht! Von allem viel, heißt nicht gleich alles ist gut. Stell dir ein Orchester vor, bei dem jedes Instrument so laut spielt, wie es kann. Klänge das gut? Das gleiche gilt für die Auspegelung deines zukünftigen Lebens. Nur wenn ein Aspekt etwas zurücktritt, kommt der andere dafür erst richtig zur Geltung

INTERPRETIERE DEINEN LIFE-EQ

Wenn du die Regler eingestellt hast, siehst du in deinem Life-EQ nun zwei Farben. Eine stellt den Status quo dar, die andere den zukünftigen Idealzustand. Schau dir genau an, an welchen Stellen Status quo und Idealzustand noch weit auseinanderliegen und wo sie vielleicht schon ziemlich eng beieinander liegen. Beides ist eine wichtige Feststellung: Im ersten Fall hast du einen Bereich identifiziert, an dem du in deinem Life-Design arbeiten musst. Wenn der Bereich Familie in deinem Zukunftsbild etwa eine große Rolle spielt, aktuell aber sehr vernachlässigt wird, sollte dieser Punkt in deinem Life-Design berücksichtigt werden.

ERSCHAFFE DEINE ZUKUNFT   KAPITEL 2

FRAGEN FÜR DIE INTERPRETATION:

WELCHE BEREICHE ENTSPRECHEN SCHON FAST MEINEM IDEALBILD?

IN WELCHEN BEREICHEN LIEGT MEIN IDEALBILD NOCH WEIT VOM STATUS QUO ENTFERNT? WORAN LIEGT DAS?

WAS KÖNNTE ICH TUN, UM DEN STATUS QUO NÄHER AN MEIN IDEALBILD HERANZURÜCKEN?

Nutze wieder Post-its oder Stattys für die Ergebnisse und übertrage sie auf den Sammel-Bereich deiner Wall.

Deine Ergebnisse

KONZENTRIERE DICH AUF DIE WICHTIGSTEN ERKENNTNISSE!

Glückwunsch! Du hast deine ersten Schritte als Life-Designer gemacht. Mit dieser Übung hast du die Rahmenbedingungen für dein Life-Design-Projekt festgelegt. Es kommt oft vor, dass diese einfache Übung einen intensiven Denkprozess auslöst und grundlegende Fragen aufwirft, für die im Alltag selten Zeit ist. Gerade deshalb ist das Tool so wichtig. Denk noch einmal an den Anfang dieses Kapitels und seine zentrale Fragestellung zurück: Wie will ich leben? Mit dem Life-EQ hast du die Rahmenbedingungen dieses zukünftigen Lebens definiert. Wie fühlt sich das an? In den nächsten Schritten wirst du dieses Gefühl weiter konkretisieren. Jetzt geht es aber erstmal an die Ergebnissicherung:

Wahrscheinlich hast du dir Ideen notiert. Schau dir deine Ergebnisse noch einmal an. Du solltest dich jetzt auf die wesentlichen Punkte konzentrieren und diese noch einmal separat dokumentieren. Nutze die Vorlage, die wir erstellt haben und die du ebenfalls auf unserer Website herunterladen kannst.

DEINE AUFGABEN:

1. Worin bist du jetzt schon gut? In welchen Bereichen kommt dein Status quo schon heute an deinen Idealzustand heran? Übertrage die Ergebnisse in das linke Feld des Formulars. Dies sind die Bereiche, deren Zustand du erhalten möchtest.

2. Wo gibt es noch Verbesserungsbedarf? In welchen Bereichen liegt dein Idealzustand noch weit vom Status quo entfernt? Übertrage die Ergebnisse in das rechte Feld des Formulars. Dies sind die Bereiche, in denen du dich in Zukunft verändern willst.

3. In das untere, dritte Feld schreibst du eine Art Zusammenfassung der Arbeit mit dem Life-EQ: Notiere in wenigen Sätzen, was dein Life-Design-Projekt erreichen muss – ausgehend von der Erfahrung mit dem Life-EQ.

Beschränke dich hierbei wirklich auf die wichtigsten Punkte!

HÄNGE DIESES FORMULAR UND DEINEN LIFE-EQ JETZT IN DEN ZUKUNFT-BEREICH DEINER WALL.

ERSCHAFFE DEINE ZUKUNFT — KAPITEL 2

LIFE-EQ

HIER BIN ICH SCHON GUT:

- FAMILIE: ZUFRIEDEN!
- FREIZEIT: OK!

HIER KANN ICH MICH NOCH VERBESSERN:

- SINN: FEHLT ☹

ERKENNTNISSE

DEINE ERGEBNISSE

KAPITEL 2 DESIGN YOUR LIFE

Die Sounds der anderen!

TOM: DER JUNGE ÜBERFLIEGER

Tom legt Wert auf Selbstverwirklichung und auf Neues. Diese zwei Faktoren sind ihm viel wichtiger als Familie und finanzielle Sicherheit.

ELENA: WERTE SIND WICHTIG!

Für Elena sind zwei Bereiche wichtig auf dieser Welt: Die Menschen um sie herum und der Sinn in ihrer Arbeit. Für sie ist „Gutes tun" nicht nur eine Formel, sondern lebensnotwendig!

ERSCHAFFE DEINE ZUKUNFT KAPITEL 2

SO HABEN ANDERE IHREN SOUND DEFINIERT

Wie der Sound deines zukünftigen Lebens aussieht, hast du jetzt erfahren. Welchen Sound sich andere Menschen von ihrem Leben wünschen, zeigen wir dir hier!

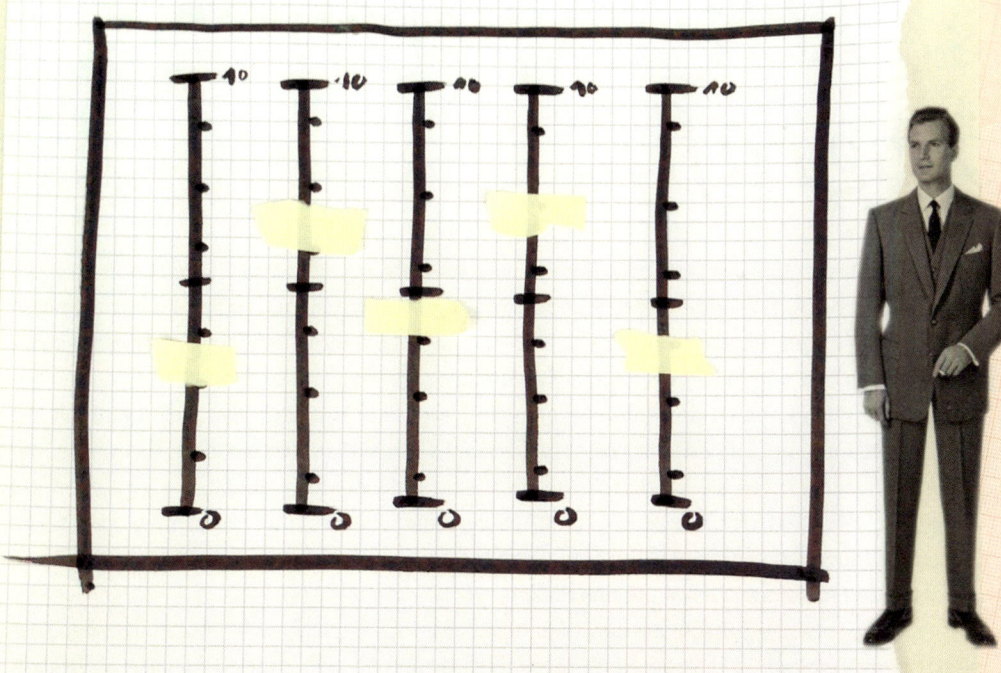

HOLGER: STABIL UND DOCH NEUGIERIG.

Sein Life-EQ zeigt deutlich: Für Holger ist finanzielle Sicherheit ein Muss. Gleichzeitig braucht er Veränderung und immer wieder neue, spannende Themen.

CORDULA: GLEICHKLANG IST ALLES.

Bei der Analyse stellt die Managerin fest: für sie ist ein ausgewogener Life-EQ besonders wichtig. Klar, nicht alles muss genau gleich gewichtet sein, aber die Balance zwischen Familie, Geld, Inhalten und Natur ist deutlich! Natur ist prekär!

DIE SOUNDS DER ANDEREN!

Von der HR-Expertin zur Fotografin

Es war ein Montagmorgen wie jeder andere. Nicole Wahl saß an ihrem Schreibtisch und fuhr den Rechner hoch. Die erste halbe Stunde am Morgen nimmt sie sich Zeit, um anzukommen und die Arbeit des Tages zu sortieren. Seit nunmehr 16 Jahren arbeitete sie für dasselbe Unternehmen und war in dieser Zeit die Karriereleiter mehrfach aufgestiegen. „Von außen betrachtet war mein Leben eigentlich total stimmig", sagt Nicole heute. „Beruflich hatte ich alle Voraussetzungen, um zufrieden zu sein: Interessante Projekte, einen sicheren Job und super Kollegen." Dennoch hat sie an diesem Morgen eine Entscheidung gefällt, die ihr Leben auf den Kopf gestellt hat: „Ich werde kündigen." Wohin sie diese Reise führen wird, wusste sie zu diesem Zeitpunkt noch nicht. Klar war nur eins: Ihre Leidenschaft für die Fotografie wird sie von nun an in den Mittelpunkt ihres Lebens rücken.

So spontan ihr Entschluss auch war, einfach fiel er ihr nicht. „Ich hatte zu diesem Zeitpunkt bereits einiges in meinen Beruf investiert", erzählt Nicole. „Neben meinem Vollzeitjob habe ich im Abendstudium Betriebswirtschaft studiert und im Prinzip auch immer sehr gerne in meinem Feld gearbeitet." Dazu kamen die Vorzüge, welche die Arbeit in einem Konzern mit sich bringt: „Die festen Strukturen haben mir finanzielle Sicherheit gegeben. Außerdem hatte ich alle zwei bis drei Jahre die Möglichkeit, eine neue Position zu bekleiden und durfte dadurch ständig neue Herausforderungen annehmen." Doch so komfortabel ihre Situation auch gewesen ist, irgendwann war ihr das nicht mehr genug: „Ich wollte von nun an etwas machen, das mich wirklich erfüllt."

Nicole Wahl

DAS GLÜCK DER ANDEREN

Fragt man Nicole heute nach dem Grund, warum sie eine sichere Konzernkarriere trotz allem aufgegeben hat, muss sie nicht lange überlegen: „Ich wollte mit Menschen zusammenkommen, die ich mit meiner Arbeit glücklich machen kann. In meinem alten Job konnte ich zwar viele spannende Projekte umsetzen, aber ich hatte selten das Gefühl, etwas zu bewegen." Durch Zufall kommt sie dann zur Fotografie. Es macht ihr Spaß, sie besucht Kurse und wird stetig besser. „Es war so, als hätte ein Teil von mir nur darauf gewartet, endlich loslegen zu können", sagt Nicole heute.

Zuerst sind es meist Freunde, die sie fotografiert. Bald spricht sich ihr Talent jedoch herum und immer mehr Anfragen werden an sie herangetragen. „Bis dahin war die Fotografie mein liebstes Hobby, in dem mein gesamtes Herzblut steckte. Ich hätte nicht im Traum daran gedacht, einmal beruflich als Fotografin zu arbeiten", so Nicole. Als ihr Arbeitgeber dann im Rahmen einer Restrukturierung die Möglichkeit eines Ausstiegs eröffnet, sieht Nicole darin ihre große Chance und ergreift sie. „Die Zeit war reif für diesen Schritt. Ich hatte bereits einen kleinen Kundenstamm und nun auch ein finanzielles Polster, das mir helfen würde die Anfangsphase zu überbrücken."

NIE MEHR FRUSTSHOPPEN

Leicht fiel ihr die Entscheidung trotz allem nicht. Es stand viel auf dem Spiel und der Weg, den sie einschlagen wollte, führte in eine unsichere Zukunft. Für Erfolg oder Misserfolg war sie allein verantwortlich. „Ich hatte mir im Vorfeld Gedanken darüber gemacht, was mir wirklich wichtig ist im Leben. Und das große Geld war es nicht", sagt Nicole. „Diese Frage sollte sich jeder ernsthaft stellen und überlegen, ob er auch verzichten kann, um den eigenen Traum zu leben. Angst und Zweifel sind normal und wichtig. Wenn die Leidenschaft dann größer ist als die Angst, dann sollte man den Sprung wagen und das tun, wofür man wirklich brennt."

Nicole hat ihre Entscheidung nie bereut. Sie ist mit Herzblut bei der Sache und ihre Kunden scheinen das zu spüren: „Die Mundpropaganda funktioniert prima. Ich werde oft weiterempfohlen." Mit ihrer Ausbildung zum Make-up-Artist bietet sie ihren Kunden alles aus einer Hand an. Auf die Frage, was heute anders ist als vor ihrer Selbstständigkeit, muss sie lachen. „Ich kann mir das Frustshoppen sparen. Früher bin ich nach der Arbeit noch öfters einkaufen gegangen, um mir etwas Gutes zu tun. Das brauche ich heute nicht mehr." Heute sind es die glücklichen Kunden, welche ihr dieses positive Gefühl zurückgeben. Und sie fügt hinzu: „Ich bin trotz geringeren Einkommens viel erfüllter und freier. Auch wenn es keinesfalls immer leicht war, ich würde diesen Schritt immer wieder wagen."

ENTDECKE DEIN POTENZIAL

Verstehe deine Talente, Leidenschaften und Werte und gestalte damit die Bausteine für dein späteres Life-Design.

ENTDECKE DEIN POTENZIAL — KAPITEL 3

Die Job-Design-Formel

VOM BANKER ZUM KAFFEERÖSTER

Tamas Fejer steht kurz vor seinem 40. Geburtstag, als er sein Leben umkrempelt. Der gelernte Banker hat Karriere als Controller und Analyst in der Finanzbranche gemacht. Es läuft gut: Der Job ist relativ sicher und auf der Karriereleiter könnte es demnächst noch höher gehen. Dennoch stellt er sich die Frage, ob es das bis zur Rente gewesen sein soll. Er entscheidet sich gegen die sichere Zukunft als Banker und will stattdessen etwas Eigenes auf die Beine stellen. Was das sein soll, weiß er allerdings nicht. Ideen hat er viele, aber keine überzeugt ihn so sehr, dass er dafür seinen Job aufgeben würde. Klar ist aber: Er will sich unbedingt mit einem positiven Produkt beschäftigen, das anderen Menschen Freude bereitet.

Die zündende Idee kommt ihm plötzlich und mitten in der Nacht: Er will Kaffeeröster werden! Plötzlich passt alles zusammen. Wegen seiner Magenbeschwerden hatte er, der Kaffeejunkie, schon vor Jahren begonnen, seinen Kaffee selbst zu rösten; zuerst noch per Hand über einem Spirituskocher, dann perfektionierte er seine Technik, investierte viel Zeit und wurde so zum Experten. Die Nacht, in der ihm die Idee kommt, ist der Wendepunkt in seinem Leben. Er macht eine Ausbildung zum Kaffee-Chef-Sommelier, kündigt seinen Job in der Bank und eröffnet in Düsseldorf die Privatrösterei Kaffeeschmiede. Heute ist er als Gastronom erfolgreich und zufrieden, seine Leidenschaft und sein Wissen rund um den Kaffee gibt er auf Seminaren und Messen weiter.

Viele Menschen befinden sich irgendwann genau am selben Punkt wie Tamas Fejer. Sie können sich beruflich nicht weiterentwickeln oder nach ihren Wünschen entfalten, sind unzufrieden und haben das Gefühl, dass da draußen noch mehr sein könnte. Dass es ein Leben gibt, das eher zu ihnen passt als das jetzige. Die Frage ist nur: Was könnte das sein und wie findet man es? Unsere Arbeit mit Menschen, die von sich sagen, ihren Traumjob gefunden zu haben, bestätigt das, was Forschung, Wissenschaft und der gesunde Menschenverstand raten:

TUE DAS, WAS DU WIRKLICH GUT KANNST, WOFÜR DU DICH BEGEISTERST UND WAS DIR WICHTIG IST!

Tamas Fejer hat genau diese Formel angewandt, indem er einen Job gefunden hat, der seine Talente, seine Leidenschaft und seine Werte vereint. Wie du herausfindest, was diese drei Bereiche für dich und dein Leben bedeuten, werden wir dir auf den folgenden Seiten zeigen.

Die ganze Geschichte von Tamas Fejer auf Seite 198.

Die Job-Formel

DIE BASIS FÜR DEIN WORK-LIFE-DESIGN

Deine Talente, Interessen und Werte sind die wichtigsten Bausteine für dein Work-Life-Design. Mit ihnen wirst du später an konkreten Job-Ideen feilen. In diesem Kapitel helfen wir dir mit verschiedenen Aufgaben, diese drei Bereiche mit Inhalten zu füllen. Sie sind der Grundstein für die Ideenentwicklung im nächsten Kapitel. Dazu kommen noch die Rahmenbedingungen, die für dein Leben und deine Arbeit wichtig sind. Was du jetzt schon wissen solltest: In diesem Kapitel sollst du wirklich erst sammeln und verdichten und noch gar nicht über Lösungen oder deine konkrete Zukunft nachdenken. Das lässt sich natürlich nicht immer ausschließen, aber je offener du in dieser Phase denkst, desto besser!

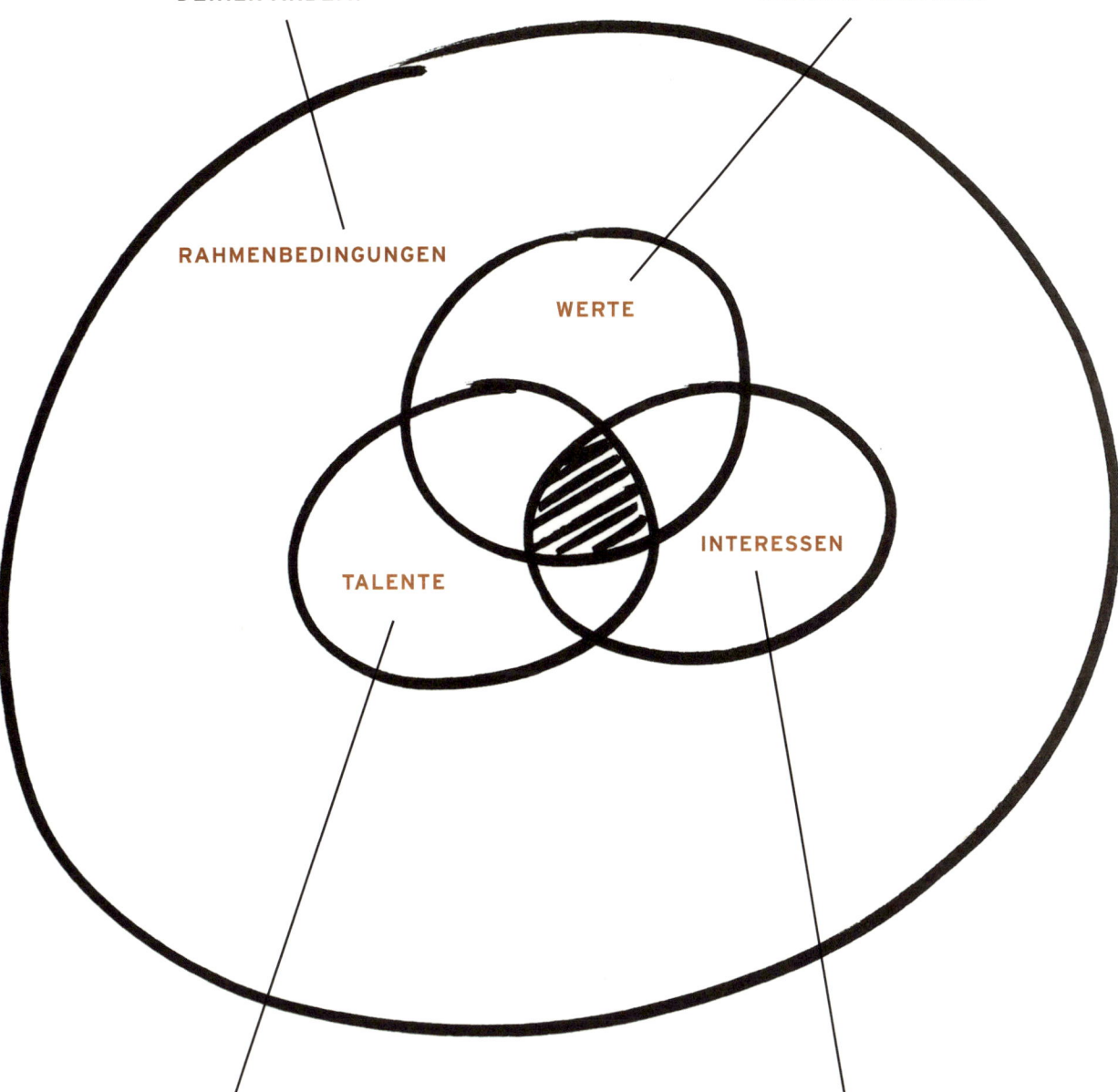

Geld spielt (k)eine Rolle

WAS DU ÜBER DEN ZUSAMMENHANG VON GELD UND ZUFRIEDENHEIT WISSEN SOLLTEST

Fragen wir unsere Workshop-Teilnehmer, aus welchem Grund sie ihren Beruf trotz hoher und dauerhafter Unzufriedenheit nicht verlassen, erwidern rund zwei Drittel, dass Geld der Grund dafür sei. Auf die nächste Frage, was einmal ausschlaggebend dafür war, dass sie sich überhaupt für ihren Beruf entschieden haben, nennen immerhin noch rund die Hälfte ein hohes Einkommen als entscheidendes Kriterium. Es ist offensichtlich: Geld und ein gutes Leben gehören für viele Menschen zusammen. Und tatsächlich gibt es Studien, die nachweisen, dass ein Zusammenhang zwischen Geld und Zufriedenheit besteht. Sind Menschen mit hohem Einkommen dann also glücklicher als diejenigen, die weniger auf dem Konto haben? Jein. Denn die Forschungen dazu legen nahe, dass Zufriedenheit und Einkommen nur bis zu einem bestimmten Punkt zusammenhängen: Ab einer Einkommensgrenze von 50.000 Euro im Jahr scheinen die Grundbedürfnisse befriedigt, jeder weitere verdiente Euro trägt also nicht zwangsläufig auch zu höherem Glück bei.

DIE HEDONISTISCHE TRETMÜHLE

Hinzu kommt ein Effekt, den der Psychologe Martin Seligmann „Hedonistische Tretmühle" nennt. Er beschreibt damit einen Kreislauf permanenter Unzufriedenheit: Je mehr wir uns leisten können, desto höher werden auch unsere Erwartungen. Wer sich zum Beispiel endlich den hart erarbeiteten Porsche leisten kann, dessen Glück wird Seligmann zu Folge von kurzer Dauer sein. Der Porsche wird schnell zur Gewohnheit und man arbeitet jetzt noch härter, um sich einen Ferrari leisten zu können. So geht es weiter und weiter: Man arbeitet härter um einen bestimmten Zustand zu erreichen, anhaltendes Glück tritt aber niemals ein.

VERGLEICHEN MACHT UNGLÜCKLICH

Ein weiterer negativer Effekt entsteht durch den permanenten Vergleich mit unserem Umfeld. Auch hier gibt es Forschungen, die zeigen, dass die absolute Höhe unseres Einkommens auf unsere Zufriedenheit weniger Einfluss hat, als der relative Vergleich unseres Einkommens mit dem von Freunden oder Kollegen. Eine Studie unter Studenten der Harvard Universität hat das eindrucksvoll gezeigt. Sie wurden gefragt, welches der beiden Szenarien sie vorziehen würden: Entweder 50.000 Dollar zu verdienen, während alle anderen nur die Hälfte bekommen, oder 100.000 Dollar zu verdienen, während alle anderen doppelt so viel bekommen. Obwohl sie im zweiten Szenario also weitaus besser gestellt wären, wählte die Mehrheit die erste Variante.

WAS MACHT DEIN LEBEN REICH?

Die Frage, welche Rolle Geld in deinem Life-Design spielt, kannst nur du entscheiden. Wenn du eine Miete oder Hypothek begleichen musst, eine Familie ernährst oder ein teures aber für dich unverzichtbares Hobby hast, dann spielt Geld eine ganz entscheidende Rolle für dich! Wenn du frei von Verbindlichkeiten bist, kannst du vielleicht auf einen Teil deines jetzigen Einkommens verzichten. Bei der Gestaltung des persönlichen Traumjobs raten wir dazu, Geld erst ganz zum Schluss in das Design aufzunehmen. Wir haben die Erfahrung gemacht, dass sonst viele gute Ideen zu früh verworfen werden. Wenn du allerdings an einem späteren Punkt im Buch über konkrete Job-Ideen verfügst, kann der Faktor Geld ein entscheidendes Kriterium bei der Auswahl der Ideen sein, die du weiter verfolgen willst. Eine wichtige Erkenntnis hält die Glücksforschung jedenfalls noch parat: Es kommt weniger darauf an, wie viel Geld ein Mensch besitzt, als darauf, was er damit macht und wofür er es einsetzt. So hinterlässt ein Tag mit den Kindern im Zoo, eine Reise in eine fremde Kultur oder der Theater-Besuch mehr Zufriedenheit als materieller Konsum. Frage dich also nicht zuerst, wie viel Geld du brauchst, um glücklich zu sein. Frage dich, wofür du es einsetzen würdest und was dein Leben wirklich reicher macht.

ICH BRAUCHE EINEN NEUEN JOB. ICH HALT'S HIER NICHT MEHR AUS.

DIE SUSHI BAR HIER IST WIRKLICH MIES. ES GIBT NUR 42 SORTEN.

WENN ICH EINE NEUE STELLE FINDE, WERDE ICH ENDLICH RICHTIG GLÜCKLICH.

YEAH, ICH HAB DEN NEUEN JOB. ALLES IST PERFEKT.

TESTIMONIAL

DESIGN YOUR LIFE

Vom Banker zum Krippenbauer

An seine erste selbstgebaute Krippe kann sich Wolfgang Mans noch genau erinnern. „Ich bin damals relativ planlos an die Sache rangegangen und habe einfach losgelegt. Aber am Ende stand da dieses wunderschöne Unikat, meine eigene Kreation, auf die ich richtig stolz war." Das war vor rund fünfzehn Jahren. Die Idee, selbst eine Krippe zu bauen, kam ihm im Allgäu-Urlaub. Seine Frau stieß dort auf eine vor Ort hergestellte Krippe und war sofort hin und weg. Mans winkte ab: „Die sind doch zu teuer. Ich kann das auch." Wieder zu Hause begab er sich dann in den Keller, suchte geeignete Materialien zusammen, stellte sich an seine Werkbank und zimmerte an der allerersten Holzkrippe „Made by Mans". Was dann geschah, war absolut unerwartet: „Die Krippe wurde bald zum Renner im Freundeskreis. Bekannte und Verwandte, die uns während der Weihnachtszeit besuchten, wollten unbedingt auch eine Krippe von mir haben." In dieser Zeit nahm Mans seine ersten Bestellungen an. Dass er eines Tages seinen Lebensunterhalt mit dem Krippenbauen verdienen würde, hätte er damals im Traum nicht gedacht.

Wolfgang Mans

MIT BAUCHSCHMERZEN ZUR ARBEIT

Zu jener Zeit arbeitete Mans hauptberuflich noch als Bankangestellter. Er war zufrieden und mochte den Kontakt zu seinen Kunden. Menschen zu beraten war sein Ding und finanziell passte es auch. „Leider änderte sich das Berufsbild des Bankers mit den Jahren", sagt er heute. „Angefangen hatte ich als Berater, am Ende war ich fast nur noch Verkäufer. Damit konnte ich mich überhaupt nicht identifizieren." Der Leistungsdruck nahm stetig zu und immer öfter kam es vor, dass er mit Bauchschmerzen zur Arbeit ging. Einen Ausgleich fand er bei seiner neuen Leidenschaft, dem Krippenbauen.

KISTENWEISE WURZELN UND PILZE

Mans begann sich allmählich zu professionalisieren. Er kaufte Präzisionssägen und Spezialwerkzeuge. Und auch räumlich musste er aufstocken: Erst zog er mit seiner Werkstatt vom Keller in den Gartenschuppen, dann aus Platzgründen in die große Doppelgarage. Öffnet man heute die Tür zu seinem Reich, so betritt man eine andere Welt. Holzgeruch liegt in der Luft. Überall im Raum befinden sich Werkzeuge, Utensilien und angefangene Werkstücke. In den Regalen stapeln sich Kisten mit Wurzeln und riesigen Baumpilzen, die er regelmäßig während seiner Wanderurlaube im Allgäu sammelt. „Wenn ich eine außergewöhnlich gewachsene Wurzel finde, habe ich oft schon eine genaue Vorstellung davon, wie ich sie in einer Krippe verwenden werde", berichtet er begeistert.

SCHREINERSCHÜRZE STATT NADELSTREIFEN

Was als Hobby und Ausgleich zum Job startete, wurde von Jahr zu Jahr größer. Und die Abende, an denen er den Anzug mit der Schreinerschürze und den Schreibtisch mit der Werkbank eintauschte, wurden zahlreicher. Zehn Jahre lang machte er beides zunächst parallel. Mit den Jahren wurde die Unzufriedenheit als Banker jedoch immer größer und die Anfragen als Krippenbauer zugleich zahlreicher. Immer häufiger verbrachte er die Nächte in seiner Werkstatt, um Aufträge fertigzustellen. Irgendwann wusste er, dass er sich entscheiden musste. Und er entschied sich für die Werkbank. Mans: „Natürlich hatten meine Frau und ich Bedenken, ob man vom Krippenbauen wirklich leben kann. Aber das Risiko sind wir trotzdem eingegangen."

GEFRAGTE UNIKATE

Inzwischen sind fünf Jahre vergangen und man sieht Wolfgang Mans an, wie zufrieden er mit seiner Entscheidung ist. Seine Leidenschaft und Expertise haben sich längst herumgesprochen und seine Unikate stehen heute in vielen Kapellen und Kirchen. Sein Ausstellungsraum ist prall gefüllt, Aufträge hat er genug, und auch finanziell hat er sich nach harten Anfangsjahren wieder auf dem alten Niveau eingependelt. Gewonnen habe er aber vor allem eins: Lebensqualität. „Mittags einen ausgiebigen Spaziergang im Sonnenschein zu machen, wäre früher nicht drin gewesen", sagt Mans. „Heute ist das kein Problem." Wichtig für ihn sei besonders die Tatsache selbstbestimmt zu arbeiten, ohne Druck von Vorgesetzten ausgesetzt zu sein. Zufriedenheit empfindet er heute in kleinen Momenten. Etwa dann, wenn seine Kunden mit leuchtenden Augen ihre eigene Krippe in Empfang nehmen. Wenn sie nach Hause fahren, geht es für Wolfgang Mans aber schon weiter zur nächsten Idee. Schließlich warten noch viele Wurzeln und Pilze darauf, verbaut zu werden.

LifeQuake

Das brauchst du für die Übung:
Ein großes Blatt Papier im Querformat. Noch besser ist eine Rolle Tapetenpapier – je mehr Platz, desto besser. Außerdem brauchst du farbige Stifte, für jeden Strang eine Farbe.

DIE HÖHEN UND TIEFEN DEINES LEBENS

In deinem Life-EQ hast du dich bereits intensiv den Bereichen gewidmet, die für dein Leben von zentraler Wichtigkeit sind. Du hast den Status quo analysiert und einen zukünftigen Idealzustand skizziert. Jetzt wollen wir mit dir in die Vergangenheit schauen. Hierfür haben wir den Life-EQ erweitert: Jeder Bereich stellt nun eine Linie im Zeitverlauf deines Lebens dar. Diese Linie bewegt sich nach oben, wenn sich der Bereich positiv entwickelt hat oder nach unten, wenn es nicht so gut gelaufen ist. Versuche für jeden Bereich deines Life-EQ eine solche Entwicklung darzustellen.

DEINE AUFGABE: ZEICHNE DEIN LEBEN

SCHRITT 1:
Bestimme zunächst für jeden Bereich deines Life-EQ eine Farbe. Es hat sich herausgestellt, dass bei dieser Übung weniger mehr ist. Wir empfehlen daher die Übung mit vier Bereichen durchzuführen. Sollte dein Life-EQ mehr als vier Bereiche vorweisen, versuche ihn auf die vier wichtigsten zu reduzieren.

SCHRITT 2:
Zeichne in der Mitte deines Blattes eine horizontale Linie ein. Sie stellt die Zeitachse deines Lebens dar. Ihr linkes Ende steht für deine Geburt, ihr rechtes Ende stellt das Hier und Jetzt dar. Ergänze nun am linken Ende eine vertikale Achse, oben bedeutet positiv, unten negativ. Orientiere dich zur Hilfe an der beigefügten Skizze.

SCHRITT 3:
Beginne jetzt mit dem ersten Strang. Zeichne eine Linie, die jeweils deinem Empfinden in diesem Bereich in jeder Lebensphase entspricht. Ist dein erster Bereich zum Beispiel „Geld", dann ist die Linie oben, wenn es dir finanziell gut gegangen ist und unten, wenn du Geldnöte hattest. Versuche den Verlauf und die Entwicklung dieses Bereiches über dein bisheriges Leben darzustellen – mit allen Höhen und Tiefen. Wenn du mit diesem Bereich fertig bist, beginne mit dem nächsten. Zeichne nun für jeden gewählten Bereich mit einer neuen Farbe die Ausprägung im Verlauf deines Lebens.

Lerne die Linien zu lesen

AUSWERTUNG: WAS DIR DEIN LIFEQUAKE ÜBER DICH UND DEIN LEBEN VERRÄT

Wenn du alle Bereiche ausgefüllt hast, solltest du jetzt die Höhen und Tiefen deines Lebens in den für dich zentralen Bereichen vor dir sehen können. Erkennst du Phasen, in denen es dir besonders gut ging oder Phasen deines Leben, die weniger positiv waren? Gibt es Lebensabschnitte, in denen alle Bereiche eher positiv oder eher negativ sind? In manchen Phasen haben sich die Linien unabhängig voneinander entwickelt. Es gibt hier kein Richtig oder Falsch – so individuell wie dein Leben, so individuell ist auch dein LifeQuake. Die Visualisierung kann dir dabei helfen, eine neue Sicht auf dein Leben zu erhalten und Entwicklungen im Kontext zu anderen Bereichen zu sehen. In den folgenden drei Schritten wollen wir mit dir dein LifeQuake auswerten.

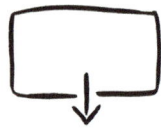

SCHRITT 1:

Schaue dir die Stränge genau an. Markiere die für dich wichtigsten positiven Abschnitte in deinem Leben und notiere dir in Sätzen oder Stichworten, was dich in den verschiedenen Zeiträumen besonders bewegt hat. Warum waren diese Phasen oder Momente für dich so wichtig?

SCHRITT 2:

Versuche nun diese besonderen Momente genau zu analysieren: Welche Faktoren haben dazu beigetragen, dass in diesen Phasen oder Momenten dein Leben stimmig zu sein schien. Hier wollen wir besonders die Themen, Tätigkeiten, Umstände herausfinden, die hinter diesem Highlight stehen. Mache dir eine Liste mit den Themen, Tätigkeiten und Umständen, die diesen Moment ausgemacht haben. Vielleicht kannst du auch einen Hinweis darauf finden, welche Werte dich in diesen Momenten angetrieben und motiviert haben.

SCHRITT 3:
Dieser Schritt ist optional. Wenn du magst, kannst du deine Zeichnung jetzt noch genauer analysieren. So kannst du etwa bestimmte Bereiche, die dir wichtig scheinen, heranzoomen und detaillierter darstellen. Du könntest ein LifeQuake zum Beispiel nur für deine Schulzeit oder einen bestimmten Job machen und dabei sehr ins Detail gehen. Du kannst außerdem versuchen, die Punkte zu analysieren, die besondere Wendepunkte in deinem Leben markieren und dich fragen, warum die Linien an diesen Stellen nach oben oder unten ausschlagen. Darüber hinaus kannst du dich fragen, wie die einzelnen Bereiche sich zueinander verhalten und welche Gründe es dafür gibt.

KAPITEL 3 DESIGN YOUR LIFE

Anjas LifeQuake

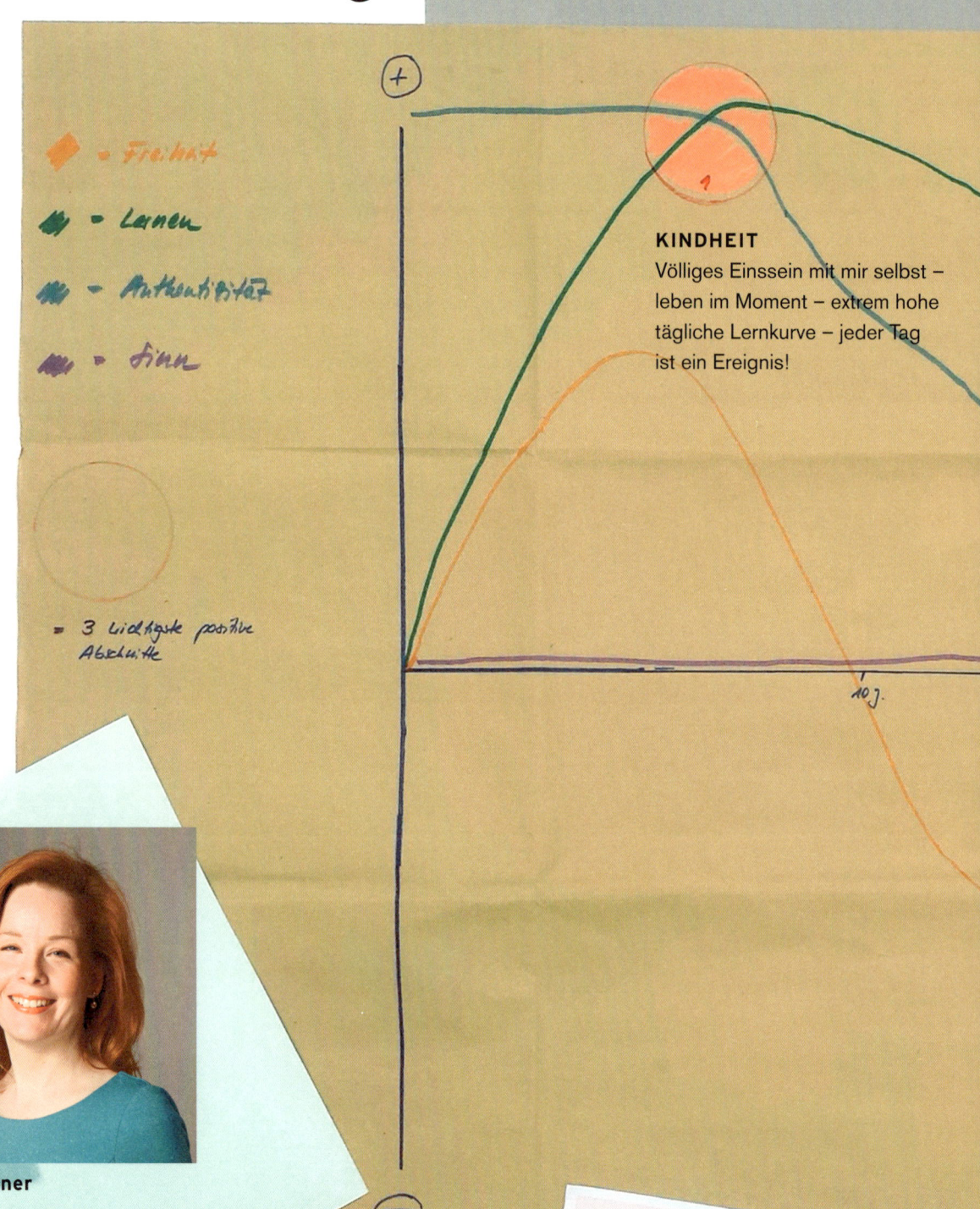

KINDHEIT
Völliges Einssein mit mir selbst – leben im Moment – extrem hohe tägliche Lernkurve – jeder Tag ist ein Ereignis!

Anja Depner

ENTDECKE DEIN POTENZIAL   KAPITEL 3

DIE JETZT-ZEIT
Großes Freiheitsgefühl gepaart mit zunehmendem Ausdruck meiner Selbst: Wie bin ich ureigentlich gedacht?

FRÜHE BERUFSTÄTIGKEIT
Wiedererleben von Sinnhaftigkeit im Beruf nach einer langen Durststrecke

WARUM SCHAUEN WIR NUR AUF DAS POSITIVE?
Bei der Auswertung kümmern wir uns um die Höhepunkte deines Lebens. Aus ihnen kannst du vieles herausziehen, was dir bei den nächsten Schritten deines Life-Designs hilft. Unserer Erfahrung nach ist das für die meisten Menschen der richtige Ansatz. Wir wollen dir aber auf keinen Fall verbieten, auch auf die Tiefpunkte zu schauen. Manchmal steckt auch dort viel drin, was auf dem weiteren Weg hilfreich sein kann.

ANJAS LIFEQUAKE

Date dich selbst!

In einem unserer ersten Workshops sind wir Magda begegnet. Eigentlich heißt Magda gar nicht Magda. Sie will aber nicht mit ihrem richtigen Namen genannt werden und eigentlich macht das auch gar nichts, weil sie für viele andere stehen kann. Magda arbeitete in der IT-Branche, als wir sie kennengelernt haben. Sie hatte sich schnell hochgearbeitet und leitete bereits in jungen Jahren ihr eigenes Team. Sie kam zu uns, weil sie seit ein paar Monaten Magenschmerzen hatte, bevor sie zur Arbeit ging. Sie war genervt von ihrem Job, ihren Kollegen, ihrem Chef und ihren Kunden. Magda hatte daher große Erwartungen an unseren Workshop. Am liebsten wollte sie mit einer Idee für einen Job nach Hause gehen, der sie wieder glücklich und zufrieden machen würde. Der Workshop begann und Magda wurde mit jeder Stunde stiller. Der Grund: Während um sie herum die anderen Teilnehmer mit Eifer an den Aufgaben arbeiteten, kam Magda nur schleppend voran. Sie wusste weder, wo ihre Talente liegen noch für welche Themen sie sich eigentlich interessiert. Magda kannte sich selbst nicht wirklich gut. Als ihr das klar wurde, war das ein großer Schock für sie.

LERNE DICH KENNEN, BEVOR DU ÜBER JOBS NACHDENKST!

So wie Magda geht es vielen Menschen, denen wir in unserer Arbeit begegnen. Als Kinder wissen sie noch sehr genau, was sie begeistert und würden sich niemals mit Dingen beschäftigen, die ihnen keinen Spaß machen. Im Laufe ihres Lebens ändert sich das. Sie lernen die Erwartungen kennen, die andere an sie stellen: Eltern, Freunde, Partner, Kollegen und Chefs, vielleicht sogar Nachbarn. Manche von ihnen sind so sehr darauf bedacht, die Erwartungen anderer zu erfüllen, dass sie ihre eigenen gar nicht mehr kennen. Genau so erging es auch Magda. Sie hatte über Jahre nicht mehr darüber nachgedacht, was sie eigentlich von ihrem Leben erwartet. Stattdessen hat sie Fortbildungen besucht, Überstunden abgeleistet und für die Rente gesorgt. Dass ihr Job eigentlich schon seit Jahren nichts mehr mit ihr zu tun hatte, hat sie erst später bemerkt.

KARRIERE-STRATEGEN OHNE KLARES ZIEL

Magda ist der Typus Life-Planner. Was zeichnet Life-Planner besonders aus? Sie wissen genau, was sie tun müssen, um ihre Karriere voranzutreiben. Sie kennen die Entscheider in der Chefetage, auf die es ankommt. Sie wissen, welche Fortbildung sie brauchen und wann es Zeit ist, ein paar Monate im Ausland zu verbringen. Sie sind so gut darin, die richtigen Türen zu öffnen, dass sie sich niemals fragen, wo sie eigentlich hinwollen. „Nach oben" ist keine Antwort. Es gibt sehr viele gute Gründe, an die Spitze kommen zu wollen. Du solltest dir allerdings klar darüber sein, welches deiner ist. Sonst geht es dir so wie Magda, die irgendwann feststellen musste, dass sie ihre Richtung verloren hatte. Magda ist genau an diesem Punkt zu uns gekommen. Der Workshop stellte sie vor eine simple, aber dennoch weitreichende Frage: Wer bin ich eigentlich? Auf den nächsten Seiten soll es genau um diese Frage gehen. Wir wollen dich wieder zurück zu dir selbst bringen. Freu dich darauf, dich besser kennen zu lernen!

FREU DICH AUF EIN DATE MIT DIR SELBST!

Vom Juristen zum Maßschuhmacher

Wenn man Alexander Fröhlich heute in seinem Geschäft in Bad Godesberg zwischen alten großen Schränken besucht, findet man einen Menschen vor, der eine solche Ruhe und Gelassenheit ausstrahlt, dass seine Zufriedenheit fast greifbar wird. Es riecht nach frischem Leder und geöltem Holz. Auf dem Tisch liegt das Handwerksmaterial eines Schuhmachers und im Schaufenster Modelle von Schuhen, die er selbst gemacht hat. In dem nun folgenden Gespräch wird sich dieser erste Eindruck bestätigen: Dieser Mensch hat den Beruf gefunden, der seinem Leben eine Bedeutung, Zufriedenheit und Erfüllung gibt. Der Weg dahin war jedoch nicht leicht.

EIN LANGES RINGEN UM DAS EIGENTLICHE

Alexander Fröhlich

„Ich habe 15 Jahre mit der Frage gerungen, wer ich eigentlich wirklich bin." Ein erster Versuch das herauszufinden, ist der Beginn seines Jurastudiums. Dass es keine leichten Jahre werden, merkt er schnell. Die Woche besteht fast nur aus Lernen. Viel schlimmer ist aber: Die Begeisterung für die Inhalte und den Beruf kommt nicht auf. Heute beschreibt er diesen Zustand als Leidensdruck, der konstant stärker wurde. Dennoch hält er durch. Bis zum ersten Staatsexamen beißt er sich immer weiter durch, bis es für ihn nicht mehr geht. Seine nächste Station ist ein Job beim Radio. Hier übernimmt er in der Redaktion die Mitgestaltung und Organisation von Sendungen. Aber auch hier findet er beruflich nicht das, was er sucht. „Ich hatte nach wie vor das Gefühl, nicht angekommen zu sein", so Fröhlich. Mit seiner Frau, einer Journalistin, beschließt er nach Jerusalem zu gehen. Alexander Fröhlich erfindet sich dort wieder einmal neu: Er beginnt als Fotograf zu arbeiten und beliefert nach kurzer Zeit mehrere Bildagenturen. Er ist gut, doch auch hier merkt er, dass ihn seine Arbeit nicht völlig ausfüllt und nicht seins ist. Der Leidensdruck ist wieder da und wächst weiter an.

DER GEHEIME TRAUM

Zu dieser Zeit nimmt eine Idee in seinem Kopf immer mehr Gestalt an. Es ist eine Art geheimer Traum, oder wie er es nennt, eine Insel, auf die er gedanklich flieht, wenn der Abgabetermin für die Fotos besonders knapp ist und die Unzufriedenheit mal wieder zunimmt. In diesen Momenten träumt Alexander Fröhlich von einer Ausbildung als Maßschuhmacher. Diese Idee kam nicht einfach über Nacht. Dinge zu reparieren, das mochte er schon als Kind. „Mit den Jahren ist bei mir außerdem der Wunsch gewachsen, etwas Schönes und Nützliches zu schaffen", erklärt Fröhlich. Irgendwann, als sein Vater ein Paar alte Sandalen in den Müll werfen wollte, reparierte er diese einfach. Er merkt, dass ihn die Arbeit befriedigt – und dass er Talent hat. Vielleicht war das so eine Art Startpunkt. Jedenfalls geht ihm der Gedanke fortan nicht mehr aus dem Kopf.

Bis aus dem Traum Wirklichkeit wird, soll jedoch noch Zeit vergehen. Alexander Fröhlich schiebt den Gedanken erst einmal weiter beiseite, beißt die Zähne zusammen und flüchtet nur in Gedanken auf seine Trauminsel. An irgendeinem Punkt ist die Unzufriedenheit jedoch so groß, dass er sie nicht mehr ignorieren kann. „Ich fühlte mich wie in dem Buch ‚Life of Pi'", beschreibt er das Gefühl zu jener Zeit. „Als treibe man in einem winzig kleinen Boot auf dem Ozean und mit an Bord ein hungriger Tiger." Irgendwann schaltet sich seine Frau ein und drängt ihn, sich doch wenigstens mal über den Beruf und die Ausbildung des Maßschuhmachers zu informieren. Plötzlich kommt Bewegung in die Sache. Fröhlich nimmt Kontakt zur Berufsinnung auf, kann schon bald einem echten Schuhmacher in seiner Werkstatt besuchen und macht eine für ihn wertvolle menschliche Begegnung. „Nach diesem Tag wusste ich, dass es das Richtige für mich ist". Er entscheidet sich, die Ausbildung zu beginnen. Bei dieser Entscheidung ist er nicht allein, sondern wird von seiner Frau und Menschen in seinem engen Umkreis unterstützt und motiviert. Seine Entscheidung beschreibt er heute als Sprung aus einem Flugzeug, bei dem man nicht weiß, ob sich der Schirm wirklich öffnet und man heil unten ankommt.

VON JERUSALEM NACH DÜSSELDORF

Der Schritt ist für die Familie nicht leicht. Fröhlich: „Wir mussten von Jerusalem in die Nähe von Düsseldorf ziehen. Und das Lehrlingsgehalt hat uns gezwungen, Abstriche zu machen. Aber irgendwie hat es immer gepasst." Zwei Jahre später hat er seine Ausbildung erfolgreich beendet. Heute ist er ein zufriedener und glücklicher Mensch, der endlich nach seiner Suche an seinem Platz angekommen ist. Rückblickend war für ihn das Wichtigste das Ausprobieren. Nur so konnte er herausfinden, was er wirklich wollte und seine Insel finden. Irgendwann ist der Knoten geplatzt und ab da fand alles seinen Weg. Die Zeit des Suchens will Alexander Fröhlich nicht missen, auch wenn es manchmal „ganz schön schwer" sein kann. Für ihn gehört das Suchen, wie das Finden, zu seinem Leben dazu.

Die Big Five

Sicher hast du schon mal über deine Persönlichkeit nachgedacht. Aber was genau ist eigentlich Persönlichkeit? Was macht Menschen wirklich aus? Diese Fragen gehören zu den Grundlagen der Persönlichkeitspsychologie. Auch wenn sich die Forscher über viele Details nicht einig sind, so gilt die Theorie der „Big Five" als weithin anerkannt. Ihr zufolge gibt es fünf unterschiedliche Dimensionen, in denen sich die Persönlichkeit eines Menschen verorten lässt: Offenheit für Erfahrungen, Extraversion, Gewissenhaftigkeit, Umgänglichkeit und Neurotizismus. Der Clou dieser Theorie: Jeder Mensch hat eine unterschiedliche Ausprägung in jedem dieser Bereiche, sodass wir alle ein individuelles Persönlichkeitsprofil aufweisen. Unser jeweiliges Profil hat großen Einfluss auf unsere Stärken und Vorlieben: So zeigen Studien, dass Gründer-Persönlichkeiten tendenziell zu höheren Werten bei Offenheit und Gewissenhaftigkeit und niedrigeren bei Verträglichkeit und Neurotizismus neigen.

DEN FÜNF FAKTOREN IN DER STARKEN AUSPRÄGUNG STEHT JEWEILS ALS GEGENPOL DIE SCHWACHE AUSPRÄGUNG GEGENÜBER. DIE FAKTOREN LAUTEN:

OFFENHEIT FÜR ERFAHRUNGEN: Wie offen bin ich für Neues? Bin ich eher kreativ und neugierig? Unkonventionell? Gegenpol: Wunsch nach Kontinuität

EXTRAVERSION: Bin ich gesellig? Kann ich mich schnell für etwas begeistern? Wie herzlich und personenorientiert bin ich? Gegenpol: Introversion

GEWISSENHAFTIGKEIT: Wie organisiert bin ich? Wie sorgfältig erledige ich Aufgaben? Wie wichtig ist mir das Erreichen von Zielen? Gegenpol: Spontaneität

UMGÄNGLICHKEIT: Wie vertrauensvoll und kooperativ bin ich? Wie wichtig ist mir Vertrauen? Wie sehr folge ich den Normen und Werten meiner Umgebung? Gegenpol: Eigenständigkeit

EMOTIONALE SENSIBILITÄT*: Wie stark sorge ich mich um meine Gesundheit? Habe ich häufig negative Emotionen wie Angst, Nervosität oder Anspannung? Bin ich stressanfällig? Gegenpol: Emotionale Stabilität

*Wird oft als Neurotizismus bezeichnet, uns ist dieser Ausdruck zu negativ besetzt.

EIN DICHTES BILD DEINER STÄRKEN

Während die Big Five dir einen Überblick über deine Persönlichkeitsstruktur geben, wollen wir in der nächsten Übung Insiderwissen nutzen, um ein dichtes Bild deiner Eigenschaften und Stärken zeichnen zu können. Dieses Bild ist eine tiefergehende Ergänzung zu deinem individuellen Persönlichkeitsprofil.

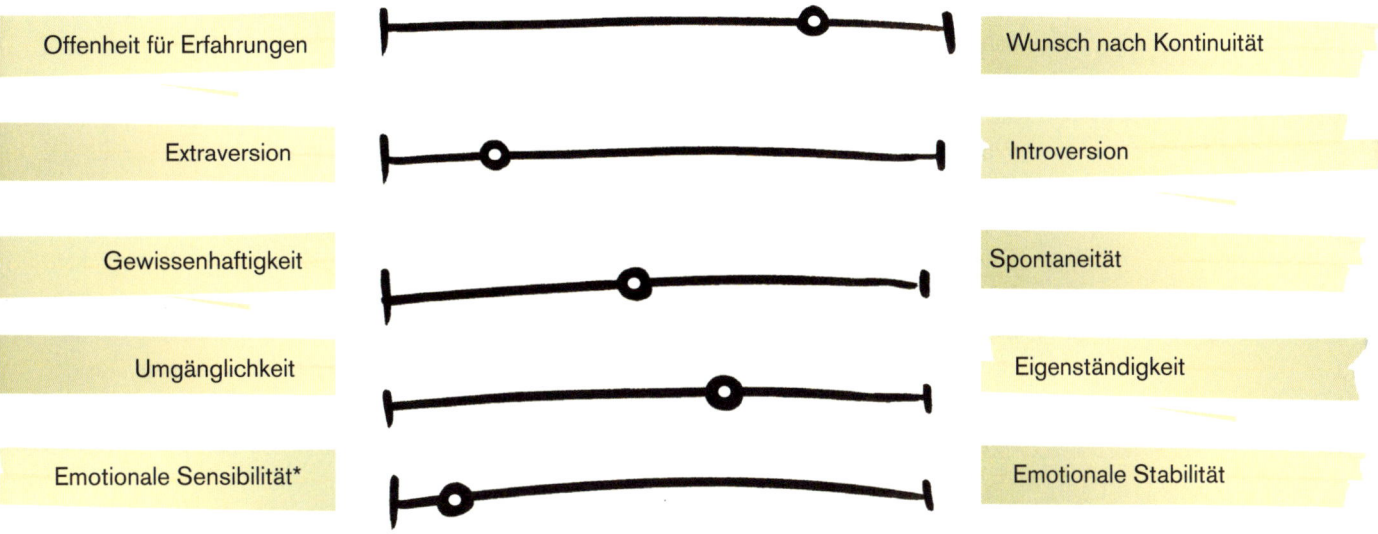

Nutze Insider-Wissen

SO SEHEN DICH DIE ANDEREN

Selten ist die Gefahr daneben zu liegen so groß wie bei der Einschätzung der eigenen Persönlichkeit. Manche neigen dazu, das perfekte Bild von sich zu zeichnen und sich dabei total zu überschätzen. Die Mehrheit tendiert unserer Erfahrung nach dazu, tief zu stapeln und sich kleiner zu machen als sie sind. Sie leben in dem Glauben, totales Mittelmaß zu sein. „Das kann doch jeder!" Oder: „Das ist doch nichts Besonderes", sind typische Aussagen, die wir in unseren Workshops hören, wenn es darum geht, die eigenen Talente zu bewerten. Dabei sind das Menschen, die beispielsweise ein fotografisches Gedächtnis haben und einen Text oder ein Bild bis ins kleinste Detail perfekt wiedergeben können. Andere schaffen es in kürzester Zeit, das Problem ihres Gegenübers präzise zu erfassen, zu strukturieren und diverse Lösungsvorschläge zu entwickeln, wofür die betroffene Person selbst Jahre gebraucht hätte. Dennoch halten diese Workshop-Teilnehmer ihre Fähigkeiten für total normal. Erkennen Sie sich wieder?

ARBEITE MIT DEINEM TEAM!

Wer ein möglichst detailliertes Bild von sich selbst erstellen will, sollte daher nicht nur auf die eigene Einschätzung vertrauen. Für sich allein genommen birgt die Selbsteinschätzung die Gefahr der Verzerrung. Vervollständigt wird dein Selbstbild erst durch die Wahrnehmung von außen – wie beim Johari-Fenster. Hierzu brauchen wir Beobachter, die wissen, wie wir ticken. Die uns gut kennen. Wir sind schließlich auf der Suche nach Talenten, Charaktereigenschaften, Denkweisen und Einstellungen. Dabei können uns am besten die Menschen helfen, die sich in unserem Umfeld bewegen und erleben, wie wir agieren. Wende dich dafür an dein Design-Team, das du dir am Anfang zusammengestellt hast. Sie können diese Hinweise am besten liefern.

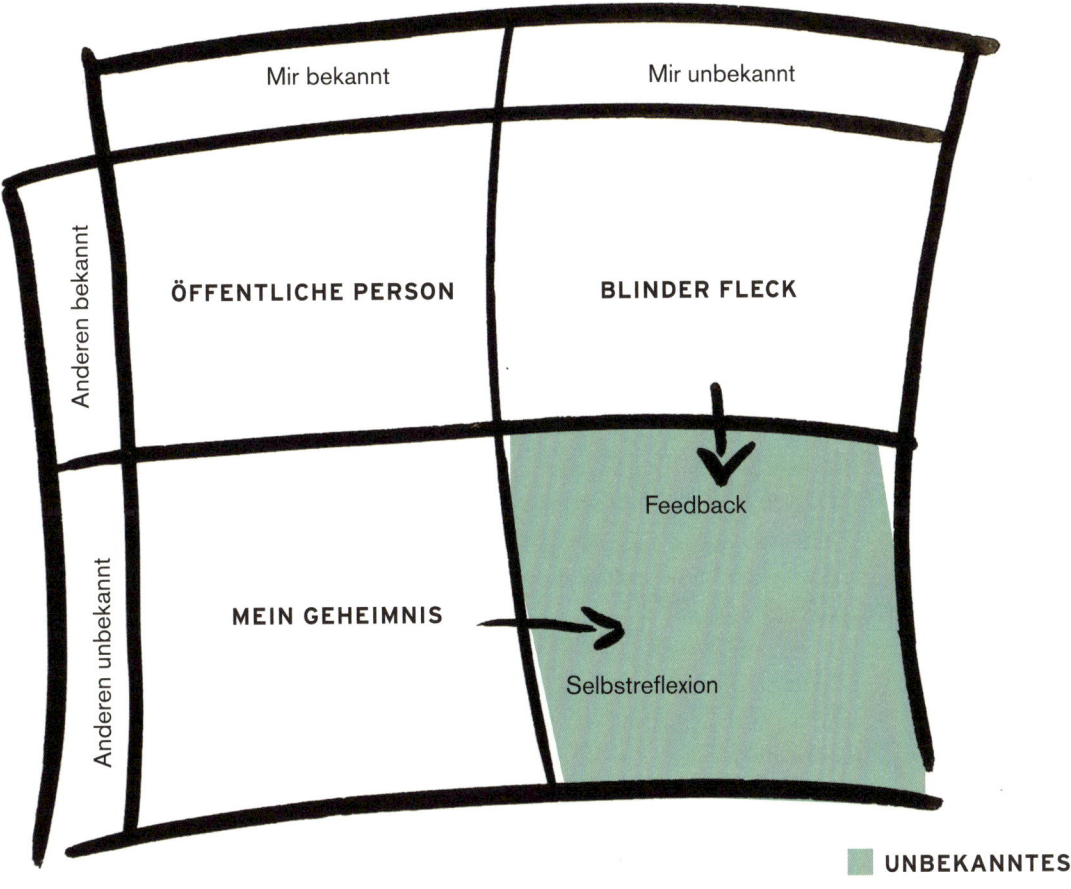

DAS JOHARI-FENSTER:
Wie die Psychologen Joseph Luft und Harry Ingham herausgefunden haben, hat jeder Mensch nur bedingt Kenntnis von sich selbst. Es gibt nur zwei Möglichkeiten dieses Unwissen zu verringern: sich über Selbstreflexion besser verstehen zu lernen und durch Feedback von außen mehr über den eigenen blinden Fleck zu erfahren.

Was zeichnet dich aus?

Das brauchst du für die Übung:
Ausreichend Vordrucke der Eigenschaften inklusive Big Five. Einen für dich und je einen für jeden aus deinem Team, bunte Stifte, Papier.

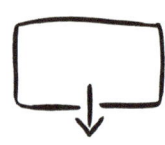

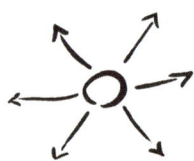

SCHRITT 1: BESCHREIBE DICH SELBST.
Als erstes bist du selbst an der Reihe. Wir haben dir rechts eine Liste vieler Eigenschaften vorbereitet, die du auch von unserer Website herunterladen kannst. In den Vordruck haben wir auch die Big-Five-Dimensionen von S. 85 integriert, damit du dich selbst auf einem Blatt beschreiben kannst. Markiere zunächst deine Werte in den Big Five-Dimensionen. Gehe anschließend die Liste der Eigenschaften sorgfältig durch. Unterstreiche dabei die Begriffe, die dich deiner Meinung nach am besten beschreiben. Auch hier gilt: Nicht zu lange nachdenken, verlass dich auf dein Bauchgefühl! Wirf noch einmal einen Blick auf deinen Life-EQ und dein LifeQuake und die Begriffe, die du dort erarbeitet hast. Findest du einige davon in der Liste unten wieder? Beim Unterstreichen gibt es kein Limit. All das, was auf dich zutrifft, wird unterstrichen!

SCHRITT 2: LASS DICH VON ANDEREN BESCHREIBEN
Jetzt ist dein Umfeld an der Reihe. Händige deinen Team-Mitgliedern jeweils eine Liste mit Eigenschaften aus. Ihre Aufgabe ist es nun, dich aus ihrer Sicht zu beschreiben. Bitte jede Person, dich bei dieser Aufgabe zu unterstützen, indem sie auf ihrer Liste ebenfalls deine Big Five einschätzen und dann jeden Begriff unterstreichen, der dich aus ihrer Sicht passend beschreibt. Für die spätere Auswertung sollen sie dir die Liste wieder zurückgeben.

ABSCHÄTZIG	FÄHIG	LEHREND	TATKRÄFTIG
ACHTSAM	FANTASIEVOLL	LEISTUNGSBEREIT	TOLERANT
ADRETT	FLEISSIG	LERNBEREIT	ÜBERWACHEND
AKKURAT	FLEXIBEL	LIEBENSWÜRDIG	ÜBERZEUGEND
AKTIV	FORTSCHRITTLICH	LOGISCH	UMSICHTIG
ANALYTISCH	FREUNDLICH	LOYAL	UMSORGEND
ANLEITEND	FÜHRUNGSSTARK	LUSTIG	UNABHÄNGIG
ANPASSUNGSFÄHIG	FÜRSORGLICH	MÄCHTIG	VERANTWORTUNGSBEWUSST
AUFGESCHLOSSEN	GEDULDIG	MORALISCH	VERANTWORTUNGSVOLL
AUFGEWECKT	GEISTESGEGENWÄRTIG	MOTIVIEREND	VERBISSEN
AUFMERKSAM	GELEHRIG	MUSIKALISCH	VERLÄSSLICH
AUFRICHTIG	GEMEINSCHAFTLICH	NACHDENKLICH	VERSTÄNDNISVOLL
AUSDAUERND	GENAU	NEUGIERIG	VERTRAUENSVOLL
AUSGEGLICHEN	GENIESSERISCH	NÜCHTERN	VIELSEITIG
AUSGLEICHEND	GESCHÄFTSORIENTIERT	OFFEN	VISIONÄR
AUTORITÄR	GESCHÄFTSTÜCHTIG	OPTIMISTISCH	VORAHNEND
BEGEISTERUNGSFÄHIG	GEWISSENHAFT	ORGANISIERT	VORSICHTIG
BEHARRLICH	GLAUBWÜRDIG	PHILANTHROPISCH	WANDLUNGSFÄHIG
BILINGUAL	GROSSZÜGIG	POSITIV	WILLENSSTARK
BELASTBAR	GUT VERSTÄNDLICH	PRAKTISCH	WOHLTÄTIG
BESONNEN	HARTARBEITEND	PRÄZISE	ZIELSTREBIG
BESTÄNDIG	HILFSBEREIT	PRODUKTIV	ZUVERLÄSSIG
DARSTELLEND	HÖFLICH	PROFESSIONELL	ZWISCHENMENSCHLICH
DETAILORIENTIERT	HUMORVOLL	PÜNKTLICH	
DIPLOMATISCH	INITIATIV	QUALIFIZIERT	
DURCHSETZUNGSFÄHIG	INNOVATIV	RATIONAL	
EFFIZIENT	INTELLIGENT	REALISTISCH	
EHRGEIZIG	INTROSPEKTIV	RESPEKTVOLL	
EHRLICH	INTUITIV	RISIKOBEREIT	
EINFALLSREICH	KLUG	RÜCKSICHTSVOLL	
EINFLUSSREICH	KOLLEGIAL	RUHIG	
EINFÜHLSAM	KOMMUNIKATIV	SCHARFSINNIG	
EINSATZBEREIT	KOMPETENT	SELBSTBEWUSST	
ENERGETISCH	KONFLIKTFÄHIG	SELBSTMOTIVIEREND	
ENGAGIERT	KONSEQUENT	SELBSTSICHER	
ENTHUSIASTISCH	KONTAKTFREUDIG	SELBSTSTÄNDIG	
ENTSCHLOSSEN	KONZENTRIERT	SENSIBEL	
ENTSCHLUSSFREUDIG	KOOPERATIV	SERIÖS	
ERFINDUNGSREICH	KREATIV	SOZIAL	
ERMUTIGEND	KRITIKFÄHIG	SPEZIALISIERT	
ETHISCH	KÜNSTLERISCH	SPONTAN	
EXPERIMENTIERFREUDIG		SPORTLICH	
		STABILISIEREND	

KAPITEL 3 DESIGN YOUR LIFE

Das Interview

BEFRAGE DEIN TEAM UND FINDE HERAUS, WIE ANDERE DICH WAHRNEHMEN

SCHRITT 3: DAS INTERVIEW: WAS STECKT HINTER DEN BEGRIFFEN?

Das brauchst du für die Übung: Papier für Notizen und jeweils ein Ergebnisformular pro Interview

Als nächstes geht es darum, tiefer vorzudringen und mehr über dich herauszufinden. Wir haben dir dazu drei Fragen vorbereitet, die dich bei einem Interview mit deinen Team-Mitgliedern unterstützen werden, noch mehr über dich selbst zu erfahren. Im Ergebnisformular auf der rechten Seite haben wir dir zu den Fragen (linke Spalte) jeweils noch das Frageziel herausgearbeitet (rechte Spalte). Dieses Frageziel solltest du möglichst erreichen.

DEIN ERGEBNISFORMULAR

Nutze das Ergebnisformular für die Interviews. Du findest es als Download auf unserer Website. Lies dir auch die Interview-Tipps auf der nächsten Doppelseite durch, sie helfen dir, möglichst gute Ergebnisse zu erhalten

INTERVIEWFRAGEN

Schildere eine typische Geschichte oder ein Erlebnis, die/das mich deiner Meinung nach gut charakterisiert!

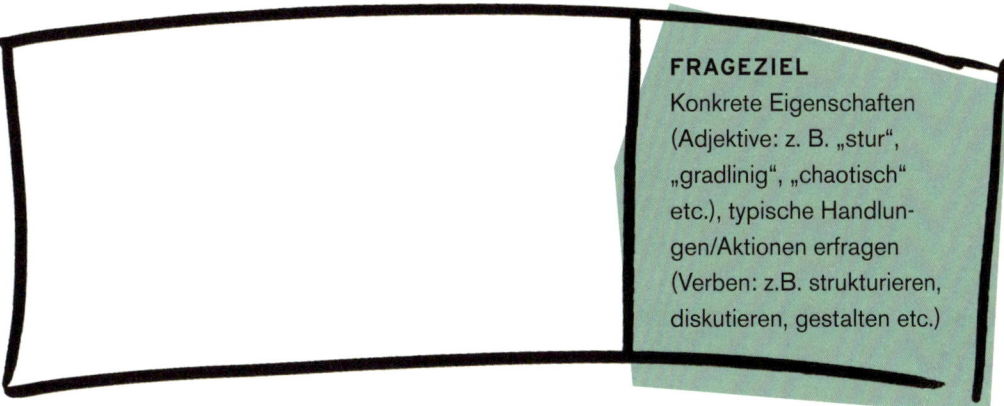

FRAGEZIEL
Konkrete Eigenschaften (Adjektive: z. B. „stur", „gradlinig", „chaotisch" etc.), typische Handlungen/Aktionen erfragen (Verben: z.B. strukturieren, diskutieren, gestalten etc.)

In welchen Situationen würdest du mich zu Rate ziehen oder um meine Unterstützung bitten? Warum genau?

FRAGEZIEL
Besondere, einzigartige Talente identifizieren. z. B.: „Wohnung einrichten", „Text schreiben", „Streit schlichten" etc.

Folgende fiktive Situation: Ich sitze in einem Flugzeug, das auf einer unbewohnten Insel in der Karibik notlanden muss. Keine Sorge: Allen sechs Passagieren, die an Bord waren, geht es gut. Jetzt kommt es darauf an, die Situation bestmöglich zu bewältigen. Dafür ist jeder gefragt und muss sich bestmöglich einbringen. Frage: Welche Rolle würde ich übernehmen? Was könnte ich beitragen? Mit welcher Eigenschaft/Fähigkeit könnte ich die anderen unterstützen?

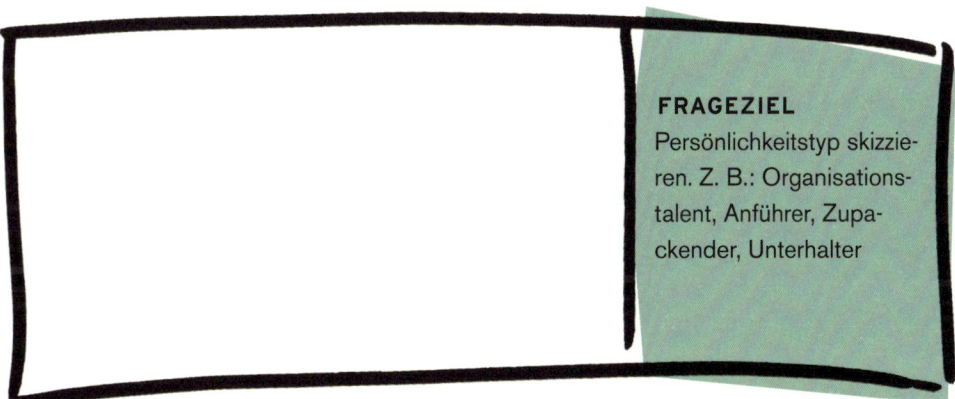

FRAGEZIEL
Persönlichkeitstyp skizzieren. Z. B.: Organisationstalent, Anführer, Zupackender, Unterhalter

Gute Interviews führen

Gute Interviews zu führen erfordert eine Menge Erfahrung. Aber die wichtigsten Grundregeln kannst du schnell lernen. Mit diesen Tipps wollen wir dir helfen, die größten Stolpersteine in Interviews zu umgehen.

ANSCHAULICHKEIT:
Lass dir von deinem Interviewpartner Geschichten erzählen. Bitte ihn für jede Aussage ein konkretes Beispiel zu nennen.

NOTIZEN SIND GUT, ZITATE SIND BESSER:
Vergiss nicht, die zentralen Aussagen zu notieren. Stark sind auch ganze Zitate. Wenn es für dein Gegenüber okay ist, kannst du das Gespräch auch auf dem Smartphone aufnehmen und anschließend in Ruhe abschreiben.

PAUSEN UND STILLE EINSETZEN:
In Gesprächen wird Stille oft als unangenehm empfunden. Das führt dazu, dass wir solche Pausen nach einer Antwort durch Weiterreden überbrücken wollen. Oft erzählen Interviewpartner in solchen Momenten die interessantesten Dinge.

NACHFRAGEN:
Phrasen wie „Du weißt schon, was ich meine …" Oder: „Das war ja immer so," stecken meist voller wertvoller Anekdoten. Frage in solchen Fällen immer nach: „Was meinst du damit genau?"

NICHTS VORGEBEN, ZUHÖREN:
Deine Aufgabe besteht nicht darin, zu erklären oder zu informieren. Du sollst nur zuhören. Versuche, Sätze deines Gegenübers nicht zu ergänzen oder zu vervollständigen. Lege ihm keine Worte in den Mund!

NEUGIERIG SEIN:
Führe dein Interview so, als würdest du dein Gegenüber nicht kennen. Nimm die Perspektive einer Person ein, für die all das neu ist. Setze nichts voraus!

ZWISCHENTÖNE UND GESTEN ERFASSEN:
Achte nicht nur auf das, was dein Gegenüber sagt. Achte auch auf Zwischentöne. Das kann ein Schmunzeln sein, ein Lachen oder eine wegwerfende Geste mit der Hand. Frage an solchen Stellen nach!

Auswertung

HIER FÜHRST DU DIE ERGEBNISSE DER ERSTEN DREI ARBEITSSCHRITTE ZUSAMMEN

SCHRITT 4: BRINGE DEINE ERKENNTNISSE AUF DEN PUNKT!

1. Fasse deine Big Five-Bewertung und die deiner Team-Mitglieder auf einem Blatt zusammen. Nimm eine Farbe für deine eigene Einschätzung und eine andere für die der anderen. Je näher die Punkte beieinander liegen, desto mehr entsprechen sich Selbst- und Fremdwahrnehmung. Hänge das Blatt an deine Wall in den Bereich „Sammeln".

2. Nimm dir alle ausgefüllten Eigenschaftslisten inklusive deiner eigenen zur Hand und außerdem ein weißes Blatt Papier. Übertrage jetzt alle unterstrichenen Eigenschaften auf dieses Blatt. Sollten manche Begriffe mehrfach genannt sein, reicht es, sie einmal aufzuschreiben. Notiere dir aber, wie oft ein Begriff genannt wurde, indem du für jede Nennung einen Strich hinter den Begriff machst. Fasse ähnliche Eigenschaften wie zum Beispiel „kompetent" und „professionell" zusammen. Wenn du alles übertragen hast, sollten auf dem Blatt alle Fähigkeiten stehen, die du selbst und deine Team-Mitglieder dir zuschreiben.

3. Umrande alle Begriffe, die mehrfach genannt wurden rot und übertrage die Liste auf deine Wall in den Bereich „Sammeln". Wenn manche Begriffe nur einfach genannt wurden, du sie aber dennoch für wichtig hältst, nimm auch diese Begriffe mit auf die Wall. Du bist der Designer und entscheidest, was wichtig für dich ist!

4. Gehe jetzt die Ergebnisformulare der Interviews durch. Lege alle Antworten nebeneinander und versuche, sie auf je einem leeren Blatt Papier (eins pro Frage) zusammenzufassen. Achte dabei auf Wiederholungen, Kernaussagen und Punkte, die dich besonders ansprechen. Das sind die Dinge, die besonders wichtig sind! Diese Zusammenfassungen kommen auch in den Sammel-Bereich deiner Wall.

Von der Projektmanagerin zur Gartendesignerin

Es gibt einen Moment in ihrer Karriere, an den kann sich Christiane von Burkersroda noch nach über zehn Jahren genau erinnern. Ihr damaliger Chef ruft sie spontan in sein Büro. Im Unternehmen gäbe es eine vakante Stelle mit Führungsverantwortung. Er bietet ihr an, sie bei der Personalabteilung in Stellung zu bringen. Eigentlich ein perfektes Angebot, doch von Burkersroda lehnt ab. „Ich wusste plötzlich, dass ich das nicht will", sagt sie heute. „Das Angebot kam ja unvorbereitet und ich hatte keine Gelegenheit, lange darüber nachzudenken. Meine Absage war daher eher ein Bauchgefühl. Aber dafür ein sehr eindeutiges." Ihr Chef akzeptiert die Absage. Christiane von Burkersroda aber beginnt, sich von diesem Moment an Fragen zu stellen und ihre bislang gradlinige Karriere mit anderen Augen zu sehen.

Zu diesem Zeitpunkt ist sie Mitte 30 und steht seit rund zehn Jahren erfolgreich im Berufsleben. Nach dem Maschinenbau-Studium hat sie Stationen in Großkonzernen und Unternehmensberatungen absolviert. Eigentlich, so betont sie, war sie zufrieden mit ihrem Job: „Ich hatte nette Kollegen, und inhaltlich begeistert mich das Thema auch heute noch." Christiane von Burkersroda zählt aber zu den Menschen, die sich für mehr als nur ein Thema begeistern können. Neben dem Maschinenbau-Studium hat sie etwa einen Bachelor in Philosophie gemacht, weil ihr das technische Studium allein zu einseitig war.

Christiane von Burkersroda

COMEBACK EINER ALTEN LEIDENSCHAFT

Nach der Absage an ihren Chef geht erstmal alles so weiter wie bisher. „Ich fing allerdings langsam an, über den Tellerrand zu schauen, habe Zeitungsartikel und Bücher über berufliche Veränderung gelesen." Als sie dann ein ähnliches Angebot erneut ausschlägt, wird ihr klar, dass sie eine Veränderung braucht. Auf der Suche nach einem völlig neuen Beruf ist sie dabei eigentlich nicht. Zunächst versucht sie es über kleine Veränderungen im Job. „Ich dachte, dass es vielleicht an der Branche liegt, in der ich tätig war, und mir ein Firmenwechsel neue Perspektiven bringen könnte", erinnert sich von Burkersroda.

Sie besorgt sich Bücher und sucht den Rat einer Karrieremanagerin. Es stellt sich schnell heraus, dass ein Firmen- oder Branchenwechsel für sie keine Option darstellt. Stattdessen taucht unerwartet ein anderes Thema auf. Von Burkersroda: „Egal, wie ich es anging, alle Wege führten mich ganz eindeutig zum Thema Landschaftsarchitektur." Sie erinnert sich plötzlich, mit welcher Leidenschaft sie bereits den Balkon ihrer ersten Wohnung in eine grüne Stadtoase verwandelt hatte. Und auch ihre Familie ist nicht völlig verwundert über die neue berufliche Richtung. Ihr Vater und ihre Schwester rufen ihr ins Gedächtnis, dass Architektur sie schon als Abiturientin interessiert habe. „Damals kannte ich allerdings das Berufsbild des Landschaftsarchitekten überhaupt nicht und bin in eine andere Richtung gegangen."

VOLLE KRAFT VORAUS

Neben der Freude endlich zu wissen, wo es hingehen soll, kommt aber auch Enttäuschung auf: „Ein Präsenzstudium kam für mich aufgrund des langen Verdienstausfalls nicht infrage." Sie beginnt zu recherchieren und erhält von einer Landschaftsarchitektin den Hinweis, dass in England Gartendesign auch als Fernstudium angeboten werde. „In dem Moment war für mich ganz klar: Das ist der Weg, den ich gehen will!" Ihre Familie unterstützt sie dabei und auch im Freundeskreis bewundern alle ihren Mut. „Ich würde es heute eher naiv nennen, aber manchmal ist es gut, nicht zu genau zu wissen, was alles auf einen zukommt", so von Burkersroda.

Die Energie, die sie damals erfasst hat, spürt man auch heute noch, wenn sie von ihrem Studium berichtet. In einer Baumschule und bei einem Garten- und Landschaftsbaubetrieb absolviert sie Praktika und akquiriert noch als Studentin erste Aufträge, die sie wiederum als Praxisarbeiten für ihr Studium nutzt. Von den Handwerkern auf den Baustellen wird sie ebenso akzeptiert wie von den Kunden. „Mit Mitte 30 bringt man eben eine andere Seniorität mit als ein Studienabgänger Anfang 20." Anders die Landschaftsarchitekten, bei denen sie sich um weitere Praktika bewirbt. „Bei denen bin ich durch das Raster gefallen. Sie konnten mich nirgendwo einordnen und konnten wahrscheinlich deshalb mit mir nichts anfangen."

IHR GRÖSSTER ANSPORN: DIE BEGEISTERUNG IHRER KUNDEN

Aufgehalten hat sie das nicht. Christiane von Burkersroda besucht Kurse der Architektenkammer und baut sich über verschiedene Seminare langsam aber stetig ein Netzwerk auf. Seit dem Start 2008 hat sie ihr Angebot und damit auch ihren Kundenstamm ständig erweitert. Die Projekte sind seitdem deutlich anspruchsvoller geworden, ihre Leidenschaft ist immer noch dieselbe. „Ich habe mich persönlich enorm weiterentwickelt", sagt von Burkersroda heute. „Die Horizonte in meinem Leben sind einfach weiter geworden. Als Angestellte war ich strikten Zeitabläufen unterworfen und meine beruflichen Kontakte haben sich innerhalb des Unternehmens abgespielt. Heute ist alles viel reichhaltiger und ich treffe auf sehr unterschiedliche, interessante Menschen."

Ihr größter Ansporn ist jedoch das Feedback auf ihre Arbeit, das sie von ihren Kunden erhält: „Die Begeisterung der Bauherren für ein Konzept, an dem ich lange gefeilt habe, spornt mich immer wieder aufs Neue an und bestätigt mich darin, genau den richtigen Weg gegangen zu sein."

Tag deines Lebens

WOHIN SOLL DIE REISE GEHEN?
Ich will mein Leben ändern! Diesen Satz würden die meisten Teilnehmer unserer Workshops bestimmt sofort unterschreiben. Viele wissen allerdings nicht, wie dieses neue Leben aussehen und wie es sich anfühlen könnte. Wir begegnen oft Menschen, die sich auf diese Weise verirrt haben. Sie verbringen unzählige Stunden in Online-Stellenbörsen und suchen relativ ziellos nach möglichen Alternativen zu ihrem jetzigen Job. „Hauptsache weg", lautet der dominierende Impuls. Hin und wieder klappt es dann sogar mit dem Stellenwechsel.

DIE FRUSTSPIRALE
Nach ein paar Monaten stellen viele von ihnen dann fest, dass sich zwar der Name des Arbeitgebers geändert hat, nicht aber die Unzufriedenheit. Der Druck nach Veränderung nimmt so immer weiter zu, gleichzeitig steigt die Orientierungslosigkeit und die Frustspirale nimmt ihren Lauf: Anfangs schrauben sie ihr Engagement im Job zurück, machen nur das, was sie wirklich müssen. Bald darauf folgt der innere Rückzug. Auf Gespräche und Kontakt mit Kollegen wird verzichtet, Ansagen vom Chef werden emotionslos abgearbeitet. Sie distanzieren sich immer mehr von der eigenen Arbeit und malen sich sehnsüchtig den Tag der Kündigung aus. Spätestens jetzt sitzen sie wieder vor den Online-Stellenbörsen und suchen nach einem neuen Job.

EIN TAG ALS ZIELBILD
Um dieser Spirale entkommen zu können, brauchst du unbedingt ein Zielbild. Das Problem: Die Frage nach dem idealen Leben ist so groß, so komplex, dass wir überhaupt keine Chance haben, sie auch nur annähernd zu beantworten. Manchmal hilft es daher, sich vom Großen ins Kleine zu begeben, um Fragestellungen greifbarer zu machen. Die Formel für das perfekte Leben wirst du nicht finden. Einen perfekten Tag kannst du aber bestimmt skizzieren. Frage dich daher nicht, wie das ideale Leben aussieht. Frage dich, wie ein einzelner Tag aussehen würde und du wirst viel darüber erfahren, was du im Großen ändern musst.

DEINE NÄCHSTE AUFGABE LAUTET: DESIGNE DEN TAG DEINES LEBENS!

DEINE AUFGABE

Stell dir vor, du könntest den perfekten Tag entwerfen. Ein Tag, der von Sonnenaufgang bis Sonnenuntergang ideal zu deinen Bedürfnissen passt. Es gibt nur eine einzige Einschränkung: Es ist kein Urlaubstag. Dein idealer Tag ist ein ganz normaler Arbeitstag – aber dafür ein perfekter!

Für diese Aufgabe stellen wir dir ein Tool bereit, das dir helfen wird, diesen Tag zu strukturieren und auszufüllen. Als erstes solltest du dir wieder ein großes DIN-A3 Papier zur Hand nehmen und das Tool mit einem Stift darauf übertragen. Je mehr Platz du hast, desto besser.

Deine Aufgabe ist es nun, den Tag Stunde für Stunde durchzugehen und mit Dingen, Orten, Menschen und Tätigkeiten zu füllen, die deinen Tag wirklich rocken! Du startest in dem Moment, in dem du aufwachst und endest erst wieder, wenn du zu Bett gehst. Die Zeit dazwischen kannst du so gestalten, wie du willst.

BEVOR DU STARTEST NOCH DREI TIPPS ZUM AUSFÜLLEN:

1. Du kannst den Tag Stunde für Stunde takten. Andere unterteilen ihn in größere Zeiteinheiten, etwa Morgen, Mittag, Nachmittag, Abend. Wie du es machst, bleibt dir überlassen.

2. Dein Tag muss nicht alle Teile und Elemente deines aktuellen Lebens beinhalten. Versuche nicht zwanghaft etwas unterzubringen, was du dort eigentlich gar nicht haben möchtest. Nutze das Tool, um deinen Tag zu entrümpeln!

3. Beschreibe jede Szene so anschaulich wie möglich in einigen Sätzen. Wenn du willst, kannst du auch Bilder oder Bild-Collagen aus Zeitschriften nutzen, um deine Beschreibung zu visualisieren. Deine perfekte Mittagspause könnte etwa durch das Bild eines Strandspaziergangs dargestellt werden. Sei kreativ!

Das brauchst du für die Übung:

Ein großes Blatt Papier, Stifte in verschiedenen Farben, Zeitschriften und Magazine mit vielen Fotos, Schere, Kleber, Tesafilm

Stunde für Stunde

FOLGENDE FRAGEN SOLLEN DIR HELFEN, DEINEN TAG SO KONKRET WIE MÖGLICH ZU BESCHREIBEN:

DER START: Du wachst auf und öffnest die Augen. Wo befindest du dich? Wie sieht der Raum aus, in dem du geschlafen hast? Bist du allein? Was tust du jetzt, stehst du sofort auf oder bleibst du noch liegen? Worauf freust du dich an diesem Tag jetzt schon am meisten?

DER TAG BEGINNT: Du verlässt den Raum. Was tust du? Machst du erstmal Sport oder frühstückst du? Wie sieht dein Frühstück aus? Bist du allein oder sind andere Menschen bei dir? Was siehst du wenn du aus dem Fenster schaust?

DER WEG ZUR ARBEIT: Du machst dich auf den Weg zur Arbeit. Wie kommst du dorthin? Wie lange brauchst du, dafür? Fährst du mit dem Rad, dem Auto, Bus, Bahn oder gehst du zu Fuß?

DER ARBEITSORT: Wie sieht der Ort aus, an dem du arbeitest? Beschreibe die Räumlichkeiten, die Menschen, die Arbeitsplätze.

INTERESSEN: An welchen Themen, Aufgabengebieten oder Projekten arbeitest du? Was macht dir besonders Spaß?

ZUSAMMENARBEIT MIT ANDEREN: Arbeitest du allein oder im Team? Sind deine direkten Kollegen am Ort oder kommunizierst du mit ihnen via Telefon, E-Mail, Chat oder Videokonferenz?

VERANTWORTUNG UND SELBSTBESTIMMUNG: Siehst du dich dabei als Teamleiter, gleichberechtigtes Mitglied einer Gruppe oder erhältst du Arbeitsaufträge von anderen? Wie viel Gestaltungsfreiraum hast du bei deiner Tätigkeit? Wie viel Abstimmungsbedarf mit anderen gibt es?

FÄHIGKEITEN UND TALENTE: Was fällt dir leicht? Was macht dir Freude? Wofür wirst du bezahlt?

PAUSE: Es ist Mittag. Jetzt könntest du eine Pause machen. Wie würdest du diese Zeit verbringen? Bist du allein oder in Begleitung? An welche Orte würde es dich ziehen? Oder ist dein Arbeitstag vielleicht schon ganz vorbei für heute?

DIE STUNDEN BIS ZUM ABEND: Wie verbringst du die Zeit bis zum Abend? Arbeitest du an den gleichen Dingen wie vormittags? Bist du am selben Ort oder machst du etwas ganz anderes?

DER ABEND: Arbeitest du noch? Wenn ja, woran und mit wem? Falls du schon im Feierabend bist: Wie gestaltest du ihn? Wo bist du? Was tust du? Wer ist bei dir? Welche Rolle spielen deine Familie und/oder deine Freunde?

AUSWERTUNG:
Nimm dir ein extra Blatt Papier. Wenn du deinen perfekten Tag gestaltet hast, schau ihn dir nochmal als Ganzes an und werte ihn aus.

TÄTIGKEITEN: Was genau tust du an diesem Tag? Womit verbringst du deine Zeit?

INTERESSEN: Wofür begeisterst du dich? Was weckt dein Interesse?

RAHMENBEDINGUNGEN: Welche Bedingungen sind wichtig, um diesen Tag so erleben zu können? Was ist dir wichtig?

WERTE: Welche Werte liegen deinem Leben und deiner Arbeit an diesem Tag zugrunde?

ÜBERTRAGE DIE ERGEBNISSE UND DEINEN PERFEKTEN TAG AUF DEN „SAMMEL"-BEREICH DEINER WALL.

Carolas perfekter Tag

CAROLA SONNET IST FREIE JOURNALISTIN UND SCHREIBT UNTER ANDEREM FÜR DIE ZEIT UND DIE FRANKFURTER ALLGEMEINE SONNTAGSZEITUNG. SIE LEBT MIT IHREM MANN UND IHREN ZWEI KINDERN IN BONN.

22:30 mit einem sehr guten Buch ins Bett gehen.

„Wenn ich mir den perfekten Tag so betrachte, kommt er bis auf ein paar Details meinem jetzigen Leben schon sehr nahe. Ich hoffe, das bleibt noch eine ganze Weile so."

Carola Sonnet

8.00 aufwachen, ohne dass eines der Kinder schreit, sie kommen zu uns ins Bett, wir lesen vor und hören Musik, trinken einen Kaffee

8.30 Frühstück alle zusammen, anziehen, zur Kita

9.00 der Arbeitstag beginnt mit Zeitung lesen, tolle Texte entdecken, Themenideen entwickeln

10.00 Redaktionskonferenz

10.30 recherchieren, telefonieren, schreiben

12.30 Mittagessen mit den Lieblingskollegen, draußen, denn an meinem perfekten Tag scheint die Sonne. Gute Gespräche.

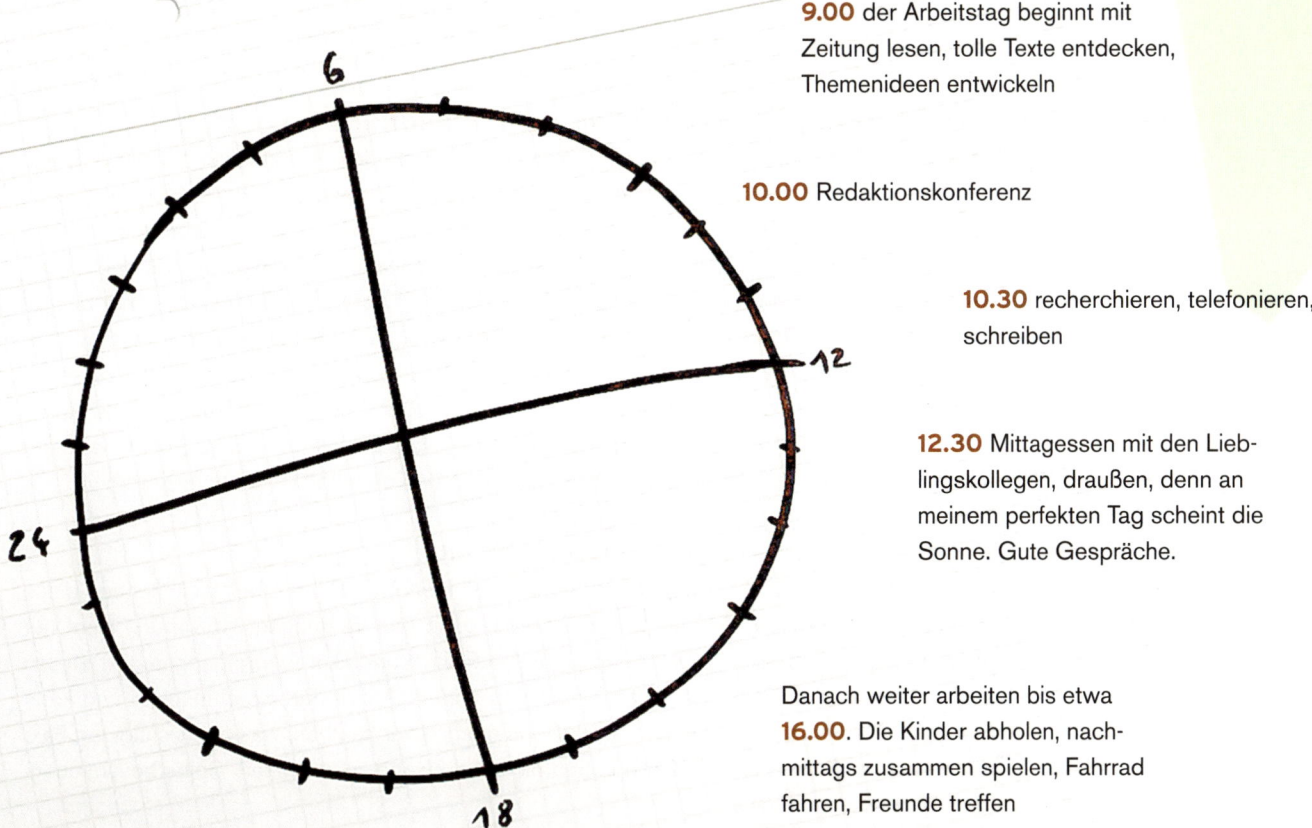

Danach weiter arbeiten bis etwa **16.00**. Die Kinder abholen, nachmittags zusammen spielen, Fahrrad fahren, Freunde treffen

19:30 Zeit zu zweit. Dann zum Schwimmen gehen, Tee trinken, tolle lange Geschichten lesen in Magazinen, mit wichtigen Freunden telefonieren

18.00 Wir essen gemeinsam, erzählen von unserem Tag, um 19.00 bringen wir die Kinder ins Bett, sie schlafen sofort ein

Über Arbeit

WAS DU VOM TAG DEINES LEBENS LERNEN KANNST

Auch die zufriedensten Menschen erleben natürlich Phasen der Gereiztheit und das Null-Bock-Gefühl. Steuererklärung, Ablage und stressige Deadlines gehören zur Work-Life-Romance dazu. Mit der letzten Übung wollen wir nicht die Illusion eines perfekten Lebens etablieren. Vielmehr soll dir die Vision eines optimalen Tages dabei helfen, zu sehen, wie du deinen Tag gestalten würdest, wenn es nicht diese ganzen „Ja, aber" geben würde. Als Designer bist du eben ein radikaler Optimist, der grundsätzlich alles für möglich hält. Ohne den inneren Kritiker planen und entwerfen zu können, ist ein Luxus, den sich viele von uns einfach viel zu selten gönnen. Es geht uns dabei nicht um einen bedingungslosen Positivismus, nach dem du nur an dich selbst glauben musst und schon erfüllt dir das Universum jeden Wunsch. Es geht vielmehr darum, die Möglichkeit der Veränderung zu erkennen und ernsthaft in Betracht zu ziehen.

WANN MACHT ARBEIT WIRKLICH GLÜCKLICH?

Arbeit ist Schweiß, Arbeit bedeutet Buckeln, Arbeit ist notwendiges Übel. Viele kennen diese Glaubenssätze gut. Die Devise „Erst die Arbeit, dann das Vergnügen" wurde uns nicht nur eingeimpft, sie wurde auch gelebt und ist uns in Fleisch und Blut übergegangen. Wir stellen immer häufiger fest, dass sich diese Einstellung ändert: Arbeit darf Spaß machen und kann Sinn ins Leben bringen. In unseren Workshops erleben wir hautnah, was die wichtigsten Faktoren sind, um seinen Job als Gewinn und nicht als Zwang zu begreifen: Selbstbestimmung, Einflussnahme und Flow.

BESCHÄFTIGUNG KOMMT VON SCHAFFEN

Es mag Ausnahmen geben. Aber die Mehrheit der Menschen, mit denen wir arbeiten, wollen nicht einfach nur ein Rädchen im Betrieb sein. Erster Faktor für die Arbeitszufriedenheit ist deshalb der Grad der Selbstbestimmung: Je mehr wir mitgestalten dürfen, je mehr Verantwortung für unser Tun wir erhalten, desto sinnvoller erscheint uns unsere Arbeit. Leider ist es in der Realität oft anders. Da wird jeder Handgriff vorgeschrieben, es wird abgenickt und ausgeführt. Vertrauen ist gut, Kontrolle ist besser! Unsere Erfahrung hat gezeigt: Viele Menschen, die ihren Job kündigen, würden bleiben, wenn sie ihre Arbeit ein Stück weit mitgestalten könnten. Es ist auch kein Wunder, dass der Gesetzgeber als wesentliche Bedingung für Selbstständigkeit „Weisungsfreiheit" voraussetzt. Doch auch als Angestellter wäre es durchaus öfter möglich, ohne Weisung selbst zu gestalten, und damit tatsächlich zu schaffen statt nur beschäftigt zu werden.

WIRKUNG ZEIGEN

Vor kurzem nahm eine junge Auszubildende an unserem Workshop teil. Wir fragten die angehende Bauzeichnerin, warum sie denn jetzt schon nach Alternativen sucht. Ihre Antwort war erschreckend: „Ich würde gerne einmal erleben, was mit den Dingen, die ich auf der Arbeit herstelle, passiert. Aber mein Chef lässt mich nicht zu unseren Kunden gehen. Das frustriert mich." Kein Wunder. Arbeit kann kein Selbstzweck sein! Wollen wir nicht alle wissen, wofür wir unsere Zeit hergeben? Wir haben die Erfahrung gemacht, dass Menschen, die wissen, wofür sie arbeiten, zufriedener und produktiver sind. Dabei kommt es weniger auf die tatsächliche Relevanz einer Tätigkeit an, als darauf, welchen Wert wir ihr beimessen. So gibt es die schöne Geschichte von Präsident John F. Kennedy, der 1962 das NASA Space Center besuchte. Er fragte einen Hausmeister, der zufällig mit einem Besen vorbeikam, was er da tue. Seine Antwort: „Well, Mr. President. I'm helping to put a man on the moon."

IM FLUSS BLEIBEN

Kennst du das Gefühl, so in einer Tätigkeit zu versinken, dass du danach nicht sagen kannst, wie viel Zeit vergangen ist? Seit der Glücksforscher Mihály Csíkszentmihályi 1975 diesen Zustand zum ersten Mal als „Flow" beschrieben hat, ist er zu einem Idealbild des erfüllten Arbeitens geworden. Und tatsächlich: Menschen, die ihre Arbeit im Flow erledigen, sind glücklicher, erfüllter und auch erfolgreicher. William Shakespeare hat es so ausgedrückt: „Die Arbeit, die uns freut, wird zum Vergnügen." Doch wann ist das der Fall? Laut Psychologen dann, wenn die Anforderung mit meinen Fähigkeiten übereinstimmt und ich Klarheit über die Ziele der Tätigkeit habe.

SELBSTBESTIMMUNG, AUSWIRKUNGEN UND FLOW

Inwieweit wirken sich diese drei Faktoren auf dein Leben und deine Arbeit aus? Vielleicht können sie in dein Life-Design einfließen? Und auch wenn in Zukunft nicht jeder Tag perfekt sein wird, so kannst du dir sicher sein: Je selbstbestimmter du arbeitest, je besser du dich mit den Auswirkungen deines Tuns identifizieren kannst und je häufiger du im Flow bist, desto näher bist du deiner Work-Life-Romance!

Das Stipendium

WAS WÜRDEST DU TUN, WENN GELD KEINE ROLLE SPIELT?

Wir möchten für die folgende Übung ein Gedankenexperiment mit dir machen. Stelle dir folgendes vor: Wir vergeben ein Stipendium. Du erhältst ein Jahr lang steuerfrei 3.000 Euro im Monat, über die du frei verfügen kannst. Doch unser Stipendium hat noch andere Vorteile: Dein momentaner Arbeitsplatz wird dir für ein ganzes Jahr freigehalten. Solltest du familiäre Verpflichtungen haben, so bist du auch davon für ein volles Jahr freigestellt – sofern du das möchtest. Während dieser zwölf Monate bist du also finanziell abgesichert und musst dir auch sonst keine Sorgen machen. Was dir bleibt, ist ein Jahr nur für dich, ohne schlechtes Gewissen und mit finanzieller Sicherheit.

WAS WOLLTEST DU IMMER SCHON LERNEN?

Wir wollen mit unserem Stipendium aber keine Dauerurlauber oder Freizeit-Hedonisten fördern. Wir wollen Menschen unterstützen, die sich persönlich weiterentwickeln und die interessante Projekte verwirklichen wollen, denen dazu aber bislang die Zeit oder das Geld fehlte. Deshalb gibt es zwei einfache Regeln für das Stipendium. Regel Nummer eins lautet: Entwickle dich weiter und lerne! Eigne dir neue Fähigkeiten und neues Wissen an! Lerne die Dinge, die du schon immer lernen wolltest. Das kann eine neue Sprache, eine Sportart, ein Handwerk, eine Kunst oder eine Wissenschaft sein.

NEHMEN UND GEBEN: DAS GEHEIMNIS DES SMILE-CIRCLE

Persönliche Entwicklung und Wachstum haben unserer Ansicht nach immer auch damit zu tun, dass wir unserer Umwelt etwas zurückgeben; ein Beitrag, von dem nicht wir, sondern andere profitieren. Dieses Geben hat auch einen unmittelbaren Einfluss auf unser Leben. Denn wer etwas für andere tut, fühlt sich belohnt, wenn er die positiven Folgen seines Tuns wahrnimmt. Menschen, die anderen Gutes tun, profitieren selbst davon. Wir nennen das den „Smile-Circle": das Lächeln, das ich bei anderen auslöse, trägt zu meinen Glück bei. Die zweite Regel heißt deshalb: Gib anderen etwas von dir! Frage dich, wen du unterstützen würdest, was du zu geben in der Lage bist und von welchen deiner Fähigkeiten und deinem Wissen andere profitieren.

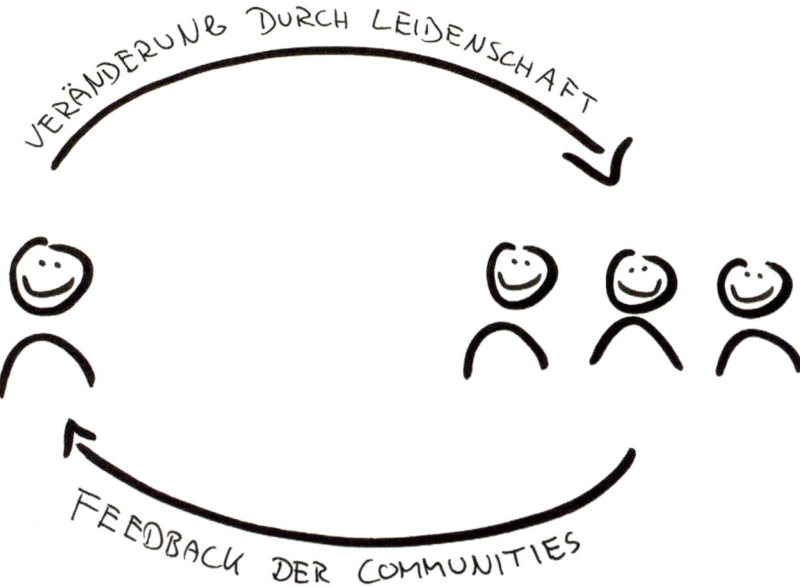

KAPITEL 3   DESIGN YOUR LIFE

Dein Stipendium planen

DEINE AUFGABE: WAS WILLST DU LERNEN UND WEN WILLST DU UNTERSTÜTZEN?

SCHRITT 1:
Nimm dir ein großes Blatt Papier und übertrage darauf die leere Zeitleiste. Wenn du nicht selbst zeichnen willst, haben wir dir auf unserer Website das Tool zum Download bereitgestellt. Teile das Blatt mit einer horizontalen Linie in zwei Hälften. Unterteile die Linie in zwölf Abschnitte: Sie stellen die nächsten zwölf Monate dar. Die obere Hälfte des Blattes markierst du mit „Lernen", die untere mit „Geben".

Das brauchst du für die Übung:
Papier, Stifte

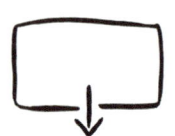

SCHRITT 2:
Überlege dir nun, wofür du dein Stipendium nutzen würdest und trage deine Überlegungen in die Skizze ein. Ob du jeden Monat etwas anderes tun möchtest, das Jahr in Quartale aufteilst oder im gesamten Jahr nur zwei Dinge angehen möchtest, bleibt dir überlassen. Wichtig ist, dass du deine Pläne sichtbar machst. Wenn du magst, kannst du die einzelnen Abschnitte mit einer kleinen Zeichnung visualisieren. Alternativ kannst du sie auch in ein paar kurzen Sätzen beschreiben.

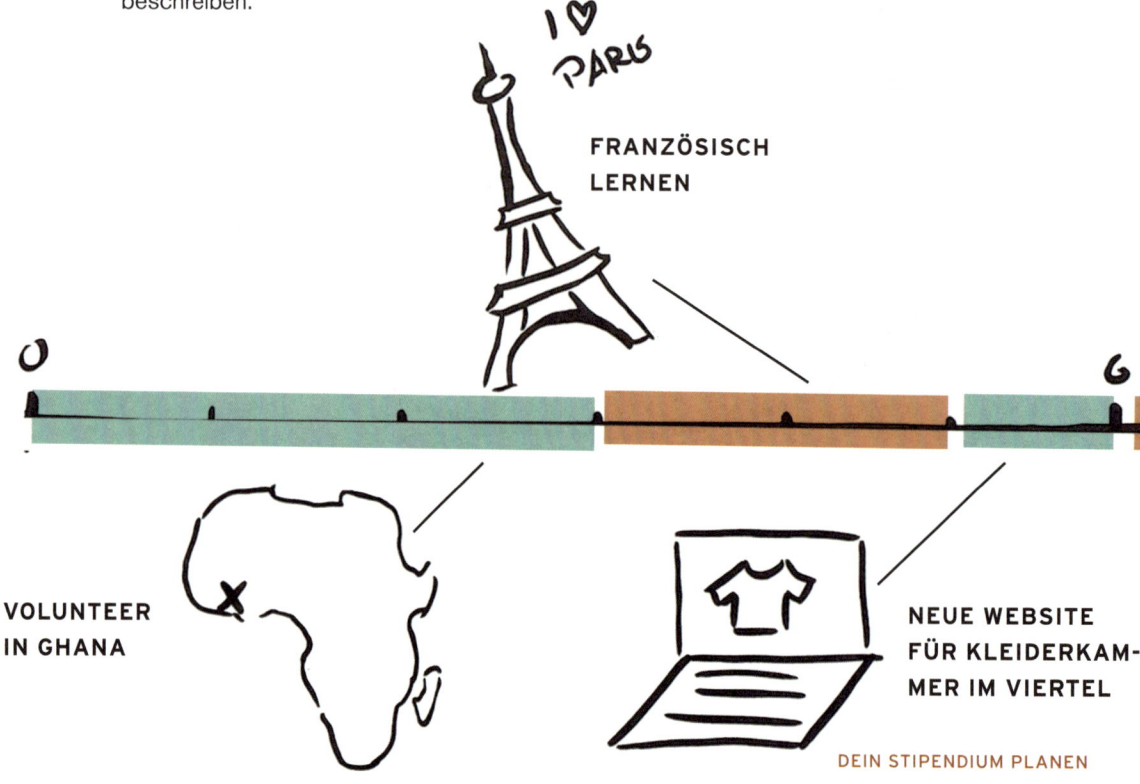

Übrigens: Zwischen beiden Aspekten – Lernen und Geben – kann ein Zusammenhang bestehen. So könntest du etwa bei einem Gärtner zunächst etwas über Gemüseanbau lernen und mit diesem Wissen anschließend ein Stadtgarten-Projekt in deinem Viertel initiieren, bei dem die Anwohner miteinander und füreinander gärtnern. Das ist aber kein Muss! Wenn du schon immer von einem Italienischkurs in Rom geträumt hast, kannst du einen Teil des Stipendiums auch dafür nutzen, ohne dass deine Italienischkenntnisse anderen zugutekommen.

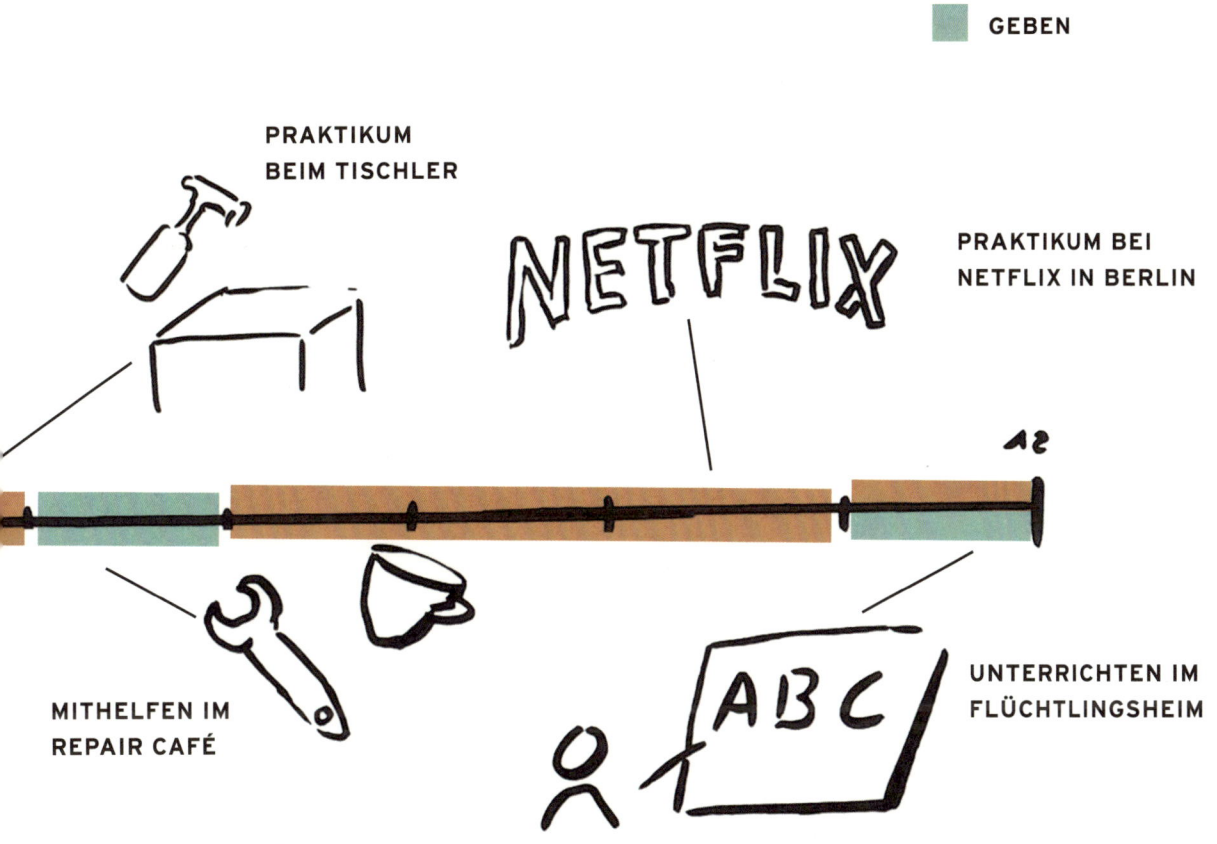

Das Jahr analysieren

DAS STIPENDIUM: ZEIT FÜR MICH, ZEIT FÜR ANDERE.
Wie gefällt dir der Gedanke, ein Jahr zur Verfügung zu haben, in dem du endlich genau das machen darfst, was du schon immer wolltest? Hast du das Gefühl, dein Plan entspricht schon deiner Vorstellung von Work-Life-Romance? Werfen wir einen Blick auf deine Jahresplanung: Wofür hast du dein Stipendium genutzt? Auf den nächsten Seiten werden wir deinen Jahresplan analysieren und schauen, was er über dich verrät und was in dein Life-Design einfließen sollte.

Hänge zunächst deinen Jahresplan auf die „Sammel"-Seite deiner Wall. Stell dir vor, du hättest das Jahr genauso absolviert, wie du es geplant hast. Wenn du dir deinen Zeitplan genau ansiehst, kannst du daraus viele Erkenntnisse über dich selbst gewinnen. Gehe deinen Jahresplan anhand der folgenden Fragen durch und schreibe deine Antworten auf einen Zettel oder Statty, den du an die Wall hängst:

Was fällt dir sonst noch auf? Schau noch mal auf deinen Jahresplan und überprüfe, dass du nichts vergessen hast. Vielleicht gibt es auch Wichtiges, das nicht in die drei Kategorien fällt?

1. WELCHE AKTIVITÄTEN ERFÜLLEN DICH? ⟶

2. WELCHE THEMEN BESCHÄFTIGEN DICH? ⟶

3. WAS FÜR WERTE SIND DIR BESONDERS WICHTIG? ⟶

TÄTIGKEITEN: MIT WELCHEN AKTIVITÄTEN VERBRINGST DU DAS JAHR?
Schaue dir dein Stipendienjahr noch einmal an: Analysiere dabei, welche Aktivitäten für dich wichtig sind. Versuche zu verstehen, warum dir die einzelnen Abschnitte wichtig sind und was du in ihnen geplant hast.

THEMEN: WAS SIND DIE WICHTIGSTEN INHALTE FÜR DICH?
Wenn du ein Jahr Zeit hast, Neues zu lernen und dich mit neuen Inhalten zu beschäftigen, dann ist das ein guter Indikator dafür, was dir momentan fehlt. Manche wollen in ihrem Jahr für den Umweltschutz kämpfen, andere lernen Sprachen oder handwerkliche Fähigkeiten.

WERTE: WAS TREIBT DICH AN?
Beim Lernen und beim Geben verfolgen wir bestimmte Motive. Manche wollen für Gerechtigkeit einstehen, andere möglichst nachhaltige Projekte unterstützen. Versuche zu verstehen, welche Werte deinen Projekten und Ambitionen zugrunde liegen. Wofür hast du dich eingesetzt und was liegt deinen Motiven zugrunde?

Von der Büroleiterin zur Lektorin

Als Schülerin war mein Traum, Journalistin zu werden, mit Texten zu arbeiten, zu reisen. So machte ich nach dem Abi ein Redaktionspraktikum nach dem anderen, schmiss, kaum begonnen, das Jurastudium, wechselte zu Germanistik und ging als Erasmus-Studentin nach Brüssel. Nach dem Studium blieb ich in Brüssel, um ein weiteres journalistisches Praktikum ausfindig zu machen. Als ich zufällig den damaligen Büroleiter eines Europaabgeordneten kennen lernte, bewarb ich mich und schon war ich Praktikantin im Büro eines Europaabgeordneten. Für sechs Monate. Danach sagte ich mir: Nie wieder! Ich wusste damals schon, das ist nicht mein Ding. Und dennoch: Nach meinem Studienabschluss saß ich in Brüssel, unternahm diverse, erfolglose Bewerbungsversuche und nahm schließlich – das Negativmantra im Kopf: „So eine Chance muss man doch ergreifen!" – das Jobangebot des Europaabgeordneten an, bei dem ich zuvor Praktikantin war. Fünf Jahre war ich dort und investierte Energie in eine Arbeit, mit der ich mich nicht identifizieren konnte. Ich erinnere mich, dass ein Kollege mir mal sagte: „Christiane, wenn du ehrlich bist, interessiert dich das alles hier doch nicht die Bohne."

Christiane Ahumada

Im Nachhinein habe ich mich selbst oft gefragt, warum ich nicht viel früher ausstieg, sondern wie von Sinnen weiter arbeitete. Trotz Schlaflosigkeit, morgendlicher Übelkeit, Panikattacken. Ein Teil war einem falschen Verantwortungsgefühl für meine Ehe, ein anderer Teil aber auch der Angst geschuldet, keinen neuen Job zu finden und meinen Lebensstandard nicht halten zu können.

Als meine Ehe zerbrach und der Leidensdruck im Job ein unerträgliches Maß erreicht hatte, kündigte ich zitternder Hand und fuhr nach Berlin. Einfach weg. Wagemutig. Für fünf Sekunden. Nur um dann den nächstbesten Job anzunehmen – mit meinem EU-Hintergrund war ich gefragt – und vom Regen in die Traufe zu fallen. Ich war mittlerweile so sehr von meinen eigentlichen Bedürfnissen entfernt, dass ich es mir schönredete.

Kurz gesagt: Dank der Hilfe meines Partners, durch die Beratung meines Homöopathen und eines Coachs kündigte ich nach einem Jahr wieder meinen Job und zog zu meinem neuen Partner und in die alte Heimat nach Köln. Ich öffnete den Blick für alternative Lebens- und Arbeitsmodelle. Und dann, ganz langsam, entwickelte sich mein neues Jobprofil. So lektorierte ich eine Doktorarbeit, begann für ein Start-up und eine Zeitung Texte zu verfassen und fürs Theater zu übersetzen. Ich bildete mich fort, nahm weitere Aufträge an und merkte: „Mensch, du machst genau das, was du schon immer machen wolltest!" So gründete ich schließlich mit zwei Freundinnen die Firma „Wortgarnitur".

Auf einmal ergab eins das andere, alles fügte sich zusammen. Im Rückblick merkte ich auch: Es war nicht die Schuld meines Ex-Chefs, nicht die Schuld der verkorksten Unternehmensstrukturen, nicht die Schuld von irgendwas und irgendwem. Mein Broterwerb und ich passten einfach nur nicht zusammen. Nach meiner Rückkehr von einer Weltreise Anfang dieses Jahres habe ich mich mit meinen Wortgarnitur-Kolleginnen in eine Bürogemeinschaft eingemietet. Ich arbeite viel und für viel weniger Geld, aber unter völlig anderen Umständen und ich bin mit mir im Reinen – auch wenn man als Selbstständige sicherlich auch die eine oder andere Sorge hat. Der Antrieb arbeiten zu gehen, mein eigenes Ding voranzubringen, ist ein komplett anderer. Und nicht zuletzt sehe ich auch, dass ich meinen jetzigen Job viel besser mit der Familienplanung vereinbaren kann.

INTERVIEW

1. Christiane, du sagst, du verdienst heute weniger als früher. Wie kommst du damit klar?
Gut! Auch wenn ich manchmal wieder in Panik verfalle: „Oh je, wann kommt der nächste große Auftrag?!" Aber dann meditiere ich, mache mir klar, dass nichts passieren kann und versuche konstruktive Lösungsansätze auszuloten. Mein Geld investiere ich heute viel gezielter in Dinge, die mir gut tun, wie Yoga oder Reiten. Oder eben wieder Lesen, ins Theater gehen. Ich genieße heute viel mehr.

2. Was ist wirklich wichtig im Leben?
Freunde, Familie – ganz klar. Und, ja, die Arbeit. Dabei auch insbesondere das Arbeitsumfeld. Ich arbeite in einer Bürogemeinschaft mit anderen Menschen, die ähnliche Werte teilen und eine Lebensweise wertschätzen, wie ich sie heute führe. Arbeit ist so nicht mehr gleich Stress, obwohl wir alle viel arbeiten. Aber zugleich haben wir es uns schön eingerichtet, mit Hängematte und Kräutergarten im Hof.
Dadurch erhält auch meine Freizeit eine ganz andere Qualität, da ich nicht nach Feierabend erst das Work-out oder das Glas Rotwein brauche, um wieder runterzukommen. Nur so kann ich auch die zwei wirklich wichtigen Dinge im Leben – Freunde und Familie – wirklich genießen.

3. Was würdest du anderen raten, die sich unwohl im ihrem Job fühlen?
Sucht euch Hilfe und nehmt Hilfe an, bleibt nicht alleine mit dem Problem. Redet mit anderen über eure Situation. Nehmt Abstand, nehmt euch Zeit. Fragt nach einer Auszeit bei eurem Arbeitgeber, bevor ihr eine Entscheidung trefft und blind handelt, oder lasst euch bei hohem Leidensdruck krankschreiben. Und dann, wenn sich euer Gefühl verfestigt, ich will und kann das hier nicht mehr mitmachen, dann springt und habt keine Angst. Ihr könnt nicht tief fallen.

Deine Bewerbung als Video

WARUM SOLLTEST DU DAS STIPENDIUM ERHALTEN?
Hast du einen Jahresplan entwickelt, den du tatsächlich gerne umsetzen würdest? Dann versuche, auch andere davon zu überzeugen. Deine Aufgabe: Erstelle ein kurzes Bewerbungsvideo mit deinem Smartphone oder einer Videokamera, in dem du in 30 Sekunden darlegst, warum gerade du ein Work-Life-Romance-Stipendium erhalten solltest! Was zeichnet dein Jahr aus? Warum hast du das Stipendium verdient? Was hat die Welt davon?

Schicke das Video zusammen mit deinem Jahresplan per WhatsApp oder einem anderen Messenger-Dienst deiner Wahl an dein Design-Team, deine Insider oder an andere Menschen, deren Urteil du vertraust. Würden Sie dir das Stipendium geben? Was kannst du noch verbessern? Nimm ihre Anregungen auf und überarbeite deinen Plan noch einmal.

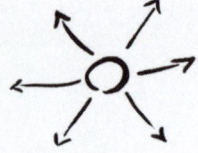

WIE UTOPISCH SIND DEINE PLÄNE?
Zum Abschluss: In unseren Seminaren stellen wir oft fest, dass ein großer Teil der einzelnen Projekte in einem solchen Stipendienjahr auch völlig ohne Förderung durchgeführt werden könnte. Der Sprachkurs in Rom? Okay, zwei Monate sind utopisch. Aber eine Woche? Oder statt in Rom doch „nur" bei der VHS? Ein Projekt für Flüchtlinge aufbauen? Muss ja nicht in Vollzeit sein. Betrachte noch einmal kritisch deine Aufzeichnungen und frage dich, was von deinen Plänen auch ohne Stipendium realisiert werden könnte. Was könntest du mit etwas Abspecken und Umdenken schon heute in dein Leben integrieren? Was hindert dich daran, nicht schon morgen damit anzufangen?

ENTDECKE DEIN POTENZIAL

KAPITEL 3

ÜBER DAS WORK-LIFE-ROMANCE-STIPENDIUM
WIR SUCHEN DIE PIONIERE DER NEUEN ARBEIT!

Was du in der Übung auf spielerische Art getan hast, hat einen ernsten Kern. Zentrale Fragen, die das zukünftige Verhältnis zwischen Mensch und Arbeit betreffen, können wir nicht allein in der Theorie beantworten. Wir brauchen Pioniere, die dieses Neuland erkunden. Menschen, die aus der normierten Arbeit aussteigen und nach neuen Formen suchen und sie leben. Das sind Menschen, wie wir sie in diesem Buch vorstellen. Menschen, die versuchen, Arbeit und Leben neu, anders und integrativ zu denken; Menschen, die damit ihre persönliche Work-Life-Romance leben. Von ihren Erfahrungen profitieren übrigens auch Arbeitgeber, die sich mehr und mehr die Frage stellen, welchen Beitrag sie in Zukunft zur Work-Life-Romance ihrer Mitarbeiter leisten können.

DEINE BEWERBUNG ALS VIDEO

Dein Medien-Mandala

Das brauchst du für die Übung
Papier, farbige Stifte, Lineal.

WAS DEINE MEDIENNUTZUNG ÜBER DICH VERRÄT!

Es wäre der Traum jedes Marktforschers: Genau zu wissen, welche Zeitschriften und Artikel du liest, welche Bücher du dir kaufst, welchen Blogs du folgst, welche Vorträge, Partys, Seminare du besuchst und was dir bei Facebook gefällt. Es hat einen guten Grund, warum Unternehmen weltweit Milliardenbeträge investieren, um die Interessen der Konsumenten bis ins kleinste Detail kennen zu lernen. Denn je klarer und präziser das Bild der Kunden ist, desto passendere Angebote können sie entwickeln. Was auch immer du von solchen Methoden hältst, für dein Life-Design-Projekt verfolgst du ein ähnliches Ziel: Denn auch du willst ein Life-Design erstellen, das möglichst gut zu dir passt. Und dafür musst du dich und deine Interessen genau kennen.

DU BIST DEIN UNTERSUCHUNGSOBJEKT!

Was die Marktforschung durch aufwendige und kostspielige Verfahren herauszufinden versucht, kannst du umsonst ganz einfach selbst nutzen. Denn auch wir nehmen an, dass dein Konsumverhalten eine Menge über dich verrät. Dazu zählt vor allem dein Medienkonsum. Er gibt Aufschluss darüber, welche Themen dich begeistern und wofür du dich interessierst. Wir zeigen dir, wie du dir die Tricks der Marktforscher aneignest und für deine Zwecke nutzt.

DEINE NÄCHSTE AUFGABE LAUTET: ERSTELLE DEIN MEDIEN-MANDALA!

IN VIER SCHRITTEN ZUM MEDIEN-MANDALA

Ein Mandala ist ein geometrisches Schaubild, das ursprünglich in Asien entwickelt wurde und im Buddhismus und Hinduismus rituell genutzt wird. Wir wollen es hier ganz ohne religiöse Bezüge als Visualisierung anwenden. In der Mitte des Mandalas befindest du dich. Um dich herum sind die Medien dargestellt, die du regelmäßig nutzt, aufgeteilt in Internet, Bücher, Zeitungen und Zeitschriften, Radio und Fernsehen. Hinzu kommen Veranstaltungen, Seminare und Workshops.

Bei dieser Übung geht es darum, noch einmal einen anderen Blick auf deine Interessen zu werfen. Versuche den Blickwinkel des Marktforschers einzunehmen, für den du zunächst eine völlig fremde Person bist. Was würde er vorfinden, wenn er deine Mediennutzung analysierte? Dabei interessiert nicht, wie lange oder in welchem Kontext du welches Medium nutzt. Es geht allein um die Themen, mit denen du dich beschäftigst. Was verrät deine Mediennutzung über deine Interessen?

SCHRITT 1
Zeichne dein Mandala oder lade es dir als Vorlage von unserer Website herunter. Frage dich, welche Medien für dich relevant sind und welche Kanäle du überhaupt nutzt.

SCHRITT 2
Gestalte dein persönliches Mandala, indem du deine Kanäle (Internet, Radio, Fernsehen, Zeitung et cetera) als Tortenstücke in das Mandala einträgst. Je nachdem, wie häufig oder intensiv du den jeweiligen Kanal nutzt, desto größer sollte der Bereich im Mandala sein.

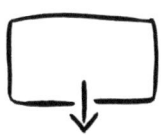

SCHRITT 3
Überlege für jedes Tortenstück, welche Themen du im jeweiligen Medium konsumierst. Wovon handeln die Bücher, die du dir kaufst? Welche Artikel erhalten bei Facebook dein „Gefällt mir"? Welchen Teil der Zeitung liest du am liebsten? Welche Sendungen im Fernsehen oder bei YouTube interessieren dich am meisten?

SCHRITT 4
Ordne die Themen in deinem Mandala nach dem Grad deines Interesses. Dafür ist dein Mandala in drei konzentrische Kreise unterteilt: Themen, die dich brennend interessieren befinden sich näher am Zentrum – also nah bei dir – als die, die dich weniger interessieren.

Lisas Medien-Mandala

LISA SZEPONIK HAT FÜR UNS DAS MEDIEN-MANDALA AUSGEFÜLLT. ANHAND IHRES BEISPIELS ERKLÄREN WIR DIR SCHRITT FÜR SCHRITT, WIE DIE ÜBUNG FUNKTIONIERT.

Kasten 1: In die Mitte zeichnest du dich selbst. Du stehst im Zentrum deiner Interessen.

Kasten 2: Das innere Feld zeigt alles, was dich brennend interessiert. Wenn du etwa einen Blog häufig und mit großer Begeisterung liest, sollte er sehr nah bei dir stehen. Wichtig: Schreibe immer das Thema auf, das dich an diesem Kanal interessiert!

Kasten 3: Das mittlere Feld steht für die Themen, die dich interessieren und die Medien, die du regelmäßig konsumierst. Wenn du zum Beispiel immer als erstes den Wirtschaftsteil der Tageszeitung liest, kommt „Wirtschaft" in dieses Feld.

Kasten 4: Das äußere Feld steht für Themen, die du nur unregelmäßig verfolgst.

Falls bei dir wie bei Lisa das größte Tortenstück in deinem Mandala das Internet ist, dann ist das Tool auf der nächsten Seite wichtig für dich. Aber auch für alle anderen, die gerne im Netz unterwegs sind, ist es aufschlussreich, die eigene Internet-Nutzung noch besser zu verstehen.

ENTDECKE DEIN POTENZIAL KAPITEL 3

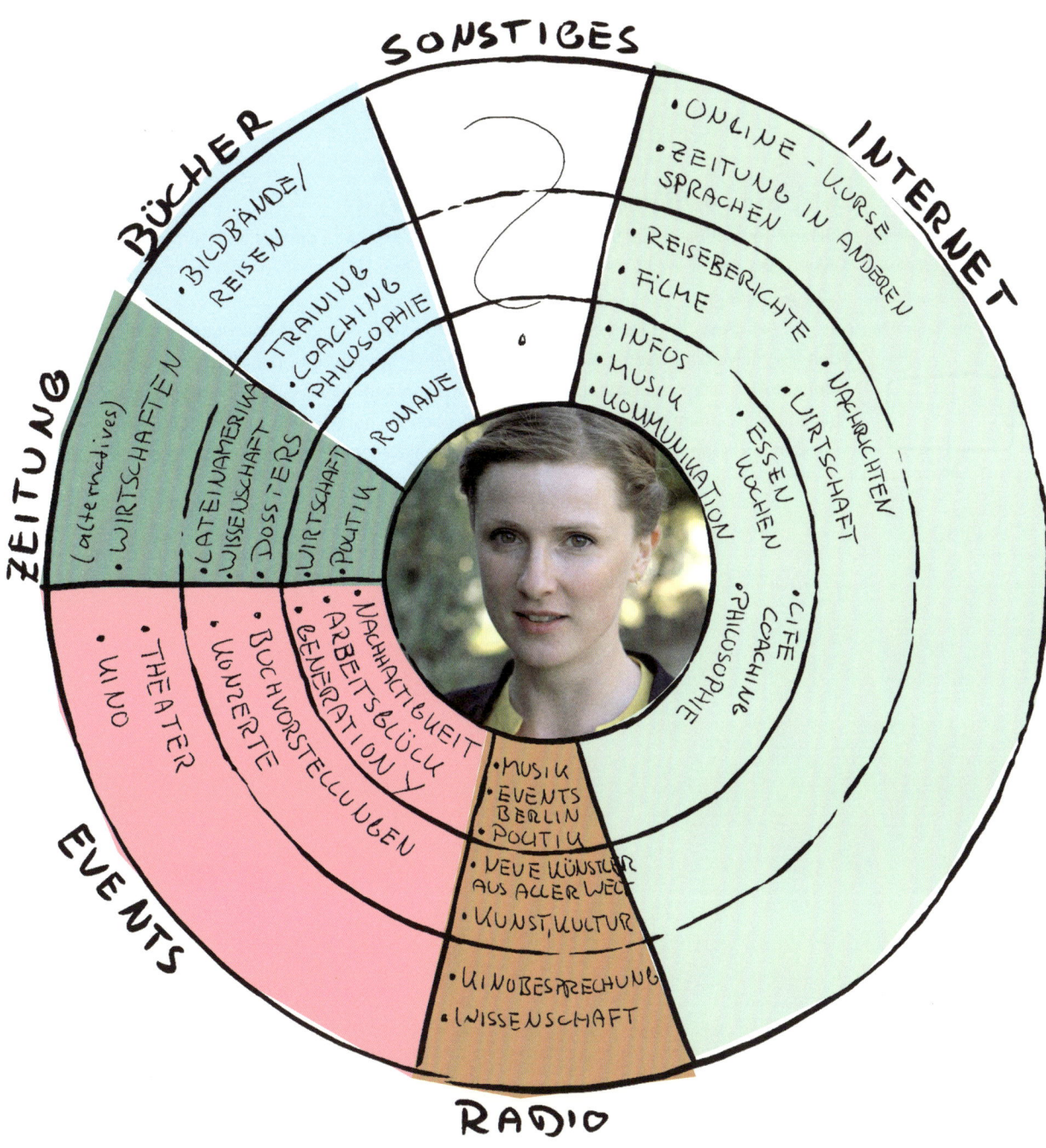

HÄNGE DAS MANDALA AN DEINE WALL UND ÜBERTRAGE DIE THEMEN AUS DEM INNEREN KREIS IN DEN BEREICH „SAMMELN".

LISAS MEDIEN-MANDALA

Das Social-Media-Prisma

Das Social-Media-Prisma zum Download unter http://ethority.de/social-media-prisma

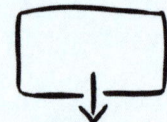

WILLST DU DEIN MEDIEN-PRISMA VERTIEFEN?

Dieses Tool ist ein zusätzliches Angebot für all diejenigen, die viel im Internet unterwegs sind. Wenn das bei dir nicht der Fall ist, kannst du diese Übung ruhig überspringen und auf Seite 124 weiterlesen.

Als Basis für diese Übung verwenden wir das Social-Media-Prisma*. Der Farbenkranz des Social-Media-Prismas stellt alle relevanten Angebote dar, die wir unter Social Media verstehen. Also alle Angebote, die du selbst mitgestalten kannst. Von Facebook über Dawanda bis zu Foto-Communities. Natürlich gibt es noch kleinere Seiten, die nicht abgebildet sind, im Großen und Ganzen stellt das Prisma aber die deutsche Landkarte des Internet 2.0 dar.

*Das Social-Media-Prisma wurde von der Digitalmarkt-Beratung Ethority entwickelt.

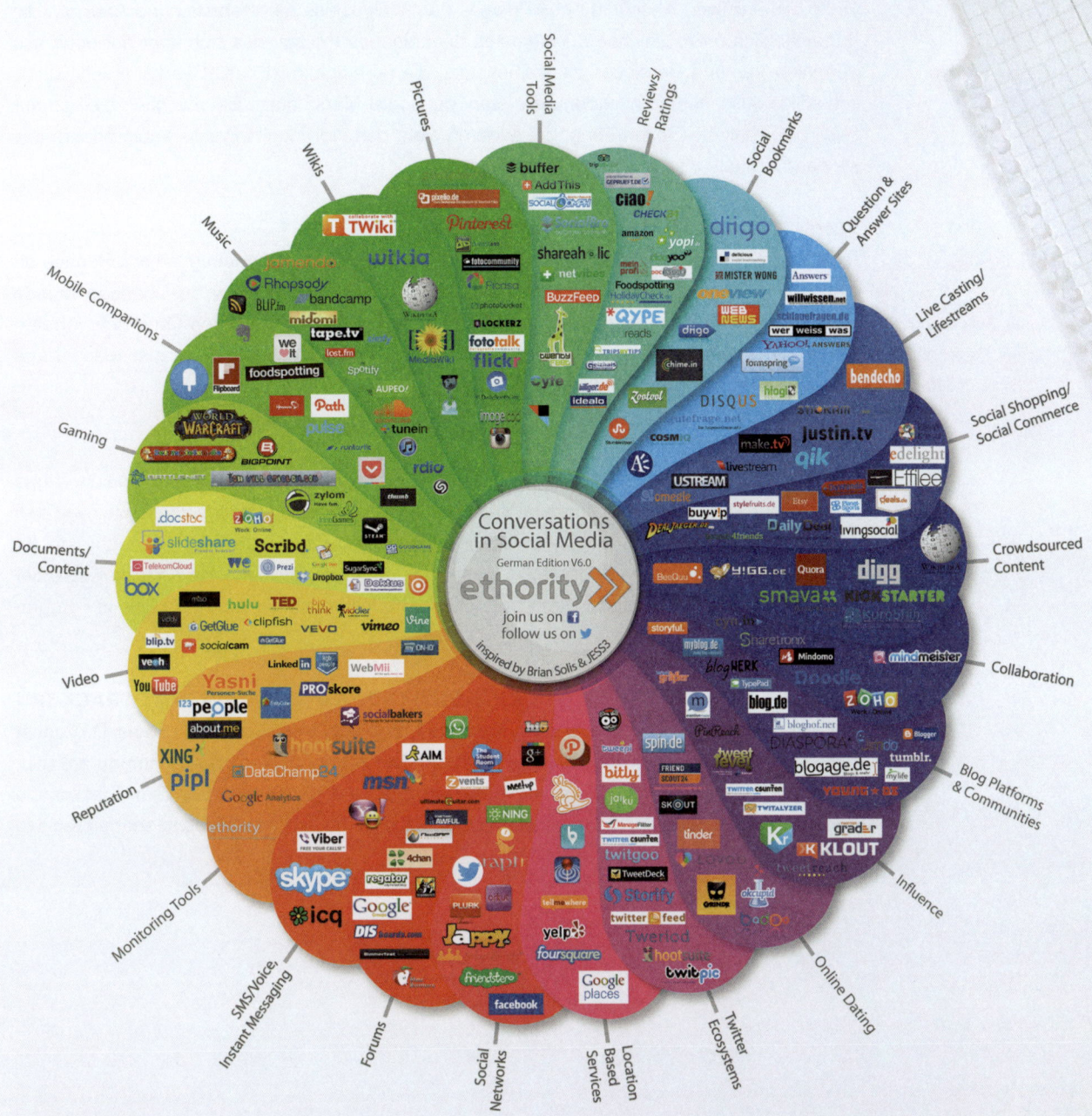

Gestalte dein Prisma

SCHRITT 1:
Gehe die einzelnen Abschnitte des Prismas durch. Umkreise die Websites und Anbieter, die du tatsächlich nutzt. Zeichne als nächstes dein eigenes Prisma, das sich aber nur noch aus den Websites und Bereichen zusammensetzt, die du eingekreist hast. Das kann sehr unterschiedlich aussehen, je nachdem, wie stark du Social Media nutzt. Bei manchen bleiben nur zwei, drei konkrete Seiten übrig, bei anderen sieht das individuelle Prisma kaum anders aus als das Original!

SCHRITT 2:
Jetzt gehe auf jede Seite, die du auf deinem individuellen Prisma eingetragen hast. Schaue dir deine Kommentare, deine Likes, dein Profil, deine Bewertungen et cetera an. Überlege für jede Seite, die du markiert hast, was deine Nutzung einem Außenstehenden über dich verraten könnte. Was würden die Analysten bei Facebook oder Google über dich herausfinden? Trage diese Themen und Interessen zu der jeweiligen Seite ein.

Das brauchst du für die Übung
Einen Ausdruck des Prismas, Papier, Stifte, Schere und Kleber.

BEISPIEL:
Paul nutzt hauptsächlich Facebook, Xing, Skype und WhatsApp. Seine Daten speichert und teilt er über Dropbox. Auf Instagram folgt er hauptsächlich der Vegan-Community und teilt mit ihr seine Leidenschaft für gutes veganes Essen. Auf Facebook setzt Paul sich aktiv für Tierschutz ein, er postet und teilt viel in dieser Richtung. Ein Blick in seine Amazon-Käufe der letzten Monate macht deutlich: Neben einigen Kochbüchern scheint sich Paul viel mit Fotografie zu beschäftigen.

DIGITALE HELFER: VERFOLGE DEINE INTERNET-NUTZUNG MIT TIME-TRACKERN
Um dein Online-Verhalten besser analysieren zu können, gibt es auch einige Tools. Du kannst zum Beispiel deinen Browser-Verlauf öffnen und dort sehen, auf welchen Seiten du am häufigsten bist. Um das noch genauer zu verstehen, gibt es sogenannte Action-Time-Tracker, die dein gesamtes Online-Verhalten minutengenau aufzeichnen und anschließend analysieren, wo du wie lange gewesen bist.

PROKRASTINATION: GUT ODER SCHLECHT?

Viel wird über sinnloses Surfen gelästert. Wer am Smartphone hängt oder regelmäßig bei Facebook ist statt zu arbeiten, hat häufig ein schlechtes Gewissen und das Gefühl, seine Zeit mit Unwichtigem zu vergeuden. Stimmt das eigentlich immer? Tatsächlich können die Dinge, mit denen wir uns beim Zeitvergeuden beschäftigen, ein wichtiger Hinweise darauf sein, was uns wirklich interessiert. Ein Teilnehmer unserer Workshops erzählte uns einmal, dass er sich immer wieder dabei ertappte, während der Arbeitszeit im Internet das Thema Bierbrauen zu recherchieren. Inzwischen ist er neben seinem Job als Grafik-Designer zugleich Mikrobrauer und stellt sein eigenes Bier her, dass er online vertreiben will.

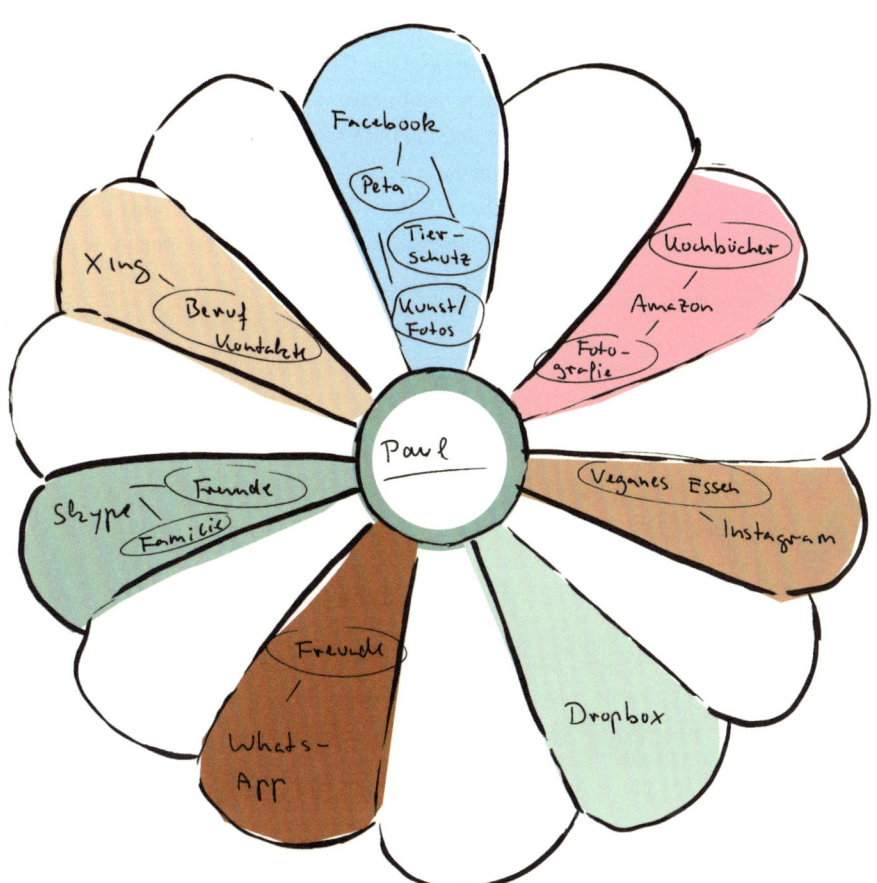

Wie willst du arbeiten?

DEFINIERE DIE RAHMENBEDINGUNGEN DEINES LIFE-DESIGNS

Kennst du das? Du weißt, dass dich dein aktueller Job nicht glücklich macht und dass du etwas ändern musst. Wie diese Alternative aussehen könnte, weißt du aber nicht. So geht es den meisten Menschen, mit denen wir zusammenarbeiten. Es fällt ihnen viel leichter zu formulieren, was sie nicht wollen als das, was sie wollen. Sie sagen etwa: „Ich will nicht mehr den ganzen Tag vor dem Computer sitzen." Oder: „Ich will nicht mehr jeden Morgen zwei Stunden im Stau stehen." Oder: „Im Großkonzern fühle ich mich einfach nicht wohl, alles ist so unpersönlich und ich fühle mich austauschbar."

GRUNDFRAGEN BEANTWORTEN

Hinter diesen Aussagen stecken wichtige, oft grundlegende Elemente des Life-Design. Bisher haben wir uns viel mit Fragen nach deinen Interessen, deinen Stärken oder Werten beschäftigt. Das ist wichtig, um herauszufinden, was dein Job-Design im Kern ausmacht. Tatsache ist aber: Wenn bestimmte Rahmenbedingungen nicht erfüllt sind, funktioniert auch die beste Job-Idee nicht, egal wie sehr sie deinen Interessen, Talenten oder Werten entspricht! So bist du vielleicht regional gebunden und kannst nicht einfach irgendwo anders arbeiten. Andere wünschen sich mehr Kundenkontakt oder weniger Dienstreisen. Das ist individuell ganz unterschiedlich, aber gleichzeitig sehr wichtig, um zu verstehen, welche Jobs in dein Lebenskonzept passen.

KLEINE VERÄNDERUNG, GROSSE WIRKUNG

Oft können schon kleine Veränderungen eine große Wirkung haben. So berichten uns viele Workshop-Teilnehmer, die ernsthaft über eine Kündigung nachdenken, dass der Wechsel von einer Fünf-Tage-Woche auf eine Vier-Tage-Woche sie davon abhalten würde: „Auch wenn mein Job nicht perfekt ist, für mich wäre es deutlich erträglicher, wenn ich ihn nur vier Tage die Woche machen würde. So hätte ich Zeit für meine Projekte, die mir persönlich etwas bedeuten!" Für andere kann es ein entscheidendes Kriterium sein, ob sie denselben Beruf mit mehr oder weniger Kontakt zu anderen Menschen ausüben. Wir wollen deshalb nun die konkreten Rahmenbedingungen für dein Life-Design definieren.

Bilder deiner Zukunft

WIR FRAGEN, DU ANTWORTEST!
Lies dir nicht nur die Schritte, sondern auch alle Fragen sorgfältig durch, bevor du mit ihrer Beantwortung beginnst. Wir haben versucht, möglichst viele Rahmenbedingungen abzudecken. Wenn dir dennoch ein Bereich fehlt, ergänze ihn einfach selbst.

Das brauchst du für die Übung
Papier, Stifte, einen Stapel Zeitschriften, alternativ einen Computer, Internetanschluss und einen Drucker

SCHRITT 1: LOS GEHT'S: ENTSCHEIDE, WELCHE FRAGEN FÜR DICH RELEVANT SIND!
Nicht jeder Frage-Bereich mag für dich wichtig sein. Manche Themen sind dir vielleicht egal oder sie spielen in deinem Life-Design einfach keine Rolle. Beantworte nur die Fragen, bei denen du das Gefühl hast, sie sind für dich und dein Leben wichtig. Oft sind es nur ein paar Fragen, die für dich besonders relevant sind. Notiere jede dieser Fragen auf einem eigenen Blatt und beantworte sie.

SCHRITT 2: VISUALISIERE DEINE ANTWORTEN IN STARKEN BILDERN!
Wir haben die Erfahrung gemacht, dass Bilder beim Life-Design eine besonders starke Wirkung entfalten. Das richtige Bild kann eine sehr starke sinnliche und emotionale Beziehung zu deinem Zielzustand erzeugen. Das Foto einer sonnigen Wiese am Waldrand, auf der jemand mit seinem Hund joggt, kann bei dir mehr Kräfte entfalten als die schriftliche Notiz: „Ich möchte mehr Zeit in der Natur verbringen und häufiger Sport treiben."

Versuche also für jede Antwort Bilder zu finden, die dich berühren und motivieren. Verwende alte Magazine und Zeitungen dafür oder such im Internet danach. Über Flickr, Instagram oder die Google-Bildersuche findest du fast unendlich viele Motive. Verwende kein Bild, das dich nicht wirklich begeistert! Drucke beziehungsweise schneide die passenden Motive aus und klebe sie mit dem Blatt deiner Fragen und Antworten an die Wall in den Bereich „Sammeln".

DAS „WIESO-WESHALB-WARUM?" FÜR DEIN LIFE-DESIGN:

GEOGRAFISCH:
→ Möchtest du gerne in einer bestimmten Region oder in einem bestimmten Land arbeiten und leben?
→ Bevorzugst du die Stadt, das Land oder etwas dazwischen?

PHYSIKALISCH:
→ Arbeitest du lieber drinnen oder draußen?
→ Bist du gerne auf Dienstreise? Wenn ja, wie oft und wie weit reist du gern?
→ Wo arbeitest du am liebsten? Am Schreibtisch, unterwegs, in einer Gruppe, zu Hause et cetera?
→ Willst du viele Leute um dich haben oder nur einige wenige Kollegen?
→ Welche Faktoren wie Licht, Lärm, Luft, sollten deine Arbeit beeinflussen?

ORGANISATIONELL:
→ Wärst du lieber angestellt oder selbstständig?
→ Ist dein Arbeitgeber ein Unternehmen, eine Non-Profit-Initiative oder eine staatliche Einrichtung (Beamtenstatus)?
→ Arbeitest du im Dienstleistungssektor, im produzierenden Bereich oder in der Landwirtschaft?
→ Was ist dir lieber? Konzern, Großunternehmen, KMU?
→ Welche Werte sollte dein Arbeitgeber vertreten? Welche Kultur, Philosophie und welches Image sind dir wichtig?
→ Wie wichtig sind dir Aufstiegschancen?

ZWISCHENMENSCHLICH:
→ Wie sollen die Beziehungen zu den Kollegen sein?
→ Wie viel direkten Kontakt zu anderen brauchst du?
→ Welcher Anteil deines Arbeitstages soll aus direktem Kontakt zu anderen Menschen bestehen?
→ Mit wem willst du Kontakt haben? Kollegen, Kunden/Klienten, Erwachsenen, Kindern, Senioren, Migranten et cetera?
→ Magst du Teamwork? Wenn ja, in welcher Art Team möchtest du arbeiten?

GESCHWINDIGKEIT:
→ Arbeitest du langsam, moderat, schnell, ultraschnell?
→ Immer gleichmäßig oder in unterschiedlichem Tempo?
→ Bist du den ganzen Tag beschäftigt oder hast du auch mal Leerlauf?

VERLÄSSLICHKEIT:
→ Willst du einen Job, bei dem du morgens schon genau weißt, was dich erwartet? Oder in der nächsten Woche, dem nächsten Jahr?
→ Bevorzugst du einen Beruf, in dem du ständig neue Themen und Herausforderungen zu meistern hast?
→ Wie unterschiedlich soll deine tägliche Arbeit sein?
→ Liebst du Notfalleinsätze? Brauchst du einen hohen Adrenalinpegel und Hochdruck?

ZEIT:
- Wie lange möchtest du am Tag, in der Woche im Monat, im Jahr arbeiten?
- Wie lang darf dein Arbeitsweg sein?
- Ist die Arbeit mit dem Feierabend vorbei oder nimmst du sie mit nach Hause?
- Begeistert dich deine Aufgabe so sehr, dass du auch zu Hause darüber sprichst und nachdenkst?
- Wie oft willst du Überstunden machen oder am Wochenende arbeiten?

SICHERHEIT:
- Wünschst du dir den sicheren Job fürs Leben? Oder sind dir kurze Verträge mit viel Flexibilität sympathischer?
- Suchst du finanzielle Sicherheit?
- Willst du einen Job, den du überall ausüben kannst?
- Wie wichtig ist dir die Altersvorsorge?
- Wird dein Job auch in zehn Jahren noch existieren?
- Willst du dich kontinuierlich weiterbilden?

ANDERE FAKTOREN:
- Gibt es Menschen, deren Pläne deine Karriere beeinflussen könnten?
- Wirst du langfristig mobil sein?
- Wessen Karriere ist wichtiger, deine oder die deines Partners?
- Hast du Kinder oder möchtest du welche haben? Wann?
- Wie wichtig ist es dir, schnell den perfekten Beruf zu finden?

TESTIMONIAL   DESIGN YOUR LIFE

Vom Werber zum Lehrer

Wenn man Chef aller Kreativen in einer Werbeagentur ist, aber eines Tages merkt, dass man selbst eigentlich fast gar nicht mehr kreativ arbeitet, ist es höchste Zeit, etwas zu ändern. Harald Schmidt-Ott war bei seiner Agentur gut im Futter, wie er das selbst ausdrückt, und verdiente als Kreativ-Direktor auch genug Geld. Aber irgendwann hatte er nicht nur das Gefühl, hauptsächlich die Finanzen, Einstellungen und Entlassungen zu verwalten, sondern auch noch einer der Ältesten zu sein und zu allem Überfluss mit seinem Job den Leuten die Gehirne zu vernebeln: „Wie bringe ich sie dazu, Dinge zu wollen, von denen ich selbst nicht überzeugt bin?" Das war die Frage, die er für seinen Geschmack allzu oft beantworten musste. Was ihm fehlte, war der tiefere Sinn.

Harald Schmidt-Ott

EINE WELT OHNE EXISTENZANGST

Er dachte darüber nach zu kündigen. In der Werbung war er nach seinem Philosophie- und Deutschstudium eher zufällig gelandet. Dass er kein Typ für die Selbstständigkeit war, wusste er jedoch auch. Zum Glück hatte er sich einige Jahre zuvor, in einer Zeit, als Lehrer als Quereinsteiger händeringend gesucht worden waren, die Anwartschaft auf das erste Staatsexamen und damit auf den Lehrerberuf gesichert. „Ich dachte: Wenn Du das jetzt nicht machst, denkt der liebe Gott: Was für ein Ochse!" Vorher hatte er Vorstände beraten und Trend-Reports für große Autokonzerne geschrieben, hatte in einem der anstrengendsten Bereiche der freien Wirtschaft gearbeitet und viele Phänomene der modernen Arbeitswelt zumindest bei seinen Kollegen aus der Nähe beobachten können: brutale Lebenskrisen, Mobbing, Burn-out, Arbeitslosigkeit. Heute unterrichtet der 50-Jährige an einem Gymnasium in Nordrhein-Westfalen, in einer Welt, der Existenzangst völlig fremd ist.

SCHULFESTE UND BEWERBUNGSTIPPS

Seine Entscheidung hat er bis heute nie bereut, auch wenn die ersten Jahre als angestellter Lehrer sehr anstrengend und nicht sonderlich gut bezahlt waren. Im Lehrerzimmer gehört er nun nicht mehr zu den Ältesten, sondern liegt genau im Altersdurchschnitt. Seine Schüler haben mit ihm nun einen Lehrer, der die Arbeitswelt, in die sie bald eintreten, von innen kennt und ihnen die besten Tipps für Praktikumsstellen und Bewerbungsgespräche geben kann. Für seine Kollegen ist er für Schulfeste und andere Veranstaltungen der Werbeexperte. Was ihm heute nur fehlt, sind die vielen Kreativen um ihn herum: „Lehrer sind keine Langweiler, sondern sehr schlaue Leute. Aber das Arbeiten unter Hochdruck, konzentriert zu sein und gleichzeitig noch spöttisch und selbstironisch über Dinge reden zu können, das vermisse ich natürlich."

Schreibe eine Stelle aus!

Das brauchst du für die Übung
Papier, Stifte, Kamera.

SUCHE NICHT NACH GUTEN JOBS, LASS DICH VON IHNEN FINDEN

Nachdem du die Rahmenbedingungen deines Life-Designs definiert hast, wollen wir im nächsten Schritt daraus eine Stellenbeschreibung machen. Allerdings in einer etwas anderen Form, als du sie kennst. Stellenausschreibungen funktionieren oft wie das Kinderspielzeug, bei dem unterschiedliche geometrische Formen (ein Quadrat, ein Dreieck oder ein Kreis) durch einen Deckel in eine Box gesteckt werden müssen. Im Deckel der Box sind Aussparungen, die den Formen entsprechen. Es gilt also für jede Form die passende Öffnung zu finden. Der Arbeitgeber bestimmt mit seiner Stellenausschreibung die Form im Deckel. Und die Bewerber versuchen mit ihren Lebensläufen und Arbeitszeugnissen genau diese Form anzunehmen, wenn sie sich bewerben. Mal passt es mehr, mal weniger. Und was nicht passt, wird oft passend gemacht. Was aber wäre, wenn man dieses Spiel einmal umdrehen würde? Wenn wir unsere Form behalten dürften und die Stellen sich bei uns bewerben müssten?

DEINE AUFGABEN: SCHAFFE DEINE EIGENE AUSSCHREIBUNG!

Schau dir die Ergebnisse der letzten Übung auf der Wall an und formuliere daraus deine persönliche Stellenausschreibung, auf die sich Unternehmen bei dir bewerben können. Der Clou dieser Übung ist, dass du nicht deine Qualifikationen und deine Berufserfahrung benennst, sondern ausschließlich die Rahmenbedingungen, die dir persönlich wichtig sind. Wie viele Stunden willst du arbeiten? An welchem Ort? Mit welchen Menschen? Frage dich jetzt auch, wie viel du verdienen willst beziehungsweise musst.

VERSUCHE, DAS GANZE WIE EINE ECHTE AUSSCHREIBUNG ZU GESTALTEN. FÜGE DEM TEXT EIN LOGO ODER EIN FOTO HINZU, DAS DICH REPRÄSENTIERT.

HÄNGE DEINE STELLENAUSSCHREIBUNG IN DEN BEREICH „ZUKUNFT" DEINER WALL UND MACHE EIN FOTO DAVON, DENN DU BRAUCHST SIE GLEICH DIGITAL.

KAPITEL 3 DESIGN YOUR LIFE

Die Stellenausschreibung

Die Grazerin Karin Hofmann hat in ihrer persönlichen Stellenausschreibung ihre Rahmenbedingungen und Grundbedürfnisse festgelegt. Sie hat verschiedene Bereiche festgelegt, wie „ich investiere", „ich suche" und „ich wünsche mir". Wie du deine Ausschreibung gestaltest, bleibt dir überlassen. Vielleicht inspiriert dich Karin ja, auch Zeichnungen zu integrieren.

Karin Hofmann

Kuratiere deine Wall

GLÜCKWUNSCH, PHASE ZWEI IST FAST GESCHAFFT!
Du stehst kurz davor, die zweite Phase deines Life-Design-Projekts zu beenden. Dazu gratulieren wir dir. Du musst diese Ergebnisse jetzt nur noch zusammenfassen und systematisieren. Wir nennen diesen letzten Schritt: Kuratiere deine Wall!

SCHAFFE DIE VORAUSSETZUNGEN FÜR DEN NÄCHSTEN SCHRITT!
Durch die Arbeit mit den unterschiedlichen Tools hast du die Grundlagen für den nächsten Schritt, die Ideenentwicklung, geschaffen. Denn die Beobachtungen und Erkenntnisse dieser Arbeitsphase fließen in die Entwicklung von Job-Ideen im nächsten Kapitel ein. Dafür ist es notwendig, dass du deiner Wall eine Struktur gibst. Vielleicht hast du ohnehin schon eine eigene Ordnung gefunden und die Ergebnisse strukturiert. Vielleicht hast du aber auch einfach ganz wild alle Ergebnisse an deine Wall geklebt. Wir zeigen dir nun, wie du deine Wall in vier Schritten so vorbereitest, das sie für die Ideenentwicklung im folgenden Kapitel bereit ist.

SCHRITT 1: WAS WILL DEINE WALL DIR SAGEN?
Bevor wir daran gehen, die Wall zu strukturieren, solltest du ein paar Schritte von ihr zurücktreten und das Gesamtbild auf dich wirken lassen. Was siehst du hinter all den Zetteln, Bildern und Notizen? Gibt es Themen, die aus der Masse herausstechen? Siehst du Bereiche, die dir besonders wichtig erscheinen? Was würde ein Fremder über dich denken? Was sind die Kernaussagen deiner Wall? Frage dich: Wenn meine Wall ein Kunstwerk wäre, welchen Namen sollte es tragen? Notiere dir deine Gedanken und sichere auch sie auf der Wall.

SCHRITT 2: CLUSTERE DEINE ERGEBNISSE
Jetzt geht es an die systematische Auswertung. Im gesamten Kapitel haben wir dich immer wieder gebeten, die Ergebnisse in den Bereich „Sammeln" deiner Wall zu übertragen. Jetzt wollen wir diese nach den Kriterien der Job-Design-Formel sortieren, die wir dir am Anfang des Kapitels vorgestellt haben.

ZUR ERINNERUNG: DIE JOB-DESIGN-FORMEL LAUTETE:
→ Talente: Worin du wirklich gut bist! Deine Kompetenzen, Fähigkeiten, Erfahrungen;
→ Interessen: Was du wirklich gerne tust! Deine Hobbys, Interessen, Leidenschaften, Träume;
→ Werte: Was dich wirklich bewegt! Deine Motivatoren, Ideale, Maßstäbe, dein innerer Kompass;
→ Rahmenbedingungen: Wie du leben und arbeiten willst! Die Orte, Menschen, Zeiten und Formen deiner Arbeit.

DEINE AUFGABE: Sortiere nach Interessen, Talenten und Werten
Sortiere all deine Ergebnisse in die drei Bereiche „Interessen", „Talente" und „Werte" ein. Daneben gibt es noch den Bereich „Rahmenbedingungen".

TIPP: Vielleicht kannst du nicht alle Ergebnisse direkt den Kategorien zuordnen. Verschiebe diese erstmal an den Rand deiner Wall. So hast du sie im Blick und kannst sie eventuell später doch noch zuordnen.

SCHRITT 3: ENTDECKE DEN BEREICH „ZUKUNFT" DEINER WALL

Jetzt gehen wir endlich daran, den Bereich „Zukunft" deiner Wall zu gestalten. Dort wird dein zukünftiges Life-Design Gestalt annehmen. Dafür musst du nun auswählen, was du aus den Ergebnissen deiner Sammel-Wall in die „Zukunft" mitnehmen möchtest.

DEINE AUFGABE: HÖRE AUF DEIN BAUCHGEFÜHL!

Frage dich, was du aus den Bereichen „Talente", „Interessen", „Werte" und „Rahmenbedingungen" von deiner Sammel-Wall auf die Zukunfts-Wall übertragen möchtest. Versuche, nicht strategisch zu überlegen, was möglicherweise gebraucht oder von dir erwartet wird. Lass dich nur von deinem Bauchgefühl leiten: Was ist für dein zukünftiges Life-Design wichtig und was nicht? Was willst du mit in die Zukunft nehmen und was hat dort nichts zu suchen?

SCHRITT 4: WIEDERHOLE DIE AUSWAHL – JETZT MIT SYSTEM

Nachdem du im ersten Schritt intuitiv ausgewählt hast, solltest du dich jetzt noch einmal systematisch den Zetteln widmen, die noch auf deiner „Sammel"-Wall hängen. Denk bei jedem Blatt darüber nach, ob es ein wichtiges Ergebnis für deine Zukunft enthält.
Alles, was dir wichtig erscheint, wandert direkt auf die Zukunftswand, alles andere bleibt, wo es ist.

GENIESSE DAS ERGEBNIS DEINER ARBEIT!

Wenn du die Übung beendet hast, stehen auf deiner Zukunfts-Wall all die Talente, Interessen und Werte, die dir wirklich wichtig sind und die du als Bausteine deines zukünftigen Life-Designs definiert hast. Dazu kommen die Rahmenbedingungen, die dir wichtig sind. Schau dir das Ergebnis an und genieße es. Im nächsten Kapitel wirst du auf dieser Grundlage Ideen für deine ganz persönliche Work-Life-Romance entwickeln.

TESTIMONIAL   DESIGN YOUR LIFE

Vom Schreibtischtäter zum Mountainbike-Guide

Jürgen Courret ist leidenschaftlicher Mountainbiker und gehört zu den Menschen, die ihr Hobby zum Beruf gemacht haben. Bis vor ein paar Jahren hat der gelernte Elektromechaniker noch als Führungskraft in einem mittelständischen Betrieb gearbeitet. Heute leitet der 55-Jährige seine eigene Firma und fragt sich, warum er den Schritt nicht viel früher gewagt hat.

HERR COURRET, WOMIT VERDIENEN SIE HEUTE IHR GELD?
Ich veranstalte mit meiner Firma Mountainbike-Touren in der Pfalz, in Italien und in den Alpen. Ich bin dabei nicht nur Unternehmer, sondern leite diese Touren meist auch selbst. Außerdem markiere ich Wanderwege und mache Forstarbeiten. Ich bin also viel draußen, aktiv an der frischen Luft.

WAS HABEN SIE DAVOR GEMACHT?
Nach meiner Lehre zum Elektromechaniker habe ich 15 Jahre in meinem Beruf und später 18 Jahre als „Schreibtischtäter" immer in der gleichen Firma in verschiedenen Bereichen gearbeitet. Ich hatte eine leitende Funktion und einen tollen Arbeitsplatz. Als die Firma in die Insolvenz ging, war der Stress unerträglich und die Kündigung wie eine Erlösung.

Jürgen Courret

WIE SIND SIE AUF DIE IDEE MIT DEN MOUNTAINBIKE-TOUREN GEKOMMEN?
Mit 50 gab es auf dem Arbeitsmarkt nicht viele Alternativen, also machte ich mich selbstständig. Da ich schon an der Uni in Kaiserslautern den Outdoorsektor Mountainbike leitete, war meine Idee, eine eigene Firma in diesem Bereich zu gründen. Früher habe ich schon Touren für den Alpenverein im Ehrenamt organisiert. Ich hätte niemals gedacht, dass ich das auch mal kommerziell machen könnte. Vorher war das Radfahren meine Erholung, jetzt kommt es auch für meinen Unterhalt auf.

WENN WIRTSCHAFTLICHER DRUCK HINZUKOMMT, KANN DER SPASS SCHNELL VERGEHEN. WIE HABEN SIE DAS HINBEKOMMEN?
Ich hatte sehr viel Unterstützung. Meine jetzige Frau hat immer hinter mir gestanden und mich bestärkt, diesen Weg zu gehen. Mit den Events, die ich über die Jahre durchgeführt hatte, war schon eine kleine Infrastruktur und ein kleiner Kundenstamm vorhanden. Darauf habe ich dann langsam aufgebaut. Heute kann ich es mir auch mal leisten, einen Auftrag in den anderen Sparten abzulehnen, da es mit dem Biken recht gut läuft.

ABER DA MÜSSEN DOCH AUCH ZWEIFEL GEWESEN SEIN?
Natürlich gab es die. Immerhin war mein ganzes Berufsleben lang am Monatsende mein Gehalt auf dem Konto eingegangen. Das hat sich dann von einem Tag auf den nächsten geändert. Auf einmal denkt man schon öfter darüber nach, ob auch genug Aufträge für die nächsten Monate da sind und

ob der Verdienst ausreicht, um das Leben zu finanzieren. Da kommen schon mal Zweifel auf.

WAS HAT SIE BESTÄRKT WEITERZUMACHEN?
Das positive Kundenfeedback war ein ganz wichtiger Motivator. Ich habe immer wieder erlebt, dass die Kunden von den Kursen und Touren begeistert waren. Jetzt kann ich das klar sagen, aber am Anfang fehlte mir eben diese Erfahrung.

WAS WAR DENN NEBEN DEM GELD IHRE GRÖSSTE SORGE?
Dass ich zu alt dafür bin. Gerade fürs Mountainbike-Fahren. Ich dachte, man müsse jung sein, um Geld im aktiven Sport zu verdienen. Ich war mir sicher, auch die Kunden würden junge Fahrer erwarten.

UND WAS IST PASSIERT?
Ich habe inzwischen zwar einige junge Mitarbeiter, aber viele Kunden wollen dann doch ganz explizit mit mir fahren. Gerade weil ich älter bin.

WIE ERKLÄREN SIE SICH DAS?
Ich habe langjährige Erfahrung, ich bin mir meiner Grenzen sehr bewusst und kann gerade auch unerfahrene Fahrer unterstützen und motivieren. Die wollen gar nicht immer einen olympiareifen Topathleten von 22 Jahren, sondern fühlen sich gerade dann wohl, wenn ich bei Ihnen bin.

DENNOCH HABEN AUCH SIE ZU BEGINN GEZÖGERT. WAS WÜRDEN SIE HEUTE ANDEREN MENSCHEN IN DIESER SITUATION RATEN?
Nicht so lange warten, sondern einfach probieren! Nutze dein Leben, deine Möglichkeiten und Fähigkeiten. Versuche das zu machen, was dir wirklich Spaß macht, auch wenn Du damit etwas weniger verdienst und dir Sorgen machst wegen der Unsicherheit. Denn mal ehrlich, gibt es heute noch wirkliche Sicherheit? Die ist eh' nur suggeriert. Deshalb: Glaub an dich und deine Fähigkeiten.

WELCHE ROLLE SPIELTE FÜR SIE IHR UMFELD?
Mir hat es enorm geholfen, dass viele meiner Freunde mich bestärkt und unterstützt haben, indem sie mir durch Empfehlungen Arbeitsaufträge in ihrem Umfeld ermöglicht haben. Ich hab immer wieder gehört: „Trau dir was zu; du weißt, was du kannst". Und ich muss sagen, das stimmt. Mein Leben ist jetzt lebenswerter, spannender, intensiver. Der einzige Nachteil ist, dass die Zeit jetzt viel zu schnell vergeht.

Frequently Asked Questions

FRAGEN, DIE HÄUFIG IN UNSEREN WORKSHOPS GESTELLT WERDEN

FRAGE: Ich weiß überhaupt nicht, was meine Stärken sind. Was kann ich tun?
ANTWORT: Vielen Menschen fällt es schwer, ihre eigenen Stärken einzuschätzen. Im gesamten Kapitel haben wir dir ganz unterschiedliche Methoden gezeigt, deine Stärken zu beleuchten. Wenn dir dennoch nichts davon geholfen hat, könnten dir Online-Tools wie der „Strengthsfinder" möglicherweise helfen. Neben ihm gibt es weitere verschiedene Methoden, die dir dabei helfen, deine Stärken zu benennen. Wie so oft gibt es Befürworter und Gegner solcher Tests. Wir haben uns gegen ihren Einsatz entschieden. Für dich kann es aber möglicherweise der passende Einstieg sein, um deinen Stärken näherzukommen.

FRAGE: Die Übungen machen Spaß, aber ich habe das Gefühl, bei mir kommt nichts Wichtiges dabei heraus. Mache ich etwas falsch?
ANTWORT: Es kommt vor, dass Teilnehmer ihre Ergebnisse als unwichtig einschätzen. Dieses Gefühl täuscht aber. Sie sind die Voraussetzung, um im nächsten Kapitel an konkreten Ideen zu arbeiten. Aber auch zum jetzigen Zeitpunkt sind die Ergebnisse auf deiner Wall wichtig, da sie das wiedergeben, was dich im Kern ausmacht; etwa deine Wünsche, Träume, Werte und Leidenschaften. Ist das wirklich unwichtig?

FRAGE: Ist es normal, dass meine Ergebnisse sich manchmal widersprechen?
ANTWORT: Keiner von uns lässt sich nur auf eine Dimension festlegen. Wenn du widersprüchliche Ergebnisse hast, ist das ein Ausdruck unterschiedlicher Persönlichkeitsanteile in dir. Jeder Mensch hat eine Vielfalt an Ichs. Diese vielen Anteile sind auch in dir vorhanden. Akzeptiere diese Ambivalenz und bleib neugierig, was sich daraus ergibt!

FRAGE: Ich habe viel zu viele Zettel auf meiner Wall. Was soll ich tun?
ANTWORT: Zu unseren Prinzipien gehört ein ständiger Wechsel von Herein- und Herauszoomen. Wenn du im letzten Teil sehr viel an deine Wall geheftet hast, ist das erst mal ein gutes Zeichen. Gleichzeitig ist es natürlich schwierig, den Überblick zu behalten. Du solltest dich immer wieder daran versuchen, Themen einzugrenzen, Ähnliches zusammenzufassen und Inhalte zu priorisieren. Für einen Life-Designer ist das ein sich wiederholender und extrem wichtiger, wenn auch nicht leichter Schritt.

Geschafft!

VOM VERSTEHEN ZUR IDEE

Auf den letzten Seiten hast du viel Arbeit geleistet. Du bist in deine Vergangenheit gereist, hast Freunde und Familie aktiviert und bist deinen Interessen, Stärken und Werten auf den Grund gegangen. Du hast begonnen, zu verstehen, was dich ausmacht. In der nächsten Phase unseres Prozesses geht es an die tatsächliche Ideen-Entwicklung, für die du all diese Daten brauchst. Mithilfe deiner Interessen, deiner Talente und deiner Werte, unter Berücksichtigung der für dich wichtigen Rahmenbedingungen, wirst du deiner Work-Life-Romance immer näherkommen!

GESTALTE NEUE IDEEN

Entwickle Ideen, die dich begeistern und mit denen du deine Vision von Work-Life-Romance Wirklichkeit werden lässt.

Finde deine Leidenschaft

VOM STRAND AUS ARBEITEN

Simone Sauters Arbeitsplatz ist ungewöhnlich: Palmen, Strand und das Rauschen des Meeres bilden das Setting, im dem sie ihrer Arbeit nachgeht. Obwohl, Arbeit würde sie es vermutlich gar nicht nennen, schließlich lebt sie ihren Traum. Die junge Unternehmerin hilft Frauen, die von ihrem Partner verlassen wurden, diese Trennung zu überwinden. Ihr Arbeitsplatz ist immer dort, wo sie gerade leben möchte. Als wir sie für dieses Buch interviewen, ist das Bali. Von dort steuert sie ihr Unternehmen dank Internet, kommuniziert mit Klienten oder schreibt für ihren Blog. Viele beneiden sie um diese Freiheit. Für Simone war der Weg dorthin jedoch lang und steinig.

AUS DEN EIGENEN ERFAHRUNGEN EINEN BERUF MACHEN

Bevor sie zu einer digitalen Nomadin wurde, ging Simone einem „ganz normalen Job" nach. Als Social Media Managerin arbeitete sie bei verschiedenen Unternehmen – so richtig glücklich hat sie das aber nie gemacht. Hinzu kam die plötzliche Trennung von ihrem damaligen Partner – ein für sie einschneidendes Erlebnis. Simone wurde klar, dass sie ihr Leben ändern wollte. Was ihr jedoch lange fehlte, war eine konkrete Idee. Diese kam ihr nach einem langen und intensiven Prozess, in dem sie sich selbstständig mit ihren Talenten, Leidenschaften und Werten auseinandersetzte, aber auch ihre Freunde um Ideen und Feedback bat. Dabei wurde klar, dass sie aus der Erfahrung und Bewältigung ihrer eigenen Trennung zu einem wichtigen Ratgeber für andere Frauen geworden war. Auf diese Idee hat sie Ihr Unternehmen schließlich aufgebaut.

Simones ganze Geschichte findest du auf Seite 156.

WO IST DIE IDEE, DIE ALLES NEU MACHT?

So, wie Simone, geht es vielen Menschen, denen wir bei unserer Arbeit begegnen. Sie sind unzufrieden und wissen, dass sie etwas ändern wollen oder müssen. Was ihnen jedoch fehlt, ist die richtige Idee. Die Idee, die eine echte Alternative zum Status quo eröffnet, eine Idee, die so viel Kraft entwickelt, dass sie über die größten Zweifel hinweg trägt. Manchen, wie Tamas Fejer, kommt die Erkenntnis plötzlich über Nacht. Andere tragen eine bestimmte Vorstellung bereits seit Kinder- oder Jugendtagen mit sich herum. Den meisten geht es aber so wie Simone: Ihnen fehlt die eine zündende Idee, das Bindeglied zwischen dem empfundenen Veränderungswunsch und der tatsächlichen Umsetzung.

IDEEN-EXPLOSION DURCH CO-KREATION

Unsere Erfahrung zeigt ganz klar: Ideen entstehen im Austausch mit anderen deutlich schneller als alleine. Wir möchten dich daher ermutigen, das Buch zusammen mit anderen Lesern durchzuarbeiten. Auf unserer Website www.workliferomance.de findest du Leser in deiner Stadt oder Region und du kannst dich mit ihnen zusammenschließen oder austauschen. Denk an Simone, deren Idee auch durch den Austausch mit ihren Freunden entstanden ist.

Von 1000 zu 1 Idee

ERST MÖGLICHST VIELE IDEEN SCHAFFEN, DANN AUSWÄHLEN!

Bevor wir starten, möchten wir dir einen kurzen Überblick darüber geben, was dich in diesem Kapitel erwartet. Du durchläufst auf den kommenden Seiten zwei Phasen. In Phase eins geht es darum, deinen Blickwinkel zu erweitern und möglichst viele Ideen zu entwickeln. Dabei ist es erst einmal unwichtig, ob es sich um gute oder schlechte Ideen handelt. Du solltest dir erstmal Wahlmöglichkeiten schaffen, aus denen du in Phase zwei die besten Ideen auswählst.

WIE DIESES KAPITEL FUNKTIONIERT

Du wirst in diesem Kapitel Job-Ideen aus deinen bisherigen Ergebnissen erzeugen und anschließend bewerten. Während du bisher hauptsächlich im Bereich „Sammeln" deiner Wall gearbeitet hast, wird jetzt der Bereich „Zukunft" gefüllt. Dort sammelst du alle Job-Ideen, die du im Folgenden entwickelst. Außerdem wirst du eine Liste deiner realistischen Ideen erstellen.

DAS ERWARTET DICH IN PHASE 1: IDEENENTWICKLUNG

Hier bieten wir dir drei unterschiedliche Methoden an, neue Ideen zu entwickeln. Unsere Erfahrung zeigt, dass es nicht die eine Methode gibt. Wenn du also das Gefühl hast, mit einem der Tools partout nicht klarzukommen, kannst du es entweder weglassen oder überspringen. Entscheidend ist, dass sie dir helfen, in deinem Life-Design weiterzukommen. Los geht es mit dem „Job-Bingo". Bei dieser Methode nutzen wir die Kraft des systematischen Zufalls, um neue Jobs zu designen. Die nächste Übung heißt „PatchWork". Sie hilft dir dabei, aus deinen Stärken, Interessen und Werten konkrete Jobs zu designen. Bei der dritten Methode, der „Job-Challenge", bindest du Menschen aus deinem Umfeld in die Suche ein und profitierst von ihren Erfahrungen und ihrem Wissen. Zuletzt wirst du beim „Ideen-Remix" Ideen neu kombinieren. Zusammenfassend geht es in dieser Phase darum, so viele unterschiedliche Ideen wie möglich zu entwickeln, ohne sie zu bewerten.

DAS ERWARTET DICH IN PHASE 2: IDEENVERDICHTUNG

Hier werden die entwickelten Job-Ideen auf Herz und Nieren geprüft. Dein Ziel wird sein, Jobs zu finden, die den Kriterien entsprechen, die du in Kapitel 3 erarbeitet hast. Dabei wirst du mithilfe von „Jobs bewerben sich", dem „Life-EQ-Test" und der „Job-Matrix" aus deinen Ideen tatsächlich umsetzbare Prototypen schaffen. Es werden neue Kombination entstehen und wir werden die Frage, womit du Geld verdienen kannst, in die Arbeit einbeziehen.

„If you want to have good ideas you must have many ideas."

LINUS PAULING

FINDE DIE IDEE, DIE AM BESTEN ZU DIR PASST!

Am Ende dieses Kapitels wirst du viele neue Ideen entwickelt haben – verrückte ebenso wie ganz reale. Du wirst daraus diejenigen auswählen, die am besten zu dir passen und die dein Life-Design einzigartig machen.

DER INNERE KRITIKER

Die meisten guten Ideen schaffen es nicht in die Umsetzung, weil sie vorher von unserem inneren Kritiker zur Strecke gebracht werden. Kennst du das auch? Du entwickelst etwas Spannendes wie „Ich sollte versuchen, einen Laden aufzumachen, wo es erst Dessert und dann die Hauptspeisen gibt!" und dein erster Gedanke ist: „Das will doch keiner!", und der zweite: „Und wenn, dann gibt's das doch schon längst." Am Ende machst du gar nichts. Viele Menschen sind sehr gut darin, Ideen zu killen. Deswegen hat sich seit vielen Jahrzehnten eine Methode bewährt, die auf Walt Disney zurückgeht und die auch nach ihm benannt ist. Bei der Disney-Methode wird der Prozess der Ideenentwicklung in eine Reihe von Phasen aufgeteilt, die von unterschiedlichen „Personen" beherrscht werden: Erst kommt der Träumer, dann der Realist und zum Schluss der Kritiker. Walt Disney soll tatsächlich drei speziell für diese Aufgaben eingerichtete Räume gehabt haben. Erst wenn es eine Idee durch alle drei Phasen geschafft hatte, sprach er über ihre Umsetzung. Und so wird es auch erst nach dem nächsten Kapitel, in dem du deinem inneren Kritiker freien Lauf lassen darfst, um die konkrete Umsetzung gehen.

Über Kreativität

JEDE IDEE IST DER BEGINN EINER REISE

Als Life-Designer kannst du auf eines nicht verzichten: gute Ideen. Sie sind die Basis, auf der du dein Projekt aufbaust und immer wieder den sich verändernden Anforderungen in deinem Leben anpasst. Eine Idee ist wie der Anfang einer Reise, die keinen geplanten Verlauf hat. Sie kann der Beginn deines neuen Lebens sein. Oder aber eine Sackgasse. Wichtig ist, sich auf sie einzulassen und sie ernst zu nehmen. Wir erleben immer wieder, dass die Teilnehmer unserer Workshops eine Idee entwickeln, um sie gleich darauf wieder in Grund und Boden zu stampfen. Versuche einfach, diesen Prozess wie die Begegnung mit einem Fremdem zu sehen: Sei offen, vermeide voreilige Urteile, nimm dir Zeit für das Kennenlernen und freue dich über das Unerwartete und Überraschende, das aus der Begegnung entsteht!

JEDER IST KREATIV!

Ideen zu entwickeln ist eines der tollsten Dinge, die es gibt. Es ist schöpferisch, anarchisch und macht sehr viel Spaß! Oft erleben wir Teilnehmer, die von sich sagen, dass sie keine guten Ideen hätten, weil sie nicht kreativ seien. Das stimmt nicht. Wir sind der Meinung: Jeder ist kreativ! Manchmal braucht es nur etwas Übung. Kreativ zu sein, bedeutet zunächst, etwas Neues zu entwickeln – oft aus bereits bekannten Zutaten. Zur Kreativität gehören ganz unterschiedliche Aspekte: der Prozess, der Mensch, das kreative Ergebnis und der Ort, an dem etwas geschaffen wird. Wir werden auf alle diese Dinge eingehen und auch die Schwierigkeiten beim Erfinden und Entwickeln benennen. Für uns ist allerdings das Entscheidende die richtige Einstellung. Am besten kannst du den richtigen Mindset mit dem eines Kindes vergleichen: neugierig, enthusiastisch, ohne die Angst, Fehler zu machen.

SCHWIERIGKEITEN BEIM PROZESS

Manche Menschen erleben die Phase der Ideenentwicklung auch als anstrengend und frustrierend. Stelle dich darauf ein, dass es auch solche Momente geben wird: Blockaden, Engpässe, Sackgassen. Das ist ganz normal. Folgende Tricks helfen dir, trotzdem die Lust nicht zu verlieren und weiterzumachen:

MACHE FORDERNDE PAUSEN:
Wenn du nicht weiterkommst, dann unterbreche die Übung und mache eine Pause. Wissenschaftliche Studien haben gezeigt, dass sehr viel mehr Ideen entstehen, wenn die Pause nicht zur Entspannung genutzt wird, sondern der Geist auf eine andere Weise gefordert wird, zum Beispiel mit einem Sudoku.

DREHE LOOPINGS:
Die folgenden Tools sind so angelegt, dass Wiederholungen einkalkuliert sind. Was beim ersten Mal nicht geklappt hat, kann beim zweiten oder dritten Mal erfolgreich sein. Unser Tipp: Mach die Übungen erst einmal in der Reihenfolge, die wir vorschlagen und wiederhole dann einzelne Schritte noch einmal, gerade wenn es beim ersten Durchgang nur wenige Ergebnisse gab.

DIE FARBE GRÜN:
Studien haben gezeigt, dass das menschliche Gehirn mehr Ideen produziert, wenn es viel Grün sieht. In Versuchsräumen mit unterschiedlichen Wandfarben erzielten Probanden in einem grünen Raum deutlich bessere Ergebnisse als in den anderen Räumen. Wenn du also drinnen gearbeitet hast und nicht vorankommst, geh nach draußen in die Natur – es sei denn, deine Wände sind schon grün gestrichen.

INSPIRATION:
Auf Seite 172 haben wir dir unsere persönlichen Inspirationsquellen zusammengefasst. Probier einfach aus, was dich spontan anspricht!

TESTIMONIAL DESIGN YOUR LIFE

Vom Werbeexperten zum Hochzeitsplaner

Eigentlich lief alles perfekt. Nach dem Studium des Kommunikationsdesigns gelang Marco Fuß der Einstieg bei einer großen Agentur. „Für mich war das der Hauptgewinn. Ich wollte immer in die Werbebranche gehen und als Art Director arbeiten", erzählt Fuß. Heute, im Rückblick, klingt sein Werdegang dann auch wie eine durchgehende Erfolgsstory: So wird Fuß etwa mit dem Nachwuchspreis des Art Directors Club geehrt und seine Agentur erhielt die Auszeichnung des Goldenen Löwen in Cannes. „Eigentlich war das immer mein Traumberuf", so Fuß und holt dann zum „aber" aus. „Irgendwann nahm der Job dann überhand und bestimmte mein Leben."

WERTSCHÄTZUNG FÜR DAS GELEISTETE

Daran, dass dieser Beruf ein Knochenjob sein kann, hatte er sich gewöhnt. Und solange die Leidenschaft da war, steckte er das auch locker weg. Das änderte sich aber irgendwann. Die Freude an neuen Herausforderungen wich mehr und mehr einer Unzufriedenheit und dem Unmut über seine Aufgaben. Durch Zufall half er in dieser Zeit einem Bekannten bei der Planung einer Hochzeit. Viele seiner Fähigkeiten als Art Direktor konnte er dafür perfekt einbringen. „Endlich konnte ich meine Kreativität und meine Managementfähigkeiten für eine Sache einbringen, die Sinn macht." Und er bekam dafür die Wertschätzung, die im harten Agenturgeschäft oft auf der Strecke geblieben ist. „Die Dankbarkeit der Braut für die gelungene Hochzeit hat mich wirklich total überrascht und mir zugleich gezeigt, was mir in meinem Job fehlt", so Fuß.

Marco Fuß

ERZWUNGENE AUSZEIT

Im Job läuft es für Fuß jedoch in eine vollkommen andere Richtung. Ein Bandscheibenvorfall zwingt ihn in eine Auszeit. Fuß sieht dies als Chance, um sich endlich Klarheit zu verschaffen, wie es beruflich für ihn weitergehen soll. „Endlich hatte ich Zeit, die Dinge zu sortieren und über alles nachzudenken", erzählt er. „Mit 40 stand ich an einem Punkt, an dem ich nichts mehr aufschieben wollte." Fuß trennt sich von seinem Arbeitgeber und besinnt sich wieder auf das Erlebnis als Hochzeitsplaner. Auch seine eigene Hochzeit nahm er in die Hand und machte sie zu einem unvergesslichen Erlebnis. In einem Seminar für Existenzgründer fällt dann der Entschluss, es zu probieren und sich als Hochzeitsplaner selbstständig zu machen. „Das Leben ist zu kurz, als dass ich es nicht versuchen will", so sein Credo.

UNVERGESSLICHE ERLEBNISSE

2010 gründet er „Gleich & Gleich" und spezialisiert sich zunächst auf Hochzeiten für gleichgeschlechtliche Paare. „Heute zählen aber mindestens ebenso viele Hetero-Paare zu meinem Kundenstamm", erzählt Fuß. Und wenn ihm zu seinen Agentur-Zeiten oft die positive Rückmeldung auf seine Arbeit fehlte, so wird er von seinen Kunden heute regelrecht mit Dankbarkeit überschüttet. „Für mich ist dieses Feedback jedes Mal eine Bestätigung, den richtigen Weg gegangen zu sein", berichtet Fuß. „Und ein unvergessliches und individuelles Erlebnis für Menschen zu schaffen, ist viel befriedigender als einen TV-Spot." Seit der Gründung sind ein paar Jahre vergangen und das Geschäft läuft gut. Auch wenn er noch nicht sagen würde, dass er finanziell schon wieder auf dem Niveau von früher ist. „Dafür habe ich heute viel mehr Zeit für Hobbys und soziale Kontakte. Das bedeutet mir viel, weil ich weiß, wie es ist, diese Zeit nicht zu haben." Heute würde er sich die Sinnfrage viel früher im Leben stellen: „Ist mein Job wirklich das, was ich gerne und gut mache? Denn um einfach nur Geld zu verdienen, ist das Leben zu schade", so Fuß. „Hochzeitsplaner ist mein Traumberuf. Letztlich war es Schicksal, dass mein Weg mich bis hierhin geführt hat."

KAPITEL 4   DESIGN YOUR LIFE

Job-Bingo

Das brauchst du für die Übung

Ein Blatt Papier, einen Stift und eine Schere.

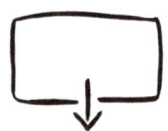

Jendrik Busch

NEUE JOBS IM MUSTER 6 + 6

Starte deine Ideenentwicklung mit dem Job-Bingo! Das Prinzip ist einfach aber effektiv: Fülle das Bingo-Raster mit Ergebnissen aus dem letzten Kapitel und lege zufällige Kombinationen. So entstehen Jobs, auf die du selbst vielleicht niemals gekommen wärst. Und manchmal steckt im größten Unsinn genau der Sinn, nach dem du vielleicht schon lange gesucht hast. Wie ein Job-Bingo aussehen kann, zeigen wir dir am Beispiel von Jendrik. Er hat die Kombination „Auto – Verantwortung – Gastronomie – werktags – mit Frau – pragmatisch" in seinem Job-Bingo geschaffen. In einem nächsten Schritt hat er sich überlegt, welche Job-Idee aus der Kombination entstehen kann und ist auf ein spannendes Ergebnis gekommen.

JENDRIKS IDEE: Ich gründe einen Food-Truck! Ein Food Truck ist schließlich Gastronomie auf Rädern. Das Geschäftsmodel ist einfach: Was mit Eis im Sommer klappt, sollte doch auch mit anderen Lebensmitteln funktionieren, zumal sich ein Burger oder eine Pizza auch zu anderen Jahreszeiten noch gut verkaufen lassen. Die Formel für eine erfolgreiche Umsetzung ist denkbar einfach: Man benötigt hungrige Menschen und einen Ort, an dem es in der Regel keine Gastronomie gibt. In Verbindung mit einem hohen Qualitätsanspruch und guten kommunikativen Fähigkeiten kann daraus eine sinnvolle Tätigkeit entstehen. Als Italien- und Pizza-Fan könnte ich mir vorstellen, mit meiner Ehefrau einen roten Oldtimer-Bus zu einer mobilen Pizzeria umzubauen und dann im Steinofen die „beste Pizza in der ganzen Stadt" zu backen.

DEINE AUFGABE: SPIELE EINE RUNDE JOB-BINGO!

SCHRITT 1

Verwende den Vordruck auf unserer Website oder übertrage das Bingo-Raster selbst auf ein Blatt Papier. Jede Spalte erhält dann eine der sechs Überschriften „Arbeitsort", „Tätigkeiten", „Arbeitsinhalte", „Arbeitszeit", „Mit wem?" und „Emotionen".

SCHRITT 2

Schreibe jetzt in jede Spalte mögliche Wörter. Orientiere dich an den Ergebnissen von deiner „Sammel"-Wall. Bei Tätigkeiten schreibst du also sechs unterschiedliche Tätigkeiten auf, die deinen Interessen und Stärken entsprechen.

SCHRITT 3

Schneide jetzt Felder deines Job-Bingos aus und sortiere sie je nach Spalte zu kleinen Haufen. Beispiel: Alle Wörter, aus der Spalte „Arbeitsort" sollten in einem Haufen liegen. Drehe alle Zettel um, damit du nicht lesen kannst, was darauf steht und bilde neue Zeilen, indem du aus jedem Haufen zufällig irgendeinen Zettel nimmst. Erstelle aus diesen Kombinationen

GESTALTE NEUE IDEEN KAPITEL 4

ARBEITSORT	TÄTIGKEIT	ARBEITSINHALTE	ARBEITSZEIT	MIT WEM?	EMOTIONEN
NATUR	PRÄSENTIEREN	VERKEHR	TAGSÜBER	ALLEINE	EHRLICH!
EINZELBÜRO	SCHREIBEN	AUTOMOBIL	LANGFRISTIG	MIT PARTNER	HUMORVOLL
AUTO	KONZEPTE ERSTELLEN	MUSIK	REGELMÄSSIG	MIT FREUNDEN/VERWANDTEN	KREATIV
ZU HAUSE	KONZEPTE UMSETZEN	GASTRONOMIE	SPONTAN	MIT FRAU	PERFEKTIONISTISCH
POINT OF SALE	ENTSCHEIDUNG TREFFEN	VERANSTALTUNG	WERKTAGS	MIT KUNDEN/GÄSTEN	PRAGMATISCH
BEIM KUNDEN	VERANTWORTUNG ÜBERNEHMEN	KINDER/JUGENDLICHE	SAISONAL	MIT KINDERN	SINNVOLL

Ergebniszeilen, so wie Jendrik es gemacht hat. Somit hast du am Ende sechs neue Job-Kombinationen.

SCHRITT 4
Versuche nun aus jeder der so entstandenen Job-Beschreibungen mindestens einen realen Job zu entwickeln. Jendrik zum Beispiel hat aus seiner ersten Wortreihe die Idee mit dem Food-Truck entwickelt. Du solltest mindestens sechs Jobs erschaffen, wenn möglich sogar mehr!

SCHRITT 5
Bringe alle deine Kreationen in das Zukunftsfeld auf deiner Wall! Wir werden ab Seite 168 mit diesen Jobs weiterarbeiten. Mach dir keine Sorgen, wenn die Ergebnisse erst mal keinen Sinn zu ergeben scheinen. Das ist Absicht! Denk einfach an Walt Disney: Der Realist und der Kritiker kommen noch, im Moment bist du der Träumer!

JOB-BINGO

Nein to Five

ALTERNATIVEN ZUM KLASSISCHEN ANGESTELLTENVERHÄLTNIS

Wir werden oft gefragt, ob wir uns eigentlich als Gründer-Plattform verstehen. Die Antwort ist ein klares Jein, denn unser Ansatz ist vollkommen ergebnisoffen und wir lenken niemanden in eine bestimmte Richtung, tatsächlich wenden sich aber viele Teilnehmer unserer Workshops von einem klassischen Angestelltenverhältnis ab. Wir zeigen, wie viele Alternativen inzwischen zum „normalen Angestelltenverhältnis" existieren. Arbeit ist heute viel bunter als sie noch vor 20 Jahren war. Das Wissen um diese Vielfalt ist bei vielen aber oft noch nicht angekommen. Wie auch immer du also deine Zukunft gestalten willst, denk doch mal darüber nach, ob eine der folgenden Arbeitsformen für dich infrage kommen könnte.

DIE SOLO-SELBSTSTÄNDIGEN

Ursprünglich hatte der Gesetzgeber die Selbstständigkeit für einen kleinen Kreis von Menschen vorgesehen: für Handwerker, Juristen und ein paar andere „freie Berufe". Mittlerweile wagen laut Bundesministerium für Wirtschaft jährlich rund 300.000 Gründer den Schritt in die Unabhängigkeit und nutzen die Vorteile, die ihnen dieses Modell bietet: selbstbestimmte Arbeit und Arbeitszeiten, Honorar statt Gehalt, Flexibilität und Freiheit. Einige sind als Klein- oder Kleinstunternehmer unterwegs und haben stark schwankende Einnahmen. Andere verdienen solo mit der gleichen Tätigkeit mehr als im Angestelltenverhältnis. Außerdem gründen mehr als 400.000 Menschen im Nebenerwerb und üben ihre Selbstständigkeit neben ihrem regulären Job aus.

DIE POLYJOBBER

Gerhard Raith hat lange als Controller für unterschiedliche Unternehmen gearbeitet. Er war unglücklich in seinem Job und begann daraufhin, samstags in einem Frisörsalon auszuhelfen. Die Begeisterung für das Friseurhandwerk ließ nicht nach, und auf den Aushilfsjob folgten Lehre und Meisterschule. Heute arbeitet Gerhard als Frisör, allerdings nur drei Tage die Woche. Einen Tag pro Woche übt er seinen alten Beruf aus und ist sehr glücklich damit: „Die richtige Dosis ist entscheidend: Fünf Tage waren die Hölle, aber ein Tag macht mir total Spaß und ist ein super Ausgleich zum Salon." Seit ein paar Jahren ist noch ein dritter Job dazugekommen. Als Visagist stylt er Models für Shootings. Aufträge hat er zwar nur circa einmal im Monat, aber mit diesem dritten Job hat Gerhard ein ausgeglichenes Job-Portfolio für sich geschaffen.
Genau wie Gerhard Raith machen es heute viele Menschen auf dem Arbeitsmarkt. Sie kombinieren völlig unterschiedliche Jobs und sorgen damit nicht nur für ökonomische Sicherheit – wenn ein Bereich nicht läuft, hat man ja immer noch mehrere andere – sondern auch für Zufriedenheit. Denn sie gehen ihren völlig unterschiedlichen Interessen nach und verdienen Geld mit ihnen. Morgens einen festen Job in einem Büro und nachmittags etwas ganz anderes: Polyjobber haben ein sehr vielfältiges Arbeitsleben.

DIE UNTERNEHMER

Nie war es einfacher, seine Fähigkeiten als Unternehmer zu schulen als heute. Dank des Internets sind Informationen viel leichter zugänglich und Kunden können direkt und gezielt angesprochen werden. Das Kapital, das heute benötigt wird, um ein Unternehmen zu gründen, ist meist überschaubar. Zum anderen gibt es eine ganze Industrie von Investoren und Unterstützern, die Start-ups die nötigen Mittel – oft gegen eine Unternehmensbeteiligung – zukommen lassen. Auch wenn du denkst: „Das ist nichts für mich!", möchten wir dich ermutigen, über eine Gründung nachzudenken. Eine gute Idee und ein klar umrissenes Geschäftsmodell genügen: Gründen kann sehr einfach sein!

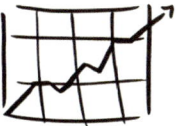

DIE TEILZEIT-ARBEITNEHMER

Eine weitere Revolution hat es auf einem anderen Gebiet der Arbeit gegeben: der Arbeitszeit. Langsam, aber sicher ist es in fast allen Branchen möglich geworden, auf Teilzeit zu reduzieren. Die Gründe dafür sind unterschiedlich, mal geht es um die Kinder oder die Pflege eines Angehörigen, mal um den Wunsch nach mehr Zeit für persönliche Herzensprojekte. Laut Statistischem Bundesamt wird über ein Viertel aller Arbeitsstellen in Teilzeit ausgeübt. Deutschland liegt damit deutlich über dem EU-Mittelwert von 19 Prozent. Allerdings besteht ein signifikanter Unterschied zwischen Männern und Frauen. Während nur 9 Prozent der Männer in Teilzeit arbeiten, sind es 45 Prozent der Frauen. Und noch deutlicher wird das bei Eltern: sechs Prozent der Väter stehen 69 Prozent der Mütter gegenüber, die weniger als 32 Stunden pro Woche arbeiten! Dabei bergen eine Vier-Tage-Woche oder ein Sechs-Stunden-Tag viele Chancen und Möglichkeiten in sich. Auf Seite 226 stellen wir dir Sandra Spinneken vor: Sie verbindet eine feste Stelle in einer Stiftung mit einem ehrenamtlichen Tag pro Woche auf dem Bauernhof!

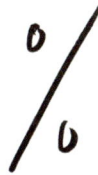

DIGITALE NOMADEN

Vom Strand aus arbeiten? Dank Internet ist Arbeit längst nicht mehr orts- und zeitgebunden. Für viele Menschen bedeutet das die Chance, dort zu leben und zu arbeiten, wo sie möchten: Im Café oder im Home-Office. Tatsächlich lässt sich das ortsunabhängige Arbeiten noch größer denken: Wenn ich überall arbeiten kann, warum dann nicht an einen Ort ziehen, der mir alles bietet, was ich brauche? Simone Sauter zum Beispiel arbeitet als Bloggerin und Coach momentan auf Bali. Nebenbei nimmt sie Aufträge als Lektorin und Übersetzerin an und sitzt dabei an ihrem persönlichen Traumstrand! Simones ganze Geschichte findest du auf den folgenden Seiten.

TESTIMONIAL   DESIGN YOUR LIFE

Von der Managerin zur Liebeskummer-Coachin

Simone Sauter arbeitet nicht mehr, sie lebt. „Arbeit ist so ein negativ konnotiertes Wort. Das klingt als bräuchte ich Urlaub davon", sagt sie und muss grinsen.

ALLES HAT MIT LIEBESKUMMER ANGEFANGEN...

Das war nicht immer so, denn die 31-Jährige war jahrelang angestellt, hat in mehreren Ländern bei Global Playern und Start-ups gearbeitet. Bis zu dem Tag, an dem sie nach einer zehnjährigen Beziehung von heute auf morgen verlassen wurde. Ein einschneidendes Erlebnis, wie sie sagt, denn sie wollte diesen Mann heiraten und eine Familie mit ihm gründen.

Über zwei Jahre hat die Social Media-Managerin gebraucht, um über die Trennung hinwegzukommen. In diesen zwei Jahren bestand ihr einziges Ziel darin, ihren Ex-Partner zurückzugewinnen.

„In Malaysia, als ich einen Monat alleine gereist bin, hatte ich einen Moment, an dessen Gefühl ich mich sehr genau erinnere: Ich war frei, der Liebeskummer endlich besiegt. Nur dann war die Frage: Was jetzt? – Ein neues Lebenskonzept musste her!"

Simone Sauter

DIGITALES NOMADENTUM: ORTSUNABHÄNGIG LEBEN UND ARBEITEN

Schon vor ihrer Malaysiareise war Simone Sauter mäßig glücklich in ihrem 9-5-Job und in München. Sie wusste, etwas muss sich ändern, die Frage war nur was. „Ich glaube nicht an Zufälle, sondern eher daran, dass When the student is ready, the teacher will appear".

Und so kam es, dass sie kaum eine Woche zu Hause war, und ein Interview mit einer Frau gelesen hat, die sie nachhaltig inspirieren sollte.

„Ortsunabhängig arbeiten und leben, das will ich auch, habe ich mir gedacht. Und dann kam eigentlich ein Schritt nach dem anderen. Ich habe mich durch den Artikel geklickt, Onlinekurse belegt, Bücher gelesen."

FINDE DEINE LEIDENSCHAFT

Die größte Herausforderung für sie war, ihre Leidenschaft zu finden. „Wenn du etwas mit Leidenschaft machst, dann fühlt es sich auch nicht an wie Arbeit. Aber genau dieses Finden hat für mich am längsten gedauert."

Simone Sauter hat sich hingesetzt und bewusst eine Liste geschrieben, mit ihren Stärken und Schwächen. Vor allem aber mit den Aspekten in ihrem Leben, die sie glücklich machen und was ihr neues Lebenskonzept beinhalten sollte:

Mehrwert bieten. Gebraucht werden. Mit Menschen arbeiten, ihnen helfen, sie motivieren, für sie da sein. Reisen. Andere Kulturen erleben. Mehr Fremdsprachen lernen und sprechen. Unabhängig und eigenverantwortlich arbeiten.

EIN ‚DANKE FÜR ALLES' IST MEINE MOTIVATION
„Nachdem ich wusste, was ich brauche, um glücklich zu sein, habe ich mich gefragt, was ich gut kann und worum ich oft um Rat gefragt wurde. Da ist mir aufgefallen, wie oft ich zu meiner Bewältigungsstrategie bezüglich meiner Trennung befragt wurde, und vor allem wie vielen Freundinnen und Bekannten ich helfen konnte!" Und so wurde Dating Rocks geboren, eine Plattform für Frauen, die gerade eine Trennung erleben.

Heute coacht die Jungunternehmerin Frauen, die verlassen wurden und hilft ihnen die Trennung zu überwinden, sich selbst zu finden und wieder glücklich zu werden. Auf ihrem Blog finden Frauen alles rund um die Themen Trennung, Selbstfindung, Liebe und Partnersuche.

„Zu sehen und zu hören, dass ich Frauen mit meinem Wissen und meiner Erfahrung helfen kann, erfüllt mich. Ein ‚Danke für alles!' ist meine Motivation jeden Tag aufzustehen und das zu tun, was ich tue. Ich liebe es!"

EIN ZWEITES STANDBEIN LOHNT SICH
Selbstständig zu sein bedeutet auch immer mit finanziellen Unsicherheiten umgehen zu müssen. Um diesen Druck etwas zu mildern, hat sich Simone Sauter zeitgleich dazu entschieden auch als Freelancer zu arbeiten und das zu tun, was sie in ihrer bisherigen Laufbahn auch getan hat: Social Media-Beratung, Übersetzungen und Lektorieren.

„Mit dieser Kombination habe ich mir mein ziemlich perfektes Berufsleben erschaffen. Und trotz allen Herausforderungen, die ich meistern musste, ich würde es wieder tun. Und ich würde es auch jedem empfehlen, der genug Biss und Durchhaltevermögen hat!"

Erschaffe deine Arbeit!

Georgs komplette Geschichte findest du auf Seite 228.

ZWISCHEN MEDIZIN UND COMIC-KUNST

Georg von Westphalen hat seit frühester Jugend einen große Leidenschaft: Er zeichnet Comics. Daraus einen Job zu machen, kam für ihn aber lange nicht infrage. Zu schwierig sei es, allein davon zu leben. Er entschied sich daher für ein Medizinstudium und machte anschließend bei einem Online-Ärzte-Portal Karriere. Der Job dort liegt ihm, er fordert ihn und macht ihm Spaß. Dennoch ließ ihn die alte Leidenschaft nie los. Immer stärker wurde das Bedürfnis, mehr Zeit für die Kunst zu haben. Mit einem Vollzeitjob war das aber nicht möglich. Georg entschied sich daher, auf eine Dreitagewoche zu reduzieren und sich in den verbleibenden zwei Tagen seiner anderen Leidenschaft zu widmen. Das Modell hat sich bewährt: Sein regelmäßiges Einkommen erzielt er über seinen Bürojob und kann sich dadurch beim Zeichnen auf die Projekte konzentrieren, die ihm am Herzen liegen.

ALLES ODER NICHTS?

So wie Georg von Westphalen geht es vielen Menschen. Sie haben mehr als nur eine Leidenschaft und oft genügend Talente, um mindestens drei Berufe ausüben zu können. Nur die wenigsten haben aber die Möglichkeit, diese Vielfalt auch zu auszuleben. Oft läuft es darauf hinaus, dass in einem Beruf nur ein kleiner Teil unseres Potenzials abgefragt wird. Der Rest wird entweder nicht genutzt oder am Wochenende oder im Feierabend als Hobby ausgelebt. Muss das so sein? Wir finden: Nein! Und das Beispiel von Georg bestätigt das. Er hat ein Life-Design gefunden, in dem er sich nicht zwischen Medizin und Comic-Kunst entscheiden muss. Er lebt beide Seiten gleichberechtigt aus. Warum sollte das nicht auch für Menschen gelten, die zum Beispiel gerne mit Kindern arbeiten und gleichzeitig eine Leidenschaft für Rotweine und ein Talent fürs Programmieren haben? Oder für den KFZ-Techniker, der seinen Beruf liebt, aber genauso gerne malt und Blumen züchtet?

MASSENWARE ODER MASSANFERTIGUNG?
Unsere Erfahrung zeigt, dass die meisten Menschen, die ihren Job ändern wollen, zunächst nach Berufen suchen, die es bereits gibt. Wer etwa gerne mit Tieren arbeitet, sucht nach Jobs wie Tierarzt, Tierpfleger oder Landwirt. Worin wir dich aber bestärken wollen, ist das Design neuer Jobs. Linda Kozlowski, Strategin beim kalifornischen Sofware-Unternehmen Evernote, brachte es in einem Interview wie folgt auf den Punkt: „Immer mehr Menschen erfüllen sich ihre eigenen Träume und passen ihre Arbeit ihren Wünschen an. Sie erschaffen sich ihre eigene Arbeitswelt – ganz nach ihren Bedürfnissen." Im Vergleich zu einem Job „von der Stange" suchen sie eine Maßanfertigung, die auf sie zugeschnitten ist. Wir sind davon überzeugt, dass in Zukunft immer mehr Menschen nicht mehr nach „fertigen" Jobs suchen, sondern ihre Berufe selbst gestalten werden; und zwar nach Kriterien, die ihren Interessen, Talenten, Leidenschaften und Idealen entsprechen."

PatchWork

ARBEIT SO BUNT WIE DEIN LEBEN

Für das Design maßgefertigter Jobs haben wir „PatchWork" entwickelt. Ein Tool, das die Vielfalt deiner Persönlichkeit in individuelles Life-Design überführt. Die Grundidee hinter „PatchWork" ist folgende: Das weiße Quadrat stellt dein Leben dar. Es ist noch völlig leer und offen. Du kannst es nun mit all den Dingen befüllen, die dein Leben erfüllen. Stelle dir dafür vor, du wärst Designer und könntest ein Leben nach deinen ganz individuellen Vorstellungen entwerfen. Welche Tätigkeiten kämen darin vor? Welche Themen würden eine Rolle spielen? Welche Werte würden dein Leben bestimmen? Wie das funktioniert zeigen wir dir am Beispiel von Simone, Georg und Mark.

SCHRITT 1
Wähle die Talente, Interessen und Werte aus, die in deinem Life-Design eine Rolle spielen sollen. Sie sind die Bausteine für dein Gesamtbild.

SCHRITT 2
Fülle dein Leben aus! Überführe hierfür die Bausteine, die dir wichtig sind, in das Quadrat.

SCHRITT 3
Versuche nun, aus den einzelnen Bausteinen beziehungsweise Feldern im Quadrat, Jobs zu kreieren.

**Georg
von Westphalen**

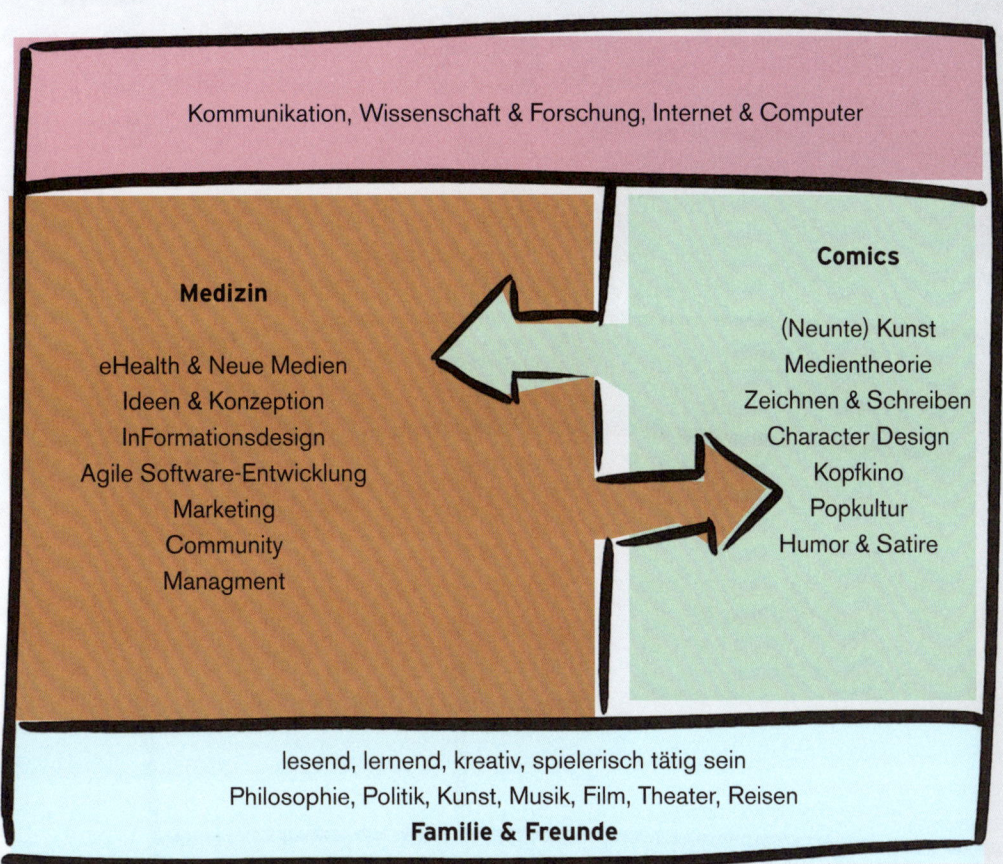

SO INTERPRETIERT GEORG VON WESTPHALEN SEIN PATCHWORK

Simones PatchWork

Simone Sauter

Mit Menschen arbeiten
Menschen weiterhelfen
Motivieren
Schreiben
Zuhören
Beraten
Reden
Präsentieren

Social Media
Lesen
Lektorieren

Sprachen lernen
Fremdsprache sprechen
Reisen/im Ausland leben
Internationale Freundschaften
Fremde Kulturen kennen lernen
Eigenverantwortung
Freiheit/Unhabhängigkeit

Neues Lernen
Persönlich
weiterentwickeln

ORTSUNABHÄNGIG ARBEITEN

DATING ROCKS

SIMONE SAUTER COMMUNICATIONS

WEITERBILDUNGEN

Marcs PatchWork

Benachteiligten Jungendlichen helfen
Theoretisches/Wissenschaftliches Interesse
Veränderung bewirken

Geld verdienen
Mit Kindern und Jugendlichen arbeiten
Erziehen und unterrichten
Benachteiligten Jugendlichen helfen

Partnerschaft, Freundschaft, Familie
Sport und Gesundheit
Stadtleben mit Kultur und Freizeit
Lesen, Philosophie, Weiterbilden Psychologie

Marc Schemmann

HOBBYS UND INTERESSEN　　**FREIES ENGAGEMENT**　　**LEHRER/ SONDERPÄDAGOGE**

Dein PatchWork

JETZT BIST DRAN: GESTALTE DEIN EIGENES JOB-DESIGN!
Nachdem du Simones, Georgs und Marks individuelles Life-Design kennen gelernt hast, bist jetzt du dran. Gestalte mit „PatchWork" dein individuelles Design.

Das brauchst du für die Übung
Papier oder Pappe, bunte Stifte.

DEINE AUFGABE

SCHRITT 1

Bestimme das Baumaterial!
Definiere zunächst dein Baumaterial. Das sind die Dinge, die du am Ende von Kapitel 3 auf die Zukunftsseite deiner Wall gezogen hast. Deine Talente, Interessen, Werte und die Rahmenbedingungen für deine künftige Arbeit. Sie bilden die Bausteine, aus denen dein PatchWork besteht.

SCHRITT 2

Entwerfe ein Gesamtbild!
Nimm dir dein Baumaterial vor und überführe die Bausteine, die dir wichtig sind, in das Quadrat. Je größer du den Baustein in dein Quadrat einzeichnest, desto wichtiger ist er dir. Je mehr Bausteine du integrieren möchtest, desto bunter das Bild.

Beispiel: Ein Baustein könnte lauten „In und mit der Natur arbeiten". Frage dich nun: Wie groß soll dieser Aspekt in meinen Life-Design vertreten sein, ein Drittel oder vielleicht sogar die Hälfte des Quadrats? Zeichne den Anteil von „In und mit der Natur arbeiten" nun in das weiße Quadrat. Verfahre so, bis dein Quadrat vollkommen ausgefüllt ist.

SCHRITT 3

Versuche nun aus den einzelnen Bausteinen/Feldern in dem Quadrat, Jobs zu kreieren. Sei kreativ und kombiniere die einzelnen Felder zu vielen neuen Job-Ideen oder mache aus allen Aspekten einen einzigen Job. Wichtig: Nicht jeder Aspekt muss in einem Job münden! Aus manchen Flächen deines Quadrates kann auch ein Hobby oder eine ehrenamtliche Tätigkeit werden.

Beispiel: Zwei Bausteine könnten lauten: „Kinder unterrichten" und „Computer/IT". Frage dich nun: Wie könnte ich aus dieser Kombination einen Job designen? Eine Idee könnte etwa sein, dass du Programmierkurse für Kinder anbietest. Oder du programmierst Lernsoftware für Kinder.

Versuche, alle möglichen Kombinationen durchzuspielen. Dabei gibt es eigentlich nichts, was sich nicht kombinieren ließe. Ein Teilnehmer unserer Workshops hat zum Beispiel die vier Bausteine „Kochen/Gastronomie", „Holz-Handwerk", „Antiquitäten" und „Soziales Engagement für Jugendliche" zu folgendem Job-Design zusammengefügt: Ein Restaurant, das mit alten Tischen und Stühlen möbliert ist, die von jugendlichen Straftätern restauriert und aufgearbeitet werden. Alle Möbel können von den Gästen auch gekauft und mit nach Hause genommen werden. Notiere dir alle Kombinationen, die du aus deinen Bausteinen entworfen hast auf einem Blatt Papier. Versuche, mindestens vier Ideen zu entwerfen.

SCHRITT 4
Die entstandenen Kombinationen (Job-Ideen ebenso wie Ideen für Volunteering etc.) kannst du jetzt auf deine Wall übertragen.

Menschen, wie sie wirklich sind.    Menschen, wie sie in Stellenanzeigen gesucht werden.

DAS SCHWARZE QUADRAT!
Wenn du dir dein „PatchWork" anschaust, siehst du wie bunt Arbeit sein kann. Letztlich so bunt, und vielfältig wie deine Persönlichkeit. Die meisten Jobs sind leider das genaue Gegenteil. Sie sind eher schwarze Quadrate: eintönig und in einer Stellenausschreibungen in ein paar Sätzen schnell umrissen. Wir glauben, dass diese schwarzen Quadrate leider viel zu wenig von dem integrieren, was ein Mensch als komplexe Persönlichkeit mitbringen und einbringen kann. Im alten Bild der Work-Life-Balance haben Menschen das schwarze Quadrat dann durch umso buntere Hobbys ausgeglichen. Nach der Arbeit wurden wir alle zu Rennradfahrern, Fotografen oder DJs, haben Hilfsprojekte als Ehrenamtliche begleitet und uns in Vereinen, Kirchengemeinden und Organisationen engagiert. Im Work-Life-Romance-Verständnis bildet das alles unser Arbeits-Leben ab: Wir entscheiden uns bewusst, was Job ist und was Hobby, was ausgebaut und was zurückgefahren wird. Genau dieser Gestaltungsfreiraum ist der Mindset des Life-Designers.

WER KENNT WEN?

Erinnerst du dich noch an deine persönliche Stellenausschreibung von Seite 132? Sie müsste an deiner Wall hängen. Nimm Sie dir noch einmal vor, denn wir arbeiten an dieser Stelle mit ihr weiter. Wusstest du, dass ein Viertel aller Jobs über Beziehungen vergeben werden? Die meisten Stellen sind eigentlich schon lange weg, bevor sie ausgeschrieben werden. „Ich kenne da jemanden" kann in bestimmten Fällen mehr wert sein als ein 1,0-Abschluss von einer tollen Universität, Sprachkenntnisse oder Zusatz-Qualifikationen. Im deutschsprachigen Raum spielen diese sozialen Faktoren eine größere Rolle als alles andere bei der Jobsuche.

HOL DIR DIE IDEEN DEINER FREUNDE

Gleichzeitig ist dein Netzwerk aber auch ein wichtiger Ideenlieferant. Warum solltest du alleine über deiner beruflichen Zukunft grübeln? Deine Freunde und Unterstützer kennen dich, außerdem denken sie wahrscheinlich noch einmal in ganz andere Richtungen als du. Also ist es nur vernünftig, wenn du sie an dieser Stelle in die Ideenfindung einbindest. Wichtig: Sie sind als Träumer gefragt, nicht als Kritiker oder Realisten! Das können sie später gerne übernehmen, aber jetzt geht es erst einmal darum, Ideen zu generieren.

SCHICKE DEINE PERSÖNLICHE STELLENAUSSCHREIBUNG IN DIE WELT!

Nimm deine Stellenausschreibung, mache ein Foto mit deinem Smartphone oder einer Kamera, schicke es über dein Handy (Messenger) oder per Mail an dein Team. Zu dem Foto solltest du eine kurze Erklärung schreiben und sie bitten zu überlegen, welcher Job dazu passen würde. Stimme sie darauf ein, dass sie frei und offen denken sollen, dass es erst mal nicht um möglichst realistische Ideen, sondern um Ideen an sich geht. Jede Idee und sei sie noch so abwegig oder klein, ist wichtig! Am besten nutzt du eine WhatsApp-Gruppe, sodass die Teilnehmer sich auch untereinander inspirieren können. Nimm der Sache die Ernsthaftigkeit und gehe sie spielerisch an. Mache eine Challenge daraus: Wer in der Gruppe die beste oder verrückteste Idee präsentiert, wird von dir zum Essen eingeladen.

AUSWERTUNG

Notiere jede Idee, die in dieser Gruppe entsteht. Alle Ideen, die dir mindestens im Ansatz gefallen, kommen anschließend auf deine Wall. Wenn dir eine Idee nicht ganz klar ist, frag nach! Auf der Wall sollten nur Ideen stehen, die du verstehst und mit denen du im nächsten Abschnitt weiterarbeiten kannst.

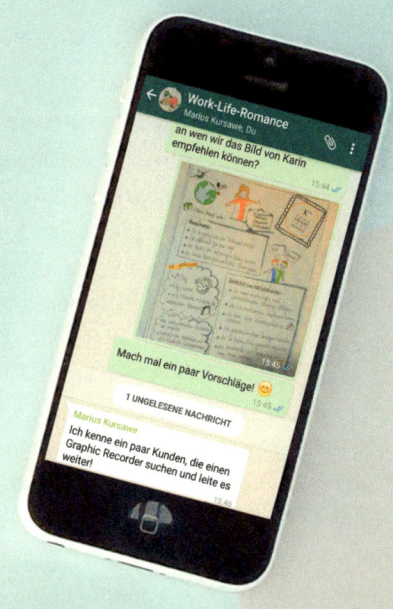

Ideen-Remix

Das brauchst du für die Übung
Stattys, Stifte, ein Blatt Papier

WAS ENTSTEHT, WENN MAN EIN CROISSANT MIT EINEM DONUT KREUZT?

Mit den letzten drei Tools hast du einige Ideen erzeugt. Falls sie dir nicht innovativ genug erscheinen, macht das nichts, denn tatsächlich sind viele der erfolgreichsten Geschäftsideen nicht wirklich „neu" gewesen, sondern eine Kombination bereits bekannter Ideen. Irgendjemand muss diese Faktoren nur zusammenbringen! So hat Dominique Ansel vor einigen Jahren die Gastro-Szene in den USA mit einer unerwarteten Erfindung aufgemischt: den Cronut. Noch nie gehört? Der Cronut ist die Kombination zweier der beliebtesten Backwaren: dem Croissant und dem Donut. Als Ansel das neue Gebäck 2013 auf den Markt brachte, bildeten sich lange Schlangen vor seinem Laden, alle wollten den Cronut probieren, der außen einem Donut gleicht, innen einem Croissant. Mittlerweile gibt es auch Cragel (Mischung aus Croissant und Bagel) oder Bruffins (Brioche und Muffin). Dasselbe Prinzip nutzen wir in diesem Tool, dem Ideen-Remix.

SCHRITT 1: Nimm all deine Ideen, die du bis jetzt erzeugt hast, von deiner Wall. Jede sollte auf einem eigenen Statty oder Post-it stehen.

SCHRITT 2: Füge je zwei Job-Ideen nach Zufallsprinzip zusammen.

SCHRITT 3: Entwickle aus jeder Zweierkombination mindestens eine neue Idee. Beispiel: Wenn die eine Idee „Gärtner" und die andere „Grafik-Designer" war, dann könnte eine Kombination lauten: „Erstellen von Visualisierungen für Gärtner als Vertriebstool". Eine andere wäre: „Wie ein Gärtner junge Grafik-Designer hegen und pflegen = Grafik-Design Schulungen für Kinder anbieten". Jede neue Idee notierst du auf ein Statty.

SCHRITT 4: Lege alle neu entstandenen Ideen zusammen und wähle die Top 5 aus, die dir am meisten zusagen.

SCHRITT 5: Überlege dir fünf zufällige Einschränkungen, wie zum Beispiel: „Will nur von zu Hause aus arbeiten", und schreibe jede auf ein Statty.

SCHRITT 6: Nimm die Top 5 und kombiniere jede einzelne Idee mit einer Einschränkung. Entwickle die Idee mit dieser Einschränkung weiter und notiere das Ergebnis auf ein neues Statty.

SCHRITT 7: Schaue dir alle neu entstandenen Ideen an und bringe die drei besten an der Job-Ideen-Liste deiner Wall an. Alle anderen gehen zurück in die Sammlung.

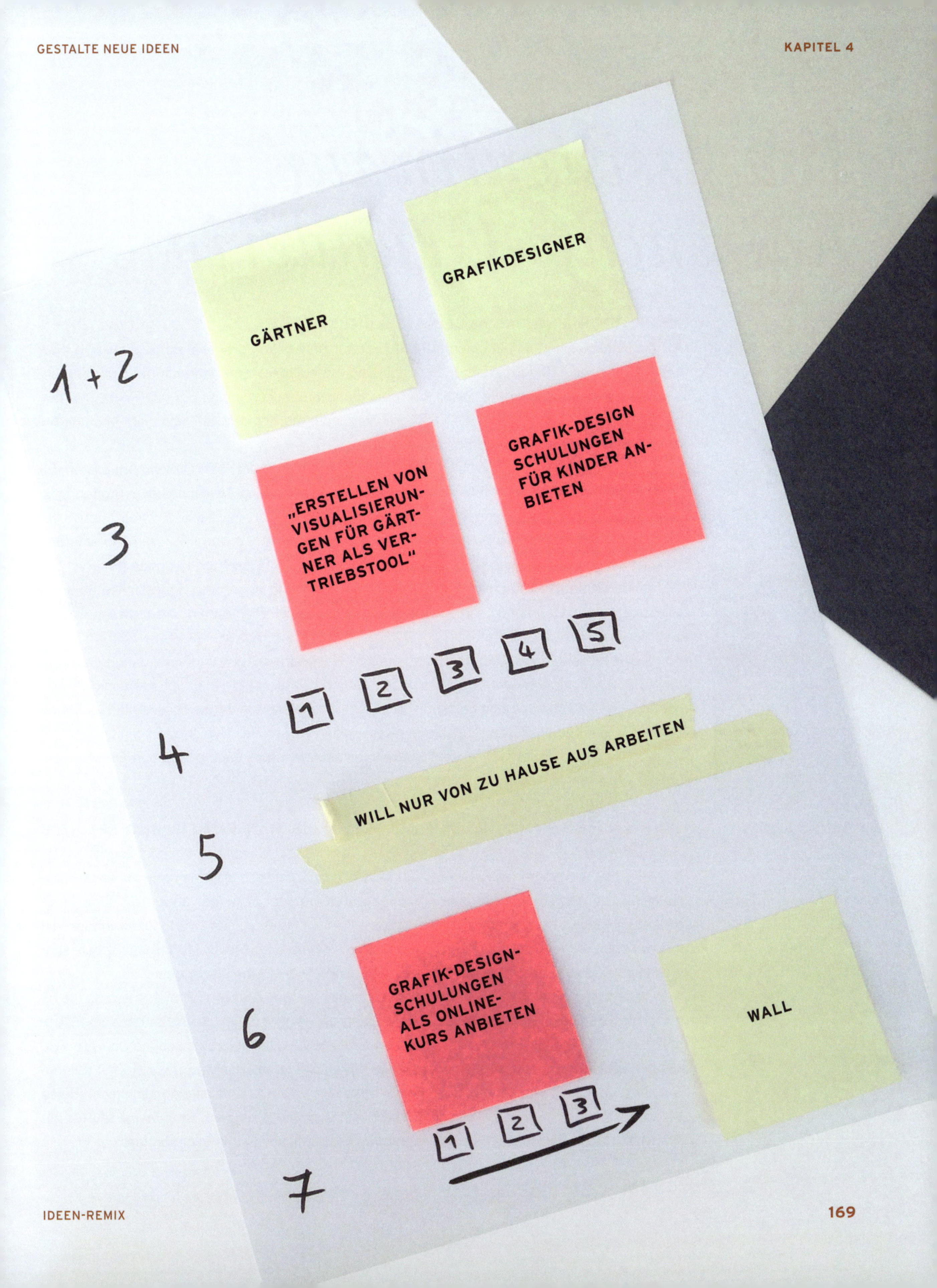

GESTALTE NEUE IDEEN KAPITEL 4

1 + 2

GÄRTNER

GRAFIKDESIGNER

3

„ERSTELLEN VON VISUALISIERUNGEN FÜR GÄRTNER ALS VERTRIEBSTOOL"

GRAFIK-DESIGN SCHULUNGEN FÜR KINDER ANBIETEN

4

1 2 3 4 5

5

WILL NUR VON ZU HAUSE AUS ARBEITEN

6

GRAFIK-DESIGN-SCHULUNGEN ALS ONLINE-KURS ANBIETEN

WALL

7

1 2 3 →

IDEEN-REMIX

Von Assistentin zur Katzencafé-Gründerin

„DIE KATZEN SIND DAS ALLEINSTELLUNGSMERKMAL"

Als die Banken sie nicht mit einem Kredit unterstützen wollten, drohte Sabrina Szabos großer Traum zu platzen. „Das Geld brauchte ich ja, und mit einer Absage hatte ich gar nicht gerechnet, weil ich die Idee selbst ja so toll fand. Die Finanzmenschen sahen nur das Risiko und fanden das alles zu verrückt." Ein herber Rückschlag, aber die Kölnerin ließ sich nicht entmutigen, ihr Vorhaben: ein Katzencafé eröffnen.

Sabrinas Motor war ihre Unzufriedenheit in ihrem alten Job. Die Diplomübersetzerin für Chinesisch und Englisch landete nach dem Studium in der China-Abteilung eines großen Düsseldorfer Versicherungskonzerns – als Management-Assistentin. Sechs Jahre blieb Sabrina auf der Stelle, orientierte sich währenddessen in Richtung Marketing und PR. „Den Job empfand ich aber als Einbahnstraße und die Pendelei von Köln nach Düsseldorf hat mich genervt." Die Jobsuche in Köln führte mittelfristig zu keinem Ergebnis. Sie begann sich Gedanken über die Selbstständigkeit zu machen, ihre Grübeleien gingen in viele Richtungen. „Irgendwann war ich auch bei einer Fengshui-Beraterin."

Sabrina Szabos

Der entscheidende Moment kam, als ihre Nachbarn, zurück von einer Japanreise, von den Katzencafés dort erzählten. „Da habe ich gemerkt – das ist die Idee. Ich habe mich sofort an den Computer gesetzt und recherchiert." Erste Zweifel kamen ihr gleich zu Anfang. „Zuerst dachte ich, das geht in Europa bestimmt nicht – allein wegen der Hygienebestimmungen." Als sie dann das Katzencafé in Wien entdeckte, war ihr sofort klar, dass es auch in Deutschland funktionieren könnte.

WENN BANKEN NICHT HELFEN WOLLEN, MUSS MAN FAMILIE UND FREUNDE FRAGEN

Parallel zur weiter laufenden Arbeit bei der Versicherung bastelte Sabrina dann an ihrem Businessplan. Die Reaktionen aus ihrem Umfeld waren geteilt. „Freunde fanden die Idee interessant und haben das unterstützt. Sie hatten ja auch mitbekommen, wie unglücklich ich mit meiner Arbeit war." In der Familie gab es andere Reaktionen. „Meine Mutter war schon sehr geschockt, dass ich bereit war, alle Sicherheit meines festen Jobs aufzugeben."

Die Vorbereitungszeit dauerte insgesamt rund ein Jahr. Als sehr hilfreich empfand sie einen lokalen Businesswettbewerb, bei dem werdende Gründer Experten und Unternehmensberatungen ihre Pläne zur Prüfung vorlegen konnten. Als der Businessplan schließlich rund war, suchte Sabrina nach einem geeigneten Ladenlokal. Nachdem klar war, dass sie mit keinem Bankenkredit kalkulieren konnte, fand sich eine andere Lösung. „Das ist eigentlich nicht meine Art, aber ich habe mir das Geld schließlich privat zusammengeliehen. Auch meine Mutter hat mich unterstützt." Sabrina steckte ihre gesamten Ersparnisse in ihr Herzensprojekt.

DESIGN YOUR LIFE   TESTIMONIAL

DAS ERSTE IHRER ART

Glück war auch dabei, urteilt sie heute. Sie kündigte, fand zeitnah ein geeignetes Ladenlokal, und informierte sich beim Veterinäramt über Bedingungen für die gleichzeitige Katzenhaltung und Lebensmittelausgabe. Die Einrichtung kaufte sie secondhand. Tierschutz ist für sie ein wesentlicher Teil ihres Konzeptes, die vier Cafébewohner Emma, Tiga, Betty und Kater Gino stammen aus einem spanischen Tierheim, serviert werden nur vegetarische und vegane Speisen. Im Januar 2014 eröffnete das Café Schnurrke in Köln.

Anders als geplant fehlte im Eröffnungstrubel für Marketing und Pressearbeit die Zeit. „Aber das Interesse war glücklicherweise sehr groß, da musste ich gar nicht viel tun", erzählt Sabrina heute. Nach den ersten Berichten kamen dann auch die Gäste. „Von dem ersten Ansturm sind wir fast überrollt worden. Das war für eine Café-Eröffnung schon sehr außergewöhnlich." Und sie ist sich sicher, dass es dafür einen eindeutigen Grund gibt: „Die Katzen sind das Alleinstellungsmerkmal. Ohne sie hätte ich auch kein Café eröffnet." Zuhause hat Sabrina noch zwei weitere. „Mich haben inzwischen schon viele nach Rat gefragt, die selbst ein Katzencafé eröffnen möchten. Aber da gehört mehr dazu, als gern Katzen zu streicheln, man muss auch Businessfrau sein", sagt sie und erklärt auch gleich: „Es ist nicht immer einfach, alles am Laufen zu halten. Zwischendurch habe ich immer mal wieder überlegt, zusätzlich einen Teilzeitjob anzunehmen, falls es finanziell mal eng werden sollte."

Von dem Weg in die Selbstständigkeit habe sie viel gelernt. Ein paar Kleinigkeiten würde sie anders organisieren, ist im Großen und Ganzen aber sehr zufrieden, sagt sie heute. „Dass man alles selbst bestimmen kann, ist sehr schön, andererseits nimmt einem auch niemand Entscheidungen ab. Aber mir gefällt das." Zukünftig möchte sie das Angebot im Café Schnurrke gern noch ausbauen: Veranstaltungen zu Katzen- und Tierschutzthemen, Lesungen und Akustikkonzerte.

BESONDERHEITEN IM CAFÉ SCHNURRKE

Die Küche ist hinter einer Glaswand, Kaltgetränke werden in einem Glas mit Strohalm serviert. Dafür sind Tiga, Emma, Betty und Gino immer ganz nah dabei. Sie können sich aber auch jederzeit in einen Ruheraum zurückziehen.

Hol dir Inspiration!

KREATIVITÄT AUF KNOPFDRUCK IST SCHWIERIG

Auf dieser Seite verraten wir dir unsere besten Inspirationstipps. Immer dann, wenn wir in einer gedanklichen Flaute stecken, kriegen wir so wieder neuen Wind in unsere Segel. Jeder Kreative kennt die Momente, an denen nichts mehr geht, wenn der Kopf leer ist und die Ideenfindung hart, ja beinahe unmöglich erscheint. Wenn du an einem solchen Punkt bist, versuch es einfach mal mit unseren Rezepten!

BEWUNDERE!

Robert: „Ich arbeite seit knapp 15 Jahren für die Bundeskunsthalle als Experte. In dieser Zeit bin ich mit Captain Cook um die Welt gesegelt, habe Grabschätze der ersten chinesischen Kaiser und von Tutanchamun gezeigt, war bei den Azteken, im British Museum und im Guggenheim, habe Georg Baselitz und Anselm Kiefer getroffen und jede Minute im Museum genossen und gelernt. Für mich ist ein Museum der perfekte Ort, meine Kreativität anzuregen. Egal ob es Bilder sind, Skulpturen oder Textilien, die beste Inspiration, die ich kenne, ist eine Ausstellung."

LASS LOS!

Marius: „Die besten Ideen habe ich vor dem Einschlafen. Mein Gehirn arbeitet am produktivsten, wenn es eigentlich schon „frei hat" und kein akutes Problem lösen muss. Manche Gedanken entfalten sich am besten, wenn man sich ihnen nicht mehr zuwendet und sie einfach loslässt. Über regelmäßige Meditation kannst du übrigens lernen, das jederzeit zu schaffen."

LIES!

Robert: „Ich liebe Bücher und lese alles! Deshalb sind Bibliotheken und Buchläden für mich Oasen der Kreativität. Am liebsten gehe ich ins Freihandmagazin großer Uni-Bibliotheken und greife mir willkürlich Bücher heraus. In jedem Buch steckt so viel Arbeit, es sind so viele Ideen eingeflossen. Sie nehmen mich mit in eine fremde Welt … und von dort aus blicke ich ganz anders auf meine aktuelle Fragestellung."

GEH INS NETZ!

Marius: „Das Internet ist eine der größten Inspirationsquellen, die ich mir vorstellen kann. Vielen interessanten Menschen folge ich über ihre Blogs oder bei Twitter und es gibt TED-Talks, die ich mir nicht oft genug anschauen kann. Diese Quelle an Ideen reißt wirklich nie ab."

FANG AN!

Marius: „Mit der Inspiration ist es manchmal so eine Sache: Wir können noch so sehr versuchen, ihr auf die Sprünge zu helfen und trotzdem kommt sie einfach nicht. Dann ist es das Beste, einfach anzufangen. Egal ob es der erste Satz eines Textes ist oder der erste Strich eines Bildes – bringe ihn hinter dich und die Ideen werden folgen."

BEWEG DICH!

Marius: „Ich habe die Erfahrung gemacht, dass es kein besseres Mittel gegen eine Gedankenblockade gibt als körperliche Bewegung. Egal, ob du Joggen gehst, Fahrrad fährst oder einfach einen Spaziergang in der Natur machst – der Knoten im Kopf löst sich ganz von alleine, wenn dein Körper aktiv wird."

ENTDECKE!

Robert: „Routine ist der Kreativitätskiller Nummer eins. Ein leichter Weg aus dem ewig gleichen Ablauf: Versuche, eine Woche lang immer unterschiedliche Routen zum selben Ziel zu nehmen. Entdecke deine Umgebung und bewege dich bewusster als sonst durch deine Nachbarschaft. Was siehst du, was du noch nie wahrgenommen hast? Welche Botschaften findest du am Wegesrand, sei es auf Werbetafeln, Graffiti oder Schildern? Durchbreche die Routine!"

LERN ETWAS NEUES!

Robert: „Wie bindest du deine Schuhe? Wahrscheinlich hast du als kleines Kind gelernt, wie es richtig geht und seitdem denkst du nicht mehr groß drüber nach! Google mal nach dem Ian-Knot oder anderen Schuhbinde-Techniken! Du wirst überrascht sein, dass es sehr viele unterschiedliche Möglichkeiten gibt. Jedes Mal, wenn du deine Schuhe bindest, kannst du das entweder automatisch machen oder dein Gehirn mit einer neuen Technik herausfordern. Ach ja, wie hältst du eigentlich einen Stift?"

Kill Your Ideas

DEINE IDEEN MÜSSEN SICH JETZT BEWÄHREN

In einem unserer Workshops haben wir Bea kennen gelernt. In einer Kaffeepause erzählte sie etwas sehr interessantes: Halb im Scherz verglich sie ihr Problem, den passenden Job zu finden, mit ihren Versuchen, den richtigen Partner zu finden. Sie berichtete, dass sie seit geraumer Zeit bei einem Dating-Portal angemeldet sei und dort auch viele Anfragen erhalte. Beas Problem: Jedes Mal wenn sich ein Mann mit ihr verabreden wolle, rudere sie zurück. Es könnte ja sein, dass ein anderer kommt, der noch besser zu ihr passt. Die Auswahl sei einfach so groß, erzählte Bea, dass sie sich einfach nicht entscheiden könne.

DIE ANGST VOR DER FALSCHEN ENTSCHEIDUNG

Das Phänomen, das Bea beschreibt, hat der Psychologe Barry Schwartz in einem anderen Kontext als „Wahlparadoxon" beschrieben. Es begegnet uns nicht nur bei der Partnersuche, sondern auch im Supermarkt vor dem Joghurt-Regal oder beim Kauf eines Kinderwagens und besagt in etwa Folgendes: Die Angst sich falsch zu entscheiden, steigt mit der Anzahl der möglichen Optionen. Oder anders gesagt: Je größer die Auswahl, desto schlechter können wir uns festlegen. In diesem Fall führen uns zu viele Optionen eher in die Sackgasse, als dass sie uns einen Weg aus ihr heraus aufzeigen.

MINIMIERE DEINE MÖGLICHKEITEN

In Phase eins dieses Kapitels hast du mit den Tools, die wir dir zur Verfügung gestellt haben, Ideen entwickelt. Es ging darum, möglichst viele Wahlmöglichkeiten zu erschaffen. Jetzt wird es darum gehen, diese Möglichkeiten einzugrenzen und eine Liste der Ideen zu haben, die wirklich gut zu dir passen. Wir stellen dir nun drei Tools vor, die dir dabei helfen. Wir beginnen mit Tool Nummer eins: „Jobs bewerben sich"

Jobs bewerben sich

ANNAS JOBS BEWERBEN SICH BEI IHR

Was wäre, wenn du dich nicht auf einen Job bewerben müsstest, sondern der Job sich bei dir? Dieser Gedanke brachte uns auf dieses Tool, mit dem wir den klassischen Bewerbungsprozess auf den Kopf stellen wollen. Anstatt dein Gegenüber von dir zu überzeugen, müsste sich nun ein Job mächtig ins Zeug legen, damit du ihn als passend erachtest. Hinter diesem Gedanken steht ein völlig anderes Selbstverständnis vom Wert deiner Arbeit, als du es vielleicht kennst. Frage dich also für die nächste Übung nicht, was du zu bieten hast, sondern was der Job dir zu bieten hat. Warum solltest du dich für ihn entscheiden? Welche Gründe sprechen für, welche gegen ihn?

In unserem Beispiel bewirbt sich gerade der Job des Karatelehrers. Zu ihm passen die Kriterien „Mit Menschen arbeiten", „Unterrichten", „Sport", „Selbstbestimmung" und „Vorbild sein".

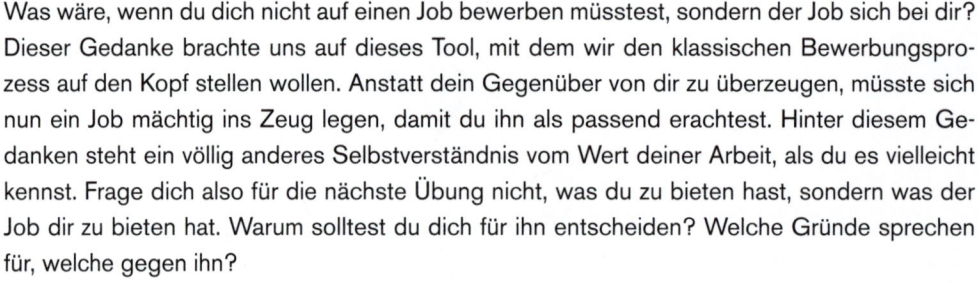

Hier bringen sich die Jobs in Position, um sich bei dir zu bewerben. Befülle jedes Feld mit einer der Job-Ideen aus den letzten Übungen. Jedes Feld repräsentiert eine Idee.

GESTALTE NEUE IDEEN KAPITEL 4

Hier werden die Job-Ideen bewertet. Jede Job-Idee präsentiert sich in der Mitte. Wenn ein Kriterium aus dem äußeren Ring zur Job-Idee passt, rückt es in die Kreise vor. Je stärker es ihr entspricht, desto näher rückt es an die Job-Idee heran. Die Ringe bilden das Bewertungssystem: Kriterium passt vollkommen zur Job-Idee (3 Punkte), passt gut zur Job-Idee (2 Punkte), passt ein bisschen zur Job-Idee (1 Punkt). Passt ein Kriterium gar nicht zur Idee, darf es nicht in die Kreise eintreten.

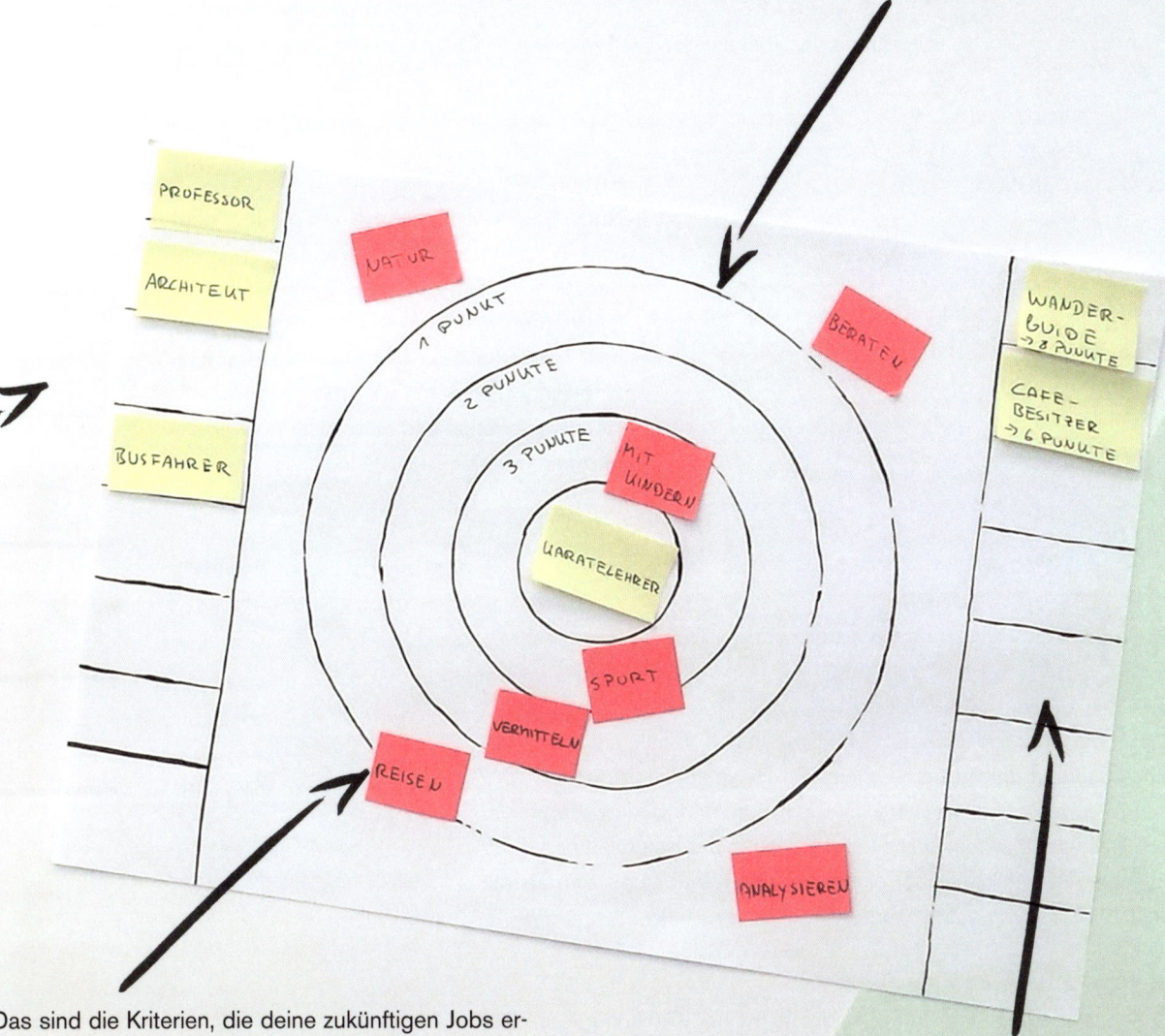

Das sind die Kriterien, die deine zukünftigen Jobs erfüllen müssen. Du hast sie in Kapitel 3 erarbeitet. Sie bilden einen Ring um den äußeren Kreis.

Jeder Job, der sich beworben hat, wird hier entsprechend seiner Punktzahl in ein Ranking gebracht. Die Job-Idee Karatelehrer etwa erhält neun Punkte. Zurzeit ist Wander-Guide ganz oben, aber wer weiß, wie die anderen Jobideen noch abschneiden werden?

JOBS BEWERBEN SICH

KAPITEL 4 DESIGN YOUR LIFE

Du hast die Wahl

DEINE AUFGABE
Übertrage das Tool auf das Blatt Papier oder nutze unseren Download-Vordruck.

Für dieses Tool brauchst du:
Ein großes Blatt Papier, viele Post-Its oder Stattys, Stifte

SCHRITT 1
Nutze Post-Its oder Stattys, um die Job-Ideen links in die Warteschleife zu setzen. Alle Felder auf der linken Seite des Tools müssen gefüllt werden. Wenn du nicht genügend Ideen hast, wiederholst du am besten die Übungen „Job-Bingo", „PatchWork" oder „Job-Remix". Hol dir Inspiration und mach dich noch einmal frisch ans Werk!

VERTIEFE DIE ÜBUNG
Wenn du magst, kannst du die Arbeit mit dem Tool noch vertiefen.

OPTION 1 Passe die Job-Idee an
Suche bei jeder Job-Idee nach Möglichkeiten, Kriterien, die noch nicht gut passen, in die Kreise zu holen. Ein Beispiel: Das Kriterium „Online/Web-Design" passt zunächst nicht gut zur Job-Idee „Karatelehrer". Das würde sich allerdings ändern, wenn der Karatelehrer auf der eigenen Website oder über einen YouTube-Kanal Tipps zum Thema Selbstverteidigung geben würde.

OPTION 2 Kombiniere die Job-Ideen
Manche Job-Ideen decken nur einen Teil deiner Kriterien gut ab. Der andere Teil schafft es nicht in die Kreise. Versuche nun, Job-Ideen so zu kombinieren, dass du möglichst viele Kriterien in die Kreise ziehen kannst. Es kann passieren, dass du zwei Jobs findest, die zusammen genommen alle deine Kriterien erfüllen. So können ganz gegensätzliche Job-Ideen wie Banker und Fitness-Coach in der Ergänzung das für dich ideale Life-Design erzeugen.

GESTALTE NEUE IDEEN　　　　　　　　　　　　　　　　　　　　　　　　　　　　　KAPITEL 4

SCHRITT 2
Den Rand füllst du jetzt mit den Kriterien von deiner Wall. Welche Inhalte und Job-Themen sind dir wichtig? Welche Fähigkeiten willst du am liebsten in deinen Job einbringen? Welchen Werten sollte dein potenzieller Job gerecht werden?

SCHRITT 4
Notiere dir die Gesamt-Punktzahl auf dem Zettel mit der Job-Idee und schiebe ihn nach rechts in das Ranking. Am Ende sollten alle Job-Ideen ihrer Punktzahl nach sortiert sein und die beste Idee ganz oben stehen.

SCHRITT 3
Jetzt nimm dir den obersten Job aus der Warteschleife, leg ihn ins Zentrum der Kreise und bewerte ihn. Das machst du, indem du jedes Kriterium in die Kreise ziehst und ihm damit einen Wert zuweist. Je relevanter ein Kriterium für die Job-Idee ist, desto weiter in die Mitte kommt es. Wenn es unwichtig ist, kriegt es null Punkte und bleibt draußen.

SCHRITT 5
Das Ranking deiner Job-Ideen kommt schließlich auf deine Wall. Dort hast du sie im Blick und kannst dann mit ihnen weiterarbeiten. Jetzt musst du dich erstmal entscheiden, wie es für dich weitergehen soll!

DU HAST DIE WAHL

Wie geht es weiter?

WELCHER WEG IST FÜR DICH DER RICHTIGE?

An dieser Stelle möchten wir dir mehrere Möglichkeiten vorstellen, wie es für dich weitergehen kann. Manchen ist an dieser Stelle schon klar, dass sie eine Liste mit Ideen haben, von denen sie sicher wissen, dass sie exakt die Kriterien erfüllen, die ein Job für sie haben muss – und zwar sowohl inhaltlich als auch hinsichtlich der Rahmenbedingungen. Wenn es dir auch so geht, kannst du den Rest dieses Kapitels überschlagen und direkt zum Prototyping auf Seite 202 übergehen.

Wenn du allerdings das Gefühl hast, dass keine deiner Ideen so richtig durchschlagend ist, dann solltest du noch einmal an den Anfang des Kapitels zurückblättern und neu durchstarten. Das ist beim Design Thinking ganz normal und kein Anlass zur Sorge. Oft werden bei der Ideenentwicklung mehrere Schleifen gedreht, bevor irgendetwas Nützliches dabei ist.

Die dritte Möglichkeit ist, dass du zwar gute Ideen hast, dir aber noch nicht vorstellen kannst, eine davon zu testen. Dafür sind die folgenden Übungen und die Einbindung deines inneren Kritikers hilfreich.

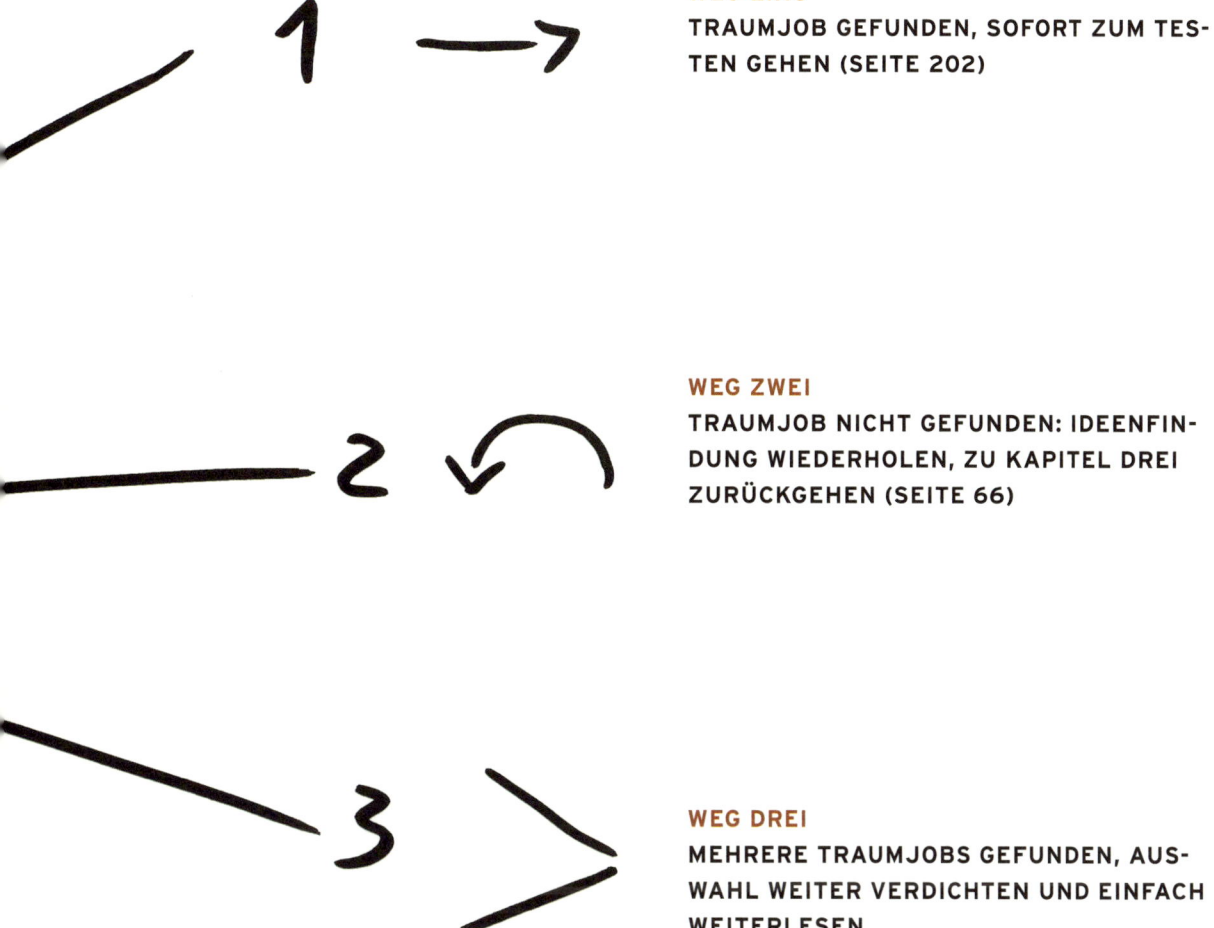

WEG EINS
TRAUMJOB GEFUNDEN, SOFORT ZUM TESTEN GEHEN (SEITE 202)

WEG ZWEI
TRAUMJOB NICHT GEFUNDEN: IDEENFINDUNG WIEDERHOLEN, ZU KAPITEL DREI ZURÜCKGEHEN (SEITE 66)

WEG DREI
MEHRERE TRAUMJOBS GEFUNDEN, AUSWAHL WEITER VERDICHTEN UND EINFACH WEITERLESEN

Befrage deinen Life-EQ

EINE LISTE POTENZIELLER TRAUMJOBS
Mit dem Tool „Jobs bewerben sich" hast du deine Job-Ideen systematisch eingegrenzt und damit die Spreu vom Weizen getrennt. Mache dir klar: Alle Ideen, die auf den oberen Plätzen deines Rankings stehen, entsprechen in hohem Maße den von dir definierten Kriterien. Sie bilden deine Talente, deine Leidenschaften, deine Werte und die Rahmenbedingungen ab, die du für dein Life-Design bestimmt hast. Diese Liste solltest du nicht einfach nur zur Kenntnis nehmen, sie ist eine Liste potenzieller Traumjobs. Du solltest jede dieser Job-Ideen ernst nehmen und dir jede einzelne genau anschauen. Wir würden dir ausdrücklich empfehlen, jede deiner Job-Ideen so schnell wie möglich in der Wirklichkeit zu testen. Denn bisher finden deine Überlegungen wahrscheinlich weitgehend in der Theorie statt. Wie du das machst, sagen wir dir im nächsten Kapitel.

PASSEN DEINE JOB-IDEEN ZU DEM LEBEN, DASS DU FÜHREN WILLST?
Bevor du aber damit beginnst, deine Ideen in der Praxis auf Herz und Nieren zu prüfen, solltest du sie mit deinem Life-EQ abgleichen. Mit ihm hast du ganz zu Beginn des Prozesses definiert, was dir in deinem Leben wichtig ist – wie du leben und arbeiten möchtest. Prüfe jetzt deine Job-Ideen, ob sie diesem Ideal standhalten. Wenn du etwa in deinem Life-EQ festgelegt hast, dass dir die Zeit mit Familie und Freunden sehr wichtig ist, dann untersuche deine Job-Ideen darauf, inwiefern sie diesem Anspruch gerecht werden. Oder du hast definiert, dass für dich Einkommen und Status eine entscheidende Rolle spielen, dann checke deine Job-Ideen in Bezug auf diesen Wunsch.

DEINE AUFGABE: Nimm deinen Life-EQ mit den Zukunftseinstellungen von der Wall. Stelle nun für die ersten fünf Jobs aus deinem Ranking die Regler ein. Verwende für jeden Job eine andere Farbe. Welcher Job passt gut, welcher weniger gut zu deinem Life-EQ?

BLEIB DIR TREU!
Es kann sein, dass du deinen Life-EQ inzwischen auch etwas anpassen möchtest, weil dir im Laufe des Prozesses etwas bewusst geworden ist, das dir zu Beginn nicht klar war. Kein Problem, du kannst, ja solltest sogar, deinen Life-EQ immer wieder anpassen. Tue dies aber mit Achtsamkeit und hinterfrage deine Motivation. Eine große Veränderung im Leben, etwa die Geburt eines Kindes, das Finden der großen Liebe, aber auch Krankheit und Tod, können die Prioritäten völlig verändern. Dann ist es wichtig, dass dein Life-EQ sich den neuen Gegebenheiten anpasst. Eine Entscheidung, die du gegen deinen Life-EQ triffst, ist aber immer dann bedenklich, wenn sie dich und deine Bedürfnisse korrumpiert. Sei bei solchen Entscheidungen kritisch und ehrlich zu dir selbst und frage dich, welche Motivation wirklich dahintersteckt.

GESTALTE NEUE IDEEN KAPITEL 4

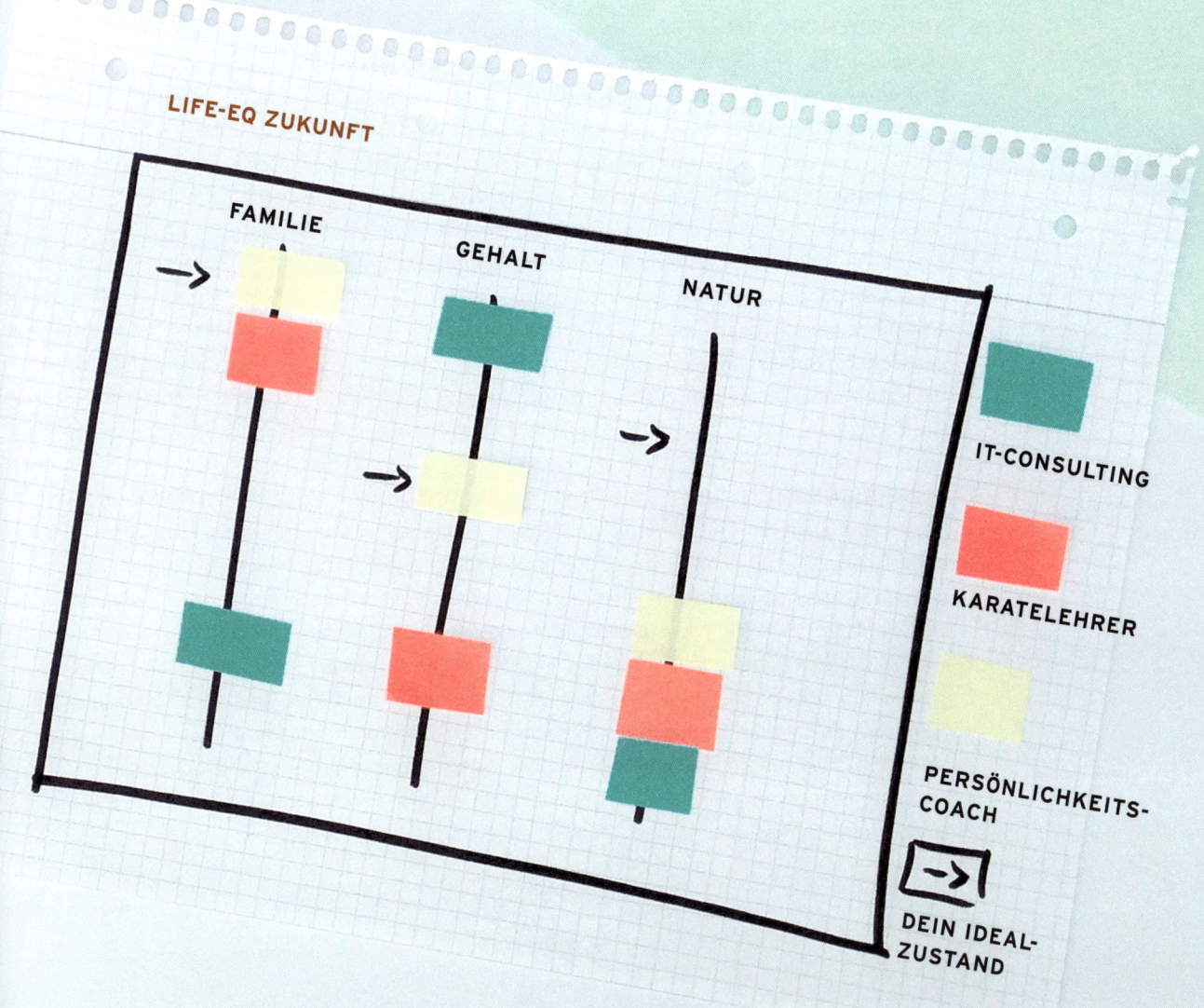

BEFRAGE DEINEN LIFE-EQ

Dilemmata im Life-Design

SINN ODER SICHERHEIT?

Vielleicht ist es dir nach der Arbeit mit „Jobs bewerben sich" so gegangen wie Maral. In ihrem Job-Ranking nahm die Job-Idee „Kindergärtnerin" den ersten Platz ein. Maral arbeitete zu dieser Zeit im Marketing einer Bank. Einerseits war sie glücklich, denn in ihrem Life-Design-Prozess hatte sich sehr klar herausgestellt, dass der Job als Kindergärtnerin in vielerlei Hinsicht perfekt zu ihr passen würde. Andererseits war sie ziemlich frustriert, denn durch ihren Life-EQ ist ihr wiederum klargeworden, dass der Faktor „finanzielle Sicherheit" für sie äußerst wichtig war. Ihre Eltern waren mit ihr als Kind aus dem Iran geflohen. Maral musste in ihrer Kindheit auf vieles verzichten, eine Situation, die sie geprägt hat. Der Wunsch nach hoher finanzieller Sicherheit stand ihrem Wunsch nach einer Arbeit mit Kindern entgegen. Wir nennen diesen Effekt Life-Design-Dilemma. Marals Beispiel ist typisch und betrifft das Verhältnis zwischen Sinn oder Sicherheit. Viele Teilnehmer unserer Workshops kommen irgendwann an einen Punkt in ihrem Life-Design, an dem sie sich die Frage stellen: Kann mich mein Traumjob überhaupt ernähren?

OHNE SICHERHEIT GEHT ES NICHT. OHNE SINN ABER AUCH NICHT. WAS TUN?

Dazu passt auch die Geschichte, die wir beim Schreiben dieses Buches erlebt haben. Wir trafen zufällig eine Freundin und erzählten ihr von unserem Buch. Sie berichtete daraufhin, dass sie gerade dabei sei, sich auf eine Stelle zu bewerben. Wir waren sehr verwundert. Sie arbeitet als freie Autorin und wir wissen, dass es für sie der absolute Traumjob ist und sie ihre Arbeit liebt. Auf unsere Nachfragen erklärte sie uns, dass ihr Job sie zwar immer noch sehr erfülle. Leider werfe er aber nicht genug Geld für sie und ihre Familie ab. Sie suche deshalb nach einem „Brotjob", um mit dem Gehalt ihren „Herzensjob" zu finanzieren. Die gleiche Geschichte geht aber auch in die andere Richtung: Christopher Batke hat seinen Job als Banker aufgegeben. Er verdiente zwar genug Geld, was ihm jedoch fehlte war der Sinn in seiner Arbeit. Heute arbeitet er als Social Entrepreneur und ist glücklich mit dieser Entscheidung.

ES GIBT VIELE MITTELWEGE

Diese Geschichten verdeutlichen, dass es nicht die eine Antwort auf die Frage „Sinn oder Sicherheit?" gibt. Tatsache ist, dass wir Menschen begegnen, die sich entscheiden mit weniger auszukommen und ihr Leben radikal zu vereinfachen, um ihren Traum leben zu können. Wieder andere gestehen sich ein, dass der Wunsch nach Sicherheit überwiegt. Aber auch sie müssen nicht auf den Sinn verzichten, sondern können ihn ebenfalls in ihr Leben integrieren – nur eben nicht Vollzeit. Auch wenn die meisten Angebote auf dem Arbeitsmarkt dies nicht vermuten lassen: Mittelwege gibt es viele. Vom Traumjob in Teilzeit oder Volunteering, über eine Arbeit als Social Entrepreur wie bei Christopher Batke, bis hin zum Job-Portfolio, dass Job mit Sinn und Sicherheit kombiniert. Auch Maral ist diesen Mittelweg gegangen und hat sich entschieden, in ihrem Job zu bleiben. Allerdings hat sie ihm den Sinn, der ihr zuvor gefehlt hat, Schritt für Schritt hinzugefügt. Heute geht sie in Schulen und erklärt Kindern Finanzthemen auf einfache und verständliche Art. Zusammen mit den Pädagogen entwickelt sie Unterrichtsmaterialien und sie liebt es, vor den Klassen zu stehen. In Marals Leben gibt es heute beides: Sinn und Sicherheit.

Christopher Batke

ETWAS ZURÜCKGEBEN

„Ich habe eine Karriere hinter mir, um die mich viele beneiden: duales Studium, schnell aufgestiegen, gutes Gehalt bei einer Bank verdient und viele spannende Projekte betreut. Nichtsdestotrotz ist für mich nun die Zeit gekommen, der Finanz- und Wirtschaftsbranche den Rücken zu kehren. Ich mache mich auf in den sozialen Sektor. Nehme die wichtigen Lektionen des Lebens, die ich dort lernen durfte, und werde Social Entrepreneur. Ich bin dankbar für all die Erfahrungen, die ich gemacht habe, aber jetzt ist für mich der Zeitpunkt gekommen, zurückzugeben! Dafür habe ich die Talententwickler gegründet, ein Netzwerk sozial engagierter Profis aus Hannover."

Deine Job-Matrix

WELCHE IDEEN HABEN POTENZIAL, WELCHE NICHT?

In unseren Workshops geschieht es häufig, dass Teilnehmer mit dem Tool „Jobs bewerben sich" eine Menge guter Ideen entwickelt haben. Dennoch fällt es manchen immer noch schwer, die Auswahl weiter zu konkretisieren. Denn unter den fünf Jobs, die es in dein Ranking geschafft haben, können natürlich immer noch große Unterschiede bestehen. Wie bei Maral kann ein Job zwar zu deinen Talenten und Interessen passen, aber einem Grundbedürfnis wie Sicherheit entgegenstehen. Um eine differenziertere Betrachtung deiner Ideen zu erhalten, stellen wir dir hier ein Tool vor, mit dem du alle deine Ideen weiter verdichten kannst. Wir nutzen dazu die „Job-Matrix".

Das brauchst du für die Übung
Papier, Stifte, Stattys oder Post-its

SO FUNKTIONIERT DIE MATRIX

In der Illustration siehst du eine beispielhafte Matrix. Jede Achse des Kreuzes repräsentiert ein anderes Bedürfnis. In diesem Fall haben wir die Bedürfnisse „Geld" und „Spaß" ausgewählt. Unsere Erfahrung zeigt, dass man mit diesen beiden ein gutes Ergebnis erzielt. Wenn dir andere Dinge wichtiger sind, dann trage diese in die Matrix ein. Etwa: Familienzeit, Karriere, Weltverbesserung, Freizeit, Selbstverwirklichung, Status et cetera.

Und so funktioniert die Matrix: Jede Achse entspricht einer Skala. Auf ihr trägst du ein, in welchem Grad deine Job-Idee dem jeweiligen Bedürfnis nach Geld und Zufriedenheit entspricht. So kannst du zu jeder Idee die Aussage treffen: Job X bringt Spaß/bringt keinen Spaß beziehungsweise Job X bringt Geld/bringt kein Geld ein. Versuche die Nuancen der Skala zu nutzen. Dort, wo sich die beiden Werte treffen, platzierst du die Job-Idee.

DEINE AUFGABE: TRAGE JEDE DEINER JOB-IDEEN IN DIE MATRIX EIN!

DIE VIER FELDER DEINER MATRIX

Wenn du jede deiner Job-Ideen auf diese Weise bewertet hast, kannst du analysieren, was das Feld, in dem sie sich befindet, über deine Idee aussagt.

VIEL GELD, WENIG SPASS:
Einer der beiden Transferbereiche. Wir nennen Sie so, weil sie Job-Ideen repräsentieren, die das Potenzial haben, den Himmel zu erreichen. In diesem Feld landen alle Job-Ideen, die zwar Geld bringen, aber zunächst wenig Spaß machen.

HIMMEL:
Dieser Bereich in deiner Matrix ist der Himmel auf Erden. Er repräsentiert Job-Ideen, die dir sowohl Spaß als auch eine gute Bezahlung bieten. Volltreffer, hier willst du hin!

HÖLLE:
Dieser Bereich deiner Matrix ist eine No-Go-Area. Jobs, die hier landen, sind ein Reinfall: Sie bieten dir weder ein finanzielles Auskommen, noch eine emotionale Entlohnung. Job-Ideen in diesem Bereich sind Energieverschwendung und landen besser im Papierkorb.

VIEL SPASS, WENIG GELD:
Ein weiterer Transferbereich. Jobs, die sich hier finden, haben das Potenzial viel Spaß zu bringen, aber zunächst wenig Geld.

Himmel oder Hölle?

DIE TRANSFERBEREICHE: SPRUNGBRETT IN DEN HIMMEL!

Wenn sich deine Job-Ideen im Feld Himmel befinden, hast du einen Volltreffer gelandet. Vielleicht reicht dir diese Aussage schon, um dich auf eine dieser Ideen zu stürzen und sofort in die Umsetzung zu gehen. Job-Ideen hingegen, die sich im Bereich Hölle befinden, kannst du getrost vergessen. Die Chancen, dass aus ihnen Himmel-Jobs werden ist so gering, dass es sich nicht lohnt, Energie darauf zu verwenden. Interessanter sind da schon die beiden Transferbereiche. Jobs, die du hier platziert hast, solltest du dir noch mal genauer anschauen. Denn sie sind schon in einem der beiden angestrebten Bedürfnisse gut. Vielleicht kannst du das fehlende Bedürfnis noch hinzufügen. Erinnere dich an Maral. Ihr Job befand sich im Transferbereich „viel Geld, wenig Sinn". Sie hat es geschafft, ihren Job auf der X-Achse zu verschieben und mehr Sinn hinzuzufügen, ohne auf Sicherheit verzichten zu müssen.

AUFGABE: FINDE FÜR JEDE JOB-IDEE IN DEN BEIDEN TRANSFERBEREICHEN MINDESTENS DREI IDEEN DAFÜR, WAS DU TUN KÖNNTEST, UM SIE INS FELD „HIMMEL" ZU VERSCHIEBEN.

VERBORGENE SCHÄTZE

Bitte unterschätze die Transferbereiche nicht! Klar, jeder will den Himmel erreichen und einen Job, der Spaß und Geld am besten täglich und in Massen bringt. Dennoch kann auch ein Job seinen Zweck erfüllen, der zwar ein gutes Einkommen, aber wenig Sinn bietet. Er kann etwa ein wichtiges Fundament sein, auf dem man sich der Frage nach dem neuen Job entspannt annähert. Schritt für Schritt und Stück für Stück. Aus unserer Erfahrung können wir nur dazu raten, nicht alle Brücken Hals über Kopf abzubrechen. Wer sich täglich die Frage stellen muss, wie er seine Miete bezahlt, wird schnell die Lust an der Sinnsuche verlieren. Frage dich lieber, welche Rolle dieser Job in deinem mittel- und langfristigen Life-Design spielt und ob er im großen Ganzen eine Berechtigung hat.

VON GRÜNDERN UND EHRENAMTLICHEN

Ebenso interessant sind Jobs, die im anderen Transferbereich – viel Spaß, wenig Geld – angesiedelt sind. Viele Start-ups oder Gründer befinden sich anfangs in diesem Bereich und bauen erst nach und nach ein solides finanzielles Fundament auf. Auch hier gilt es, langfristig zu denken! Vielleicht sind Job-Ideen, die auch langfristig nicht das Potenzial haben, profitabel zu werden, gar keine Job-Ideen. Das heißt aber nicht, dass sie in deinem Leben keine Rolle spielen müssen. Tätigkeiten, in denen du deine Talente mit großer Leidenschaft und Spaß auslebst, könnten in einem Volunteering immer noch ein wichtiger Teil deines Lebens werden. So macht es zum Beispiel Sandra Spinnecken, die einen Tag die Woche auf dem Bauernhof arbeitet.

STARTE EINE PORTFOLIO-KARRIERE!

Zum Abschluss deiner Matrix-Übung wollen wir noch einmal daran appellieren, dass du dein Life-Design nicht nur in Kategorien von Job/kein Job denkst. Deine Work-Life-Romance muss nicht aus einem Job bestehen, den du für immer hast. Du bist selbst der Designer deines Lebens, der ganz unterschiedliche Tätigkeiten ausüben kann, von denen manche eine Einnahmequelle sind, einige gleichzeitig auch Erfüllung geben können und andere heute Hobby und morgen Job sein können. Es geht um ein spielerisches Herangehen an ein Nebeneinander von Beschäftigungen, wenn du so willst.

Money or passion?

SOZIALES UNTERNEHMERTUM

Tue Gutes und verdiene Geld dabei! So könnte man das Credo sozialer Unternehmer auf den Punkt bringen. Seit einigen Jahren gibt es eine große Zahl von Menschen, die sich unternehmerisch für einen positiven Wandel in der Gesellschaft einsetzen. Ihre Firmen arbeiten zum Beispiel im Umweltschutz, bei der Armutsbekämpfung oder schaffen Jobs für Menschen mit Behinderung. Soziales Unternehmertum verbindet die zwei Schnittmengen oben: eine gute Job-Idee mit den Bedürfnissen deines Umfeld zu verbinden, um damit Geld zu verdienen. Warum nicht?

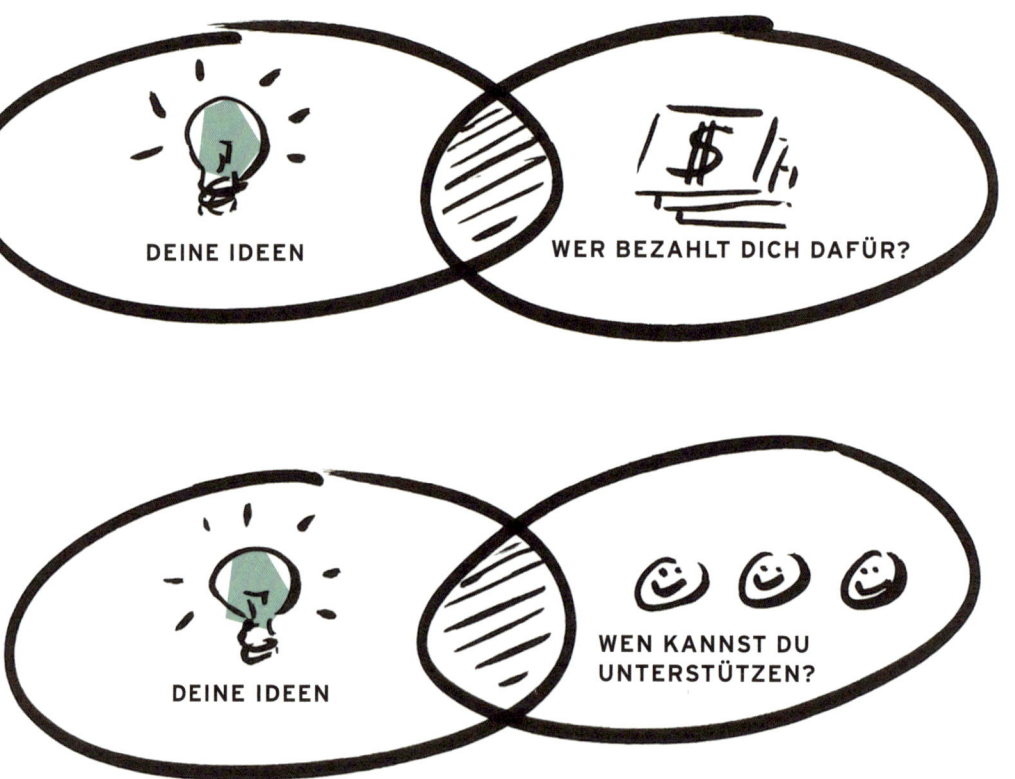

JOB-POTENZIAL: Die Schnittmenge aus deinen Job-Ideen und dem, womit du Geld verdienen kannst, ist dein Job-Potenzial. Diese Ideen lohnt es sich weiterzuverfolgen, um damit ein Einkommen aufzubauen. Nicht bei allen Ideen ist das Potenzial, damit Geld zu verdienen, sofort ersichtlich. Überlege dir welchen Mehrwert du deiner Zielgruppe mit deiner Idee bietest. Frage: Wer ist bereit für deine Ideen Geld zu bezahlen?

PASSION-PROJECT: Die Bedürfnisse deiner unmittelbaren Mitmenschen zu erfüllen, ist ungemein befriedigend. Egal, ob es deine Freunde oder Nachbarn, die Bewohner deines Viertels oder Senioren in deiner Stadt sind: Wenn deine Ideen helfen können, ihr Leben zu verbessern, solltest du nicht zuerst nach Geld fragen. Passion Projects können Volunteering-Jobs sein, die du ehrenamtlich ausführst, oder soziales Engagement. Um auf gute Ideen in diesem Bereich zu kommen, kann es helfen, bei den Bedürfnissen deiner Umgebung anzufangen: Was fällt dir auf? Wer könnte Hilfe gebrauchen? Frage: Wo treffen sich deine Ideen mit den Bedürfnissen deiner Umwelt?

Aus dem freiwilligen Engagement kann oft ein Einkommen entstehen. Große Organisationen wie Greenpeace oder Amnesty International haben auch mal als ehrenamtliche Projekte begonnen, als niemand absehen konnte, dass aus dem Kampf für die Umwelt oder die Rechte Gefangener Tausende von Jobs weltweit entstehen würden.

Vom Blogger zum Agentur-Gründer

Am 25. Januar 2009 machte Ole den ersten Schritt zu seinem zukünftigen Beruf. Als er an diesem Tag den Obdachlosen Uwe auf den Straßen Hamburgs traf, konnte er noch nicht ahnen, dass sein daraus entstehendes Blog-Projekt für Uwe ihn einmal zum Gründer und Geschäftsführer einer Kommunikationsberatung machen würde. „Heute mache ich das, was ich eh machen würde und werde dafür auch noch bezahlt. Dass es meinen 25 Mitstreitern auch so geht, ist für mich das schönste an meinem Job."

Damals war es ein spontaner Entschluss, eine nachhaltigere Hilfe für Uwe zu organisieren als ihm nur den einen Euro zu geben, um den ihn der 50-Jährige anlässlich seines angeblichen Geburtstags gebeten hatte. Bei einer gemeinsamen Tasse Kaffee hörte Ole sich die ganze Geschichte von Uwe an und startete eine Online-Spendenkampagne auf seinem Blog socialblogger.de. Schon am nächsten Tag konnte er Uwe Geld, Kleidung und vor allem Botschaften von vielen bereitwilligen Spendern übergeben. Uwe war total gerührt, der Blog wurde berühmt, Medien wie die taz, Spiegel Online und RTL berichteten. Bald kamen sogar Spenden aus dem Ausland.

Ole Seidenberg

Für Ole ein Zeichen: Social Media hat einen realen Mehrwert für die Gesellschaft. Doch was bedeutet das eigentlich für die Menschen und Organisationen, die auf Spenden und Öffentlichkeit angewiesen sind? Für Menschen wie Uwe, aber auch für Organisationen wie die Caritas oder Germanwatch, die beide zu den ersten Kunden der Beratung wurden, die Ole im Juni 2009 zusammen mit Daniel Kruse und Sandra Troegl gründete. Zunächst nannten sie sich Nest, heute heißen sie Wigwam. Ihr Credo: „Wigwam macht Kommunikation. Aber nur für das Gute."

Eigentlich hatte die Caritas, die selbst einen Blog zum Thema Obdachlosigkeit mit dem Titel „Mitten am Rand" gestartet hatte, um Tipps „von Blogger zu Blogger" gebeten. Schnell entstanden daraus nicht nur eine Geschäftsbeziehung, sondern auch Freundschaften und eine langjährige Kooperation. Ole: „Heute, wo aus dem Mini-Team eine Beratung mit über zwanzig anderen Menschen geworden ist, fragen wir uns regelmäßig, wie jeder einzelne diesen Zustand erreichen kann: Geld zu verdienen mit dem, was er gerne macht und was ihm und für die Gesellschaft wichtig ist. Das ist für uns als Organisation eine riesige Herausforderung." Ole sieht Wigwam als soziales Projekt und als Ort, an dem Menschen heimisch werden, die ihre Arbeit und die Welt mitgestalten wollen. Auf drei bis vier Team-Ausflügen pro Jahr definiert sich das Kollektiv regelmäßig neu.

Dank der Kampagne hat Uwe übrigens im September 2009 eine Wohnung gefunden. Allerdings nur für anderthalb Jahre, seitdem lebt er wieder auf der Straße. Ole: „Social Media kann unheimlich viel bewegen. Wir haben aber auch erkannt, dass Aufmerksamkeit und Unterstützung aus dem Netz nicht die Arbeit vor Ort, zum Beispiel von Streetworkern, ersetzen kann."

Gemeinsam mit anderen hat Ole vor kurzem eine weitere Firma gegründet. Mit twingle werden die technischen Vorteile des Smartphones genutzt, um schnell und unkompliziert für Projekte spenden zu können. Auch bei twingle geht es darum, moderne Technik mit sozialem Anspruch zusammenzubringen. Ole geht den Weg weiter, den er damals beim Zusammentreffen mit Uwe begonnen hat.

Kritik

VON NÖRGLERN, PEDANTEN UND KORINTHENKACKERN

Kritik zu üben wird uns in der Schule beigebracht und in allen Lebensbereichen immer wieder eingeschärft. Wir analysieren, korrigieren und überarbeiten alles, was nicht bei drei auf den Bäumen ist. Das hilft beim Projektmanagement, bei Geschäftsberichten und allen rationalen Prozessen. Für die Kreativität kann das kritische Denken allerdings Gift sein, wenn es nicht richtig dosiert wird. Dabei ist Kritik alles andere als schlecht: An der richtigen Stelle eingesetzt, schont uns der Kritiker vor hanebüchenen Konstrukten, die niemals in der Realität funktionieren würden. Auf den nächsten Seiten sollen daher die drei wichtigsten kritischen Stimmen zu Wort kommen: dein analytischer Kritiker, dein emotionaler Kritiker und die anderen.

KOPF UND BAUCH MÜSSEN JA! SAGEN

Zum Kritiker gehören zwei wesentliche Aspekte: die Vernunft und das Gefühl. Beide Stimmen sind wichtig und müssen gehört werden. Während der eine uns logische Schwächen und nachvollziehbare Mängel aufzeigt, ist das Bauchgefühl nicht immer sofort einleuchtend. Mittlerweile weiß aber auch die Wissenschaft, dass unsere Intuition auf eine Vielzahl an Daten zurückgreift, die sich unserem Verstand entziehen und gerade deswegen berücksichtigt werden sollten. Gerade bei schwierigen Entscheidungen ist es oft das Bauchgefühl, das in Wirklichkeit zuverlässiger funktioniert als unsere Ratio.

DAS SAGT DIE VERNUNFT – UND SIE HAT OFT UNRECHT

Unsere Vernunft hat einige Standard-Kritiken parat, die fast automatisch auf jede Idee folgen, die riskant oder ungewöhnlich erscheint. Die fünf häufigsten dieser Urteile, auf die wir nicht hören sollten, lauten:

→ Das gibt es schon!
→ Ich bin nicht gut genug (andere können das besser)!
→ Das funktioniert nie!
→ Das ist größenwahnsinnig!
→ Das ist zu wenig!

Diese fünf Urteile sind gerade bei Job-Ideen omnipräsent. Nicht, weil sie richtig sind, sondern weil sie vor allem eins repräsentieren: Angst vor Veränderung, Angst vor Risiko und Angst vorm Scheitern. Hier sind unsere Einwände:

URTEIL: Das gibt es schon!
EINWAND: Wenn es deine Idee schon gibt, umso besser: Dann scheint sie zu funktionieren. Es gibt ja in den meisten Städten mehr als einen Eisladen, mehr als ein Restaurant und mehr als einen Buchladen. Lass dich davon nicht abhalten!

URTEIL: Ich bin nicht gut genug (andere können das besser)!
EINWAND: Wenn wir eines gelernt haben: Du musst nicht der beste sein. Gut sein reicht vollkommen. Wenn nur der Beste Erfolg haben könnte, dann wäre jeder Job nur einmal besetzt. Weltweit.

URTEIL: Das funktioniert nicht!
EINWAND: Ob etwas funktioniert oder nicht, zeigt sich erst, wenn du es ausprobierst. Dafür haben wir ein ganzes Kapitel, in dem du deine Ideen gründlich und auf unterschiedlichste Weise testen kannst!

URTEIL: Das ist größenwahnsinnig!
EINWAND: Eine gesunde Portion Größenwahn gehört zur Ideenentwicklung dazu. Glückwunsch, mach weiter so! Verkleinern kannst du deine Idee immer noch.

URTEIL: Das ist zu wenig!
EINWAND: Weniger ist mehr. Wirklich! Oft sind es die ganz kleinen Ideen, die sich durchsetzen. Meistens allerdings gepaart mit einem Quäntchen Größenwahn.

Problem-Sammlung

ERSTELLE EINE SAMMLUNG ALLER MÖGLICHER PROBLEME

Jetzt ist es soweit: Endlich darfst du deinen inneren Kritiker auf deine Ideen loslassen! Wir machen das ganz strukturiert, damit wir auch ja keinen kritischen Punkt vergessen. Also: Bist du bereit, deine Ideen zu zerreißen?

Für dieses Tool brauchst du:
Ein großes Blatt Papier und einen Stift.

SCHRITT 1
Gehe dein Ideen-Ranking aus der Übung „Jobs bewerben sich" durch. Notiere dir zu jeder Idee alle Probleme und Schwierigkeiten, die dir einfallen, jeweils als eigene Spalte auf deiner Liste.

SCHRITT 2
Beurteile jedes Problem mit einem Wert zwischen 1 und 10. Je schwerwiegender das Problem ist, desto höher der Wert. Dieser Wert steht in dieser Spalte.

SCHRITT 3
Entwickle Lösungen oder Gegenmaßnahmen für die einzelnen Probleme. Wenn du keine Idee für eine Lösung hast, dann lass das erst mal offen.

SCHRITT 4
Beurteile jede Lösung nach ihrer Erfolgswahrscheinlichkeit. Auch hier gilt wieder: eine 1 ist sehr unwahrscheinlich, bei einer 10 bist du dir komplett sicher, dass der Ansatz das Problem lösen wird.

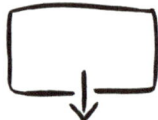

SCHRITT 5
Die Analyse. Vergleiche die zwei Werte in jeder Zeile. Es gilt folgende Regel: Wenn der erste Wert (Wie schwerwiegend ist das Problem?) kleiner oder gleich als der zweite Wert (Wie erfolgversprechend ist die Lösung?)ist, dann hast du das Problem im Griff. Wenn das Problem höher eingestuft ist als der Lösungsansatz, also die erste Zahl größer als die zweite ist, dann reicht deine Lösung nicht aus. Übertrage all diese Probleme und auch die, für die du bisher keine Lösung gefunden hast, in eine Liste „Zu lösende Probleme". Hänge diese an deine Wall.

SCHRITT 6
Hol dir Hilfe! Diese Probleme kannst du erst mal nicht lösen. Das bedeutet, du kannst folgende Wege einschlagen: Kommt Zeit, kommt Rat: Lass die Liste ruhen, mach weiter im Buch und schau, ob dir nicht in den folgenden Tagen ein Lösungsansatz einfällt. Frage Freunde: Diskutiere die Probleme mit deinem Design Team. Hol dir Profis ins Haus: Für manche Probleme ist es hilfreich, Profis zu engagieren. Das können Berater, Coaches oder Menschen aus dem beruflichen Umfeld sein, das dich interessiert.

GESTALTE NEUE IDEEN — KAPITEL 4

JOB-IDEE	SPEED-ZEICHNER AUF FAMILIENFESTEN
PROBLEME?	„ARBEITEN IMMER AM WOCHENENDE"
WIE SCHWERWIEGEND?	8
LÖSUNG?	„ENTWEDER AKZEPTIEREN ODER ANDEREN BEREICH SUCHEN, DER UNTER DER WOCHE FUNKTIONIERT. Z.B. UNTERNEHMENSWORKSHOPS"
WAHRSCHEINLICHKEIT?	7
ANALYSE	8 - 7 = 1

PROBLEM-SAMMLUNG

TESTIMONIAL DESIGN YOUR LIFE

Vom Banker zum Kaffeeröster

Es ist mitten in der Nacht als Tamas Fejer aufwacht. Er ist aufgeregt und sucht nach etwas zu schreiben. Ein Blatt Papier oder eine Buchseite – egal, nur bloß nicht vergessen, was er in diesem Moment klar und deutlich weiß: „Ich werde Kaffeeröster." Als er am nächsten Morgen aufwacht, ist der Zettel und damit die Idee noch da. Fejer legt noch am gleichen Tag den Grundstein für die „Kaffeeschmiede", seine eigene Kaffeerösterei.

Zu diesem Zeitpunkt hat Tamas Fejer schon einen weiten Weg hinter sich. Nach der Schule begann er eine Banklehre, studierte im Anschluss Betriebswirtschaft und absolvierte in den darauf folgenden Jahren verschiedene Stationen als Analyst und Controller in der Finanzbranche. Es waren erfolgreiche Jahre für Fejer. Er war gut in seinem Job und mochte das, was er tat. „Mit Zahlen konnte ich immer gut umgehen und die Arbeit hat zu mir gepasst", so Fejer.

Tamas Fejer

EIN KAFFEE-JUNKIE WIRD ZUM KAFFEE-SOMELIER

Irgendwann kamen dann aber Zweifel auf: „Ich stand kurz vor meinem vierzigsten Geburtstag. Ich hatte einen sicheren Job und mir standen alle Türen offen. Dennoch stellte ich mir die Frage, ob das jetzt bis zur Rente so weiter gehen soll." Sollte es nicht, entschied er. Leider fehlten ihm klare Alternativen. „Ideen hatte ich viele. Keine war aber so überzeugend, dass ich meinen Job dafür aufgeben wollte", so Fejer. Eine Sache war ihm allerdings klar: Er wollte sich mit einem „positiven Produkt" beschäftigen, etwas, das ihm und auch anderen Menschen Freude bereiten würde.

Und dann kam diese Nacht und mit ihr die Vision, Kaffeeröster zu werden. Eine Leidenschaft für Kaffee hatte Fejer eigentlich schon immer gehabt. „Ich war ein Kaffeejunkie", erzählt er, „irgendwann bekam ich dann aber Probleme mit Sodbrennen und musste mich nach Alternativen umgucken." Kurzerhand fing er während des Studiums an, seinen Kaffee selber zu rösten – damals noch per Hand über einer Spiritusflamme. Zehn Jahre später verfügte Fejer über ein umfangreiches Wissen rund um Kaffee und seine Veredelung. Mit seiner eigenen Kaffeerösterei wollte er seine Leidenschaft nun mit anderen Menschen teilen.

DEUTSCHER RÖSTMEISTER

„Von da an gab es für mich kein Zurück", berichtet Fejer heute. Er besuchte Röstereien in ganz Deutschland und suchte nach Möglichkeiten, sich weiteres Wissen anzueignen. Fündig wurde er in Wien. 2004 begann er dort – zunächst noch berufsbegleitend – seine Ausbildung zum „Chef-Kaffee-Somelier". Mit der Ausbildung wuchs in ihm das Bewusstsein, den richtigen Weg eingeschlagen zu haben. Auf dem Papier sah das allerdings anders aus: „Ich habe alles hundertmal durchgerechnet und in keinem Szenario schien die Idee profitabel zu sein." An dieser Stelle wäre es vermutlich vernünftig gewesen, den Traum zu begraben. Zahlenmensch Fejer jedoch vertraute seinem Gefühl und setzte alles auf eine Karte: Er kündigte seinen sicheren Job in der Bank und eröffnete ein Jahr später die Privatrösterei „Kaffeeschmiede" in Düsseldorf-Oberkassel.

Heute ist die „Kaffeeschmiede" über Düsseldorf hinaus bekannt, nicht zuletzt deshalb, weil Fejer 2009 Deutscher Röstmeister wird. Seine Leidenschaft und sein handwerkliches Können werden nicht nur von den Juroren, sondern auch von seinen Kunden geschätzt. Neben der Gastronomie bietet er zudem Kaffeeseminare an, die lange im Voraus ausgebucht sind. Tamas Fejer lebt heute seine Leidenschaft für das Produkt, das er herstellt und verkauft. Fast noch wichtiger ist ihm aber der Austausch und Dialog mit seinen Kunden und Seminarteilnehmern. „Ich habe die einzigartige Chance, meine Begeisterung für Kaffee mit anderen Liebhabern zu teilen. Wenn ich heute meinen Job ausübe, habe ich nicht das Gefühl zu arbeiten", so Fejer.

AUF DIE LEIDENSCHAFT VERTRAUEN

Seinen heutigen Erfolg sieht er vor allem als das Ergebnis seiner Beharrlichkeit: „Gerade in der Anfangsphase gab es viele bürokratische und organisatorische Hindernisse. Dazu kam, dass viele in meinem Umfeld sicher waren, ich würde scheitern." Wichtige Stütze zu dieser Zeit war seine Lebensgefährtin. Im Rückblick erscheint ihm der Weg, den er in jener Nacht begonnen hat, dennoch als dornig: „Als ich meinen ersten Business-Plan fertiggestellt hatte, habe ich erkannt, dass die Wahrscheinlichkeit grandios zu scheitern recht hoch ist. Das hat mich aber nicht abgehalten, an meine Idee von gutem Kaffee zu glauben."

Das muss er heute nicht mehr. Die „Kaffeschmiede" ist aus Oberkassel nicht mehr wegzudenken. Fejer bereut die Entscheidung, ein sicheres Einkommen und einen geregelten Job für seine Kaffee-Leidenschaft aufgegeben zu haben, keine Sekunde: „Als die Idee erst einmal da war, aus meinem Enthusiasmus für Kaffee einen Beruf zu machen, war sie unaufhaltsam." Und falls ihm nachts neue Ideen kommen, wie er sein Produkt noch optimieren könnte: Zettel und Stift liegen immer bereit.

Von Ideen zu Taten

Wir sind am Ende dieses Kapitels angekommen, in dem du aus deinen Talenten, Interessen, Werten und Rahmenbedingungen viele unterschiedliche Job-Ideen entwickelt hast. Darüber hinaus hast du bereits die Ideen ausgesucht, die am besten zu deinen Anforderungen passen. Viele Leser werden dabei schon Loops eingelegt haben und die Tools zur Ideenentwicklung mehrmals wiederholt haben. Unsere Erfahrung zeigt: Ideenentwicklung braucht Zeit. Nimm dir diese Zeit! Denn die Ideen, die du hier entwickelst, sollen ja auch in der Realität zu deiner persönlichen Work-Life-Romance beitragen.

LOBE DICH SELBST!

Um es noch einmal zu wiederholen: Ideen-Entwicklung ist anstrengend! Wenn du tatsächlich in diesem Kapitel gute Ideen entwickelt hast, dann hast du ein großes Lob verdient. Vor allem von dir selbst! Du hast einen der wichtigsten Arbeitsschritte des Life-Designers absolviert und kannst jetzt an die Umsetzung gehen. Belass es aber nicht bei einem Auf-die-eigene-Schulter-Klopfen. Du hast eine Belohnung verdient. Gönn' dir was, leg das Buch für einen Tag beiseite und ruh' dich aus vom Designer-Dasein. Du hast es dir verdient!

MANCHE IDEEN KOMMEN MIT VERZÖGERUNG

Wir haben es selbst oft erlebt: Die besten Ideen kommen völlig aus dem Nichts – unter der Dusche, kurz vorm Einschlafen oder an der Bushaltestelle. Deswegen: Halte deine Ideen-Sammlung auf deiner Wall weiter offen. Denn auch wenn du im folgenden Kapitel mit dem Testen deiner Ideen beginnst; du wirst weitere Ideen haben, die dich gerade dann erreichen, wenn du nicht damit rechnest. Die Inkubationszeit zwischen Nachdenken und der plötzlichen Erkenntnis kann zwischen einer Millisekunde und ein paar Jahren liegen. Also sei dir selbst gegenüber immer offen!

GESTALTE NEUE IDEEN　　　　　　　　　　　　　　　　　　　　　　　　　　　　　　　　KAPITEL 4

TESTE MIT PROTO- TYPEN

Teste deine Ideen und erwecke sie zum Leben. Erfahre, wie sich dein Traumjob in der Wirklichkeit anfühlt.

Toms Food-Truck

GROSSE IDEEN IM KLEINEN TESTEN

Thomas Blome hatte eine Vision: Einen Food-Truck mit thailändischen und mediterranen Spezialitäten. Er konnte seinen Wagen in Gedanken schon vor sich sehen: ein schwarzer Retro-Anhänger mit dezenter Beleuchtung. Vor dem Wagen Stehtische mit zufriedenen Gästen, daneben eine Schlange von Menschen, die auf ihr Essen warten. Soweit die Vision. Sie in die Realität umzusetzen war jedoch ein längerer Weg. Denn so ein Truck bedeutet eine große Investition, die man nicht aus einer Laune heraus tätigt. Thomas entschloss sich daher, seine Idee erst mal im kleineren Rahmen zu testen und begann mit seiner Frau in der heimischen Küche über Monate an den Rezepten zu tüfteln. Ihre Tester waren Freunde und Nachbarn, die mit ihrem Feedback dazu beitrugen, dass die Gerichte ständig besser wurden. Aber nicht nur das Essen wurde professioneller: Durch das Testen wurden auch die Abläufe in der Küche immer eingespielter und die Wahl der richtigen Zutaten einfacher. Schließlich war der Punkt gekommen, den nächsten Schritt zu wagen.

Thomas Blome

GOLDENE MITTE: ACCOUNT MANAGER UND FOOD-TRUCKER

Für den Anfang entschied sich Thomas Blome, von seinen Freunden Tom genannt, für einen Mittelweg. Er behielt seinen Job als Account Manager bei einem großen Konzern, der Speisewagen wurde angeschafft und ausgebaut, aber erstmal nur am Wochenende im Umfeld ihres Standorts in Dortmund eingesetzt. Durch die Rückmeldungen der ersten Gäste erkannte Tom, dass er unbedingt auch Currywurst und Pommes im Programm haben sollte. Er war ja schließlich im Ruhrgebiet. Der Mittelweg funktioniert für Tom und seine Frau Nutchanart so gut, dass es Toms Speisewagen weiterhin nur nach Feierabend und am Wochenende gibt – mit mediterranem Essen, Thai-Spezialitäten und mit Currywurst!

TESTE DEINE IDEEN, UM SIE ANSCHLIESSEND ZU BEURTEILEN

Von Tom und Nutchanart können wir eines der wichtigsten Prinzipien des Life-Designs lernen: das Prototyping. Denn es ist eine Sache, vom eigenen Food-Truck zu träumen. Eine völlig andere ist es, diesen Traum in die Realität umzusetzen. Ob ein Weg für dich der richtige ist, findest du aber nur heraus, wenn du ihn gehst – zumindest ein Stück weit. Prototypen helfen dir dabei, deine Träume unter Realbedingungen zu testen. Viel zu oft erleben wir es, dass ein Traum über Jahre in der Vorstellung kultiviert wird, ohne ihn auch nur einen Tag auszuleben und damit herauszufinden, ob er das hält, was er verspricht. Prototypen sind darüber hinaus einfache, günstige und relativ risikoarme Möglichkeiten, Träume in die Tat umzusetzen. So wie Tom, der seine Ideen erst in kleinem Rahmen ausprobiert hat und dann bereit war den nächsten Schritt zu gehen. In diesem Kapitel stellen wir dir Methoden vor, mit denen auch du deine Job-Ideen zu Job-Prototypen machen kannst. Nur so findest du heraus, welcher Weg für dich der richtige ist!

Plane nicht, tue!

VON PERFEKTIONISMUS UND MASTERPLÄNEN

Viele Ideen vom potenziellen Traumjob scheitern bevor sie überhaupt umgesetzt werden. Der Grund: Sie werden zu perfekt geplant. Das klingt paradox? Wir lernen häufig Menschen kennen, die über Jahre mit einer ganz bestimmten Job-Idee durchs Leben gehen. Wenn es beruflich gerade ganz gut läuft, verschwindet sie vielleicht in den Hintergrund. Beim nächsten Frustanfall im Büro taucht sie dann aber wieder auf und mit ihr die ewige Frage danach, wie es wäre, alles hinzuschmeißen und noch mal neu anzufangen. Bei den einen bleibt es beim Tagträumen. Die anderen wählen jedoch instinktiv den Lösungsansatz, den sie in der Uni oder im Job gelernt haben, sie erstellen einen Plan oder noch besser: den Masterplan.

GROSSPROJEKT OHNE REALITÄTSCHECK

Dieses Vorgehen mag funktionieren, wenn du schon sehr genau weißt, wohin du willst. Wenn du etwa eine Stelle als Key Account Manager einer Versicherung suchst, kannst du so vorgehen: Stellenmarkt analysieren, Bewerbung schreiben, Vorstellungsgespräche führen. Was aber, wenn du gar nicht genau weißt, wohin du willst oder du nur eine vage Vorstellung von deiner Zukunft hast, wie es bei einem grundlegenden Karriere-Reboot oft der Fall ist? Die Planung des perfekten Jobs wird auf diese Weise schnell zum Großprojekt, bei dem übersteigerte Erwartungen, Zweifel, Ängste und Unwissen über die eigenen Fähigkeiten schnell die Oberhand gewinnen. Das Ergebnis: Stillstand.

WIR MÜSSEN HANDELN!

Das Erstellen eines Masterplans ist also nicht der richtige Ansatz, um eine grundlegende Veränderung herbeizuführen. Denn nur wer eine Tätigkeit tatsächlich erlebt, kann beurteilen, ob sie zu ihm passt oder eben nicht. Keine Google-Recherche oder YouTube-Sitzung kann das Live-Erlebnis ersetzen. Ob du das Zeug dazu hast, ein eigenes Restaurant zu führen, kannst du nicht am Schreibtisch entscheiden. Dafür musst du erleben, was es heißt, ein Restaurant zu führen.

ERST WENN WIR UNSERE TRÄUME LEBEN, WISSEN WIR, OB SIE DAZU TAUGEN, EIN NEUES LEBEN AUF IHNEN AUFZUBAUEN.

VOM GLÜCK DES SCHEITERNS

Job-Prototypen haben noch einen anderen Vorteil: Du musst kein Risiko eingehen und deinen Job kündigen, um in andere Bereiche einzutauchen. Tom hat über Monate für Freunde und Nachbarn gekocht, bis er wusste, dass er daraus mehr machen wollte. Hospitiere, mache Praktika, übernimm ein Ehrenamt oder lerne in Wochenendjobs, wie sich dein Traumjob tatsächlich anfühlt. Und wenn dir das Ergebnis nicht gefällt? Herauszufinden, dass du etwa als Restaurantleiter eine Niete bist, schließt womöglich eine Tür, aber andere gehen dadurch erst auf. Vielleicht stellst du fest, dass du zwar kein kreativer Koch bist, aber deine Kommunikationsstärke im Service viel eher ausleben kannst. Du hast beim Prototyping nichts zu verlieren, du kannst dabei nur gewinnen! Und es ist offensichtlich: Ohne Test keine Bewertungsgrundlage. Unsere Erfahrung zeigt uns, dass berufliche Veränderung oft ein Prozess ist, der sich durch beständiges Testen, Reflektieren und erneutes Testen auszeichnet. Das ist Life-Design: Jede dieser Schleifen führt dazu, dass du deinem Ziel näher kommst. Denk immer daran: Der Job, der zu dir passt, ist kein Fertigprodukt von der Stange. Keine Antwort, die du nur mit der „richtigen" Fragetechnik oder dem „besten" Test herausfinden wirst. Er ist ein echtes handgemachtes Unikat – gebaut für deine Anforderungen und Bedürfnisse!

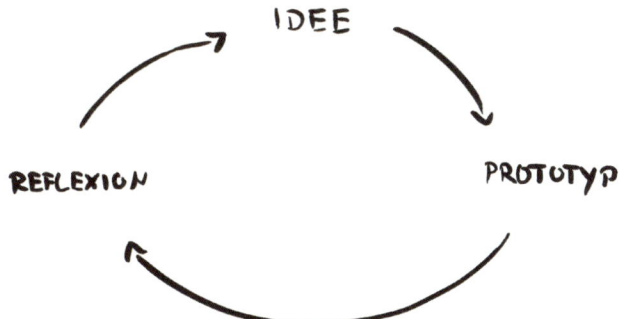

ÜBRIGENS: Auch unsere ersten Workshops haben mit Freunden von Freunden bei uns im Büro stattgefunden, kostenlos und selbst organisiert. Nicht alles lief perfekt, und viele Schwächen haben wir erst dadurch herausgefunden, dass wir es einfach ausprobiert haben. Das Feedback unserer Teilnehmer war uns mehr wert als jede Bezahlung. Diese Erfahrung war für uns so durchschlagend, dass wir daraus ein festes Prinzip gemacht haben: Wenn wir eine neue Idee entwickeln, testen wir sie so schnell wie möglich. Manche haben direkt gezündet, bei anderen waren wir froh, dass wir nicht mehr Zeit investiert hatten.

Prototyping-Regeln

FAIL OFTEN AND EARLY ODER: MACHE FEHLER DANN WENN DU ES DIR LEISTEN KANNST!

Betrachte jedes Scheitern als Lernerfolg. Fehler, die du früh machst, musst du später nicht mehr umständlich korrigieren. Keine Idee der Welt ist im Kopf schon so ausgereift, dass sie in der Realität genauso funktionieren wird. Erst durch „Fehler" wirst du verstehen, was du besser machen kannst. Also, keine Angst vorm Scheitern, sondern im Gegenteil: Freu dich darauf!

GUT IST BESSER ALS PERFEKT ODER: STREBE MACHBARKEIT AN, NICHT PERFEKTION!

Prototypen sind vorläufig. Sie sind Annäherungen und Versuche. Deshalb müssen sie auch nicht perfekt sein. Je schneller ein Prototyp zu realisieren ist, umso besser! Auf die perfekte Umsetzung kannst du später noch genug Zeit verwenden. In dieser Phase geht es vor allem darum, deine Idee irgendwie auf die Straße zu bringen, mit der Betonung auf „irgendwie". Und was, wenn der Prototyp scheitert? Sei dankbar dafür, dass du nur wenig Zeit darauf verwendet hast!

ERST TUN, DANN DENKEN ODER: LERNE AUS KONKRETEN ERFAHRUNGEN!

Viele Menschen haben den Anspruch, alles bis ins kleinste Detail zu durchdenken, bevor sie es tun. Dabei ist Prototyping viel effektiver. Dahinter steckt das Motto „Einfach mal machen". Was in deinen Ohren vielleicht dilettantisch klingt, hat sich bewährt. Erfahre aus erster Hand, ob deine Annahmen tatsächlich stimmen, positive wie negative. Unserer Erfahrung zeig: Jede Job-Idee lässt sich relativ einfach und ohne viel Aufwand als Prototyp ausprobieren. Und der sollte selbstverständlich gründlich analysiert werden – und zwar nachdem man ihn getestet hat!

SECHS GRÜNDE FÜRS AUSPROBIEREN
→ Der Beweis, ob es klappt, ist nur physisch erlebbar.
→ Es geht schnell und kostengünstig.
→ Du erkennst Probleme frühzeitig und kannst sie noch lösen.
→ Du minimierst das Risiko.
→ Du verwandelst abstrakte Ideen in konkrete Projekte.
→ Du erhältst wertvolles Feedback von Dritten (Kollegen, Kunden, Kooperationspartnern etc.).

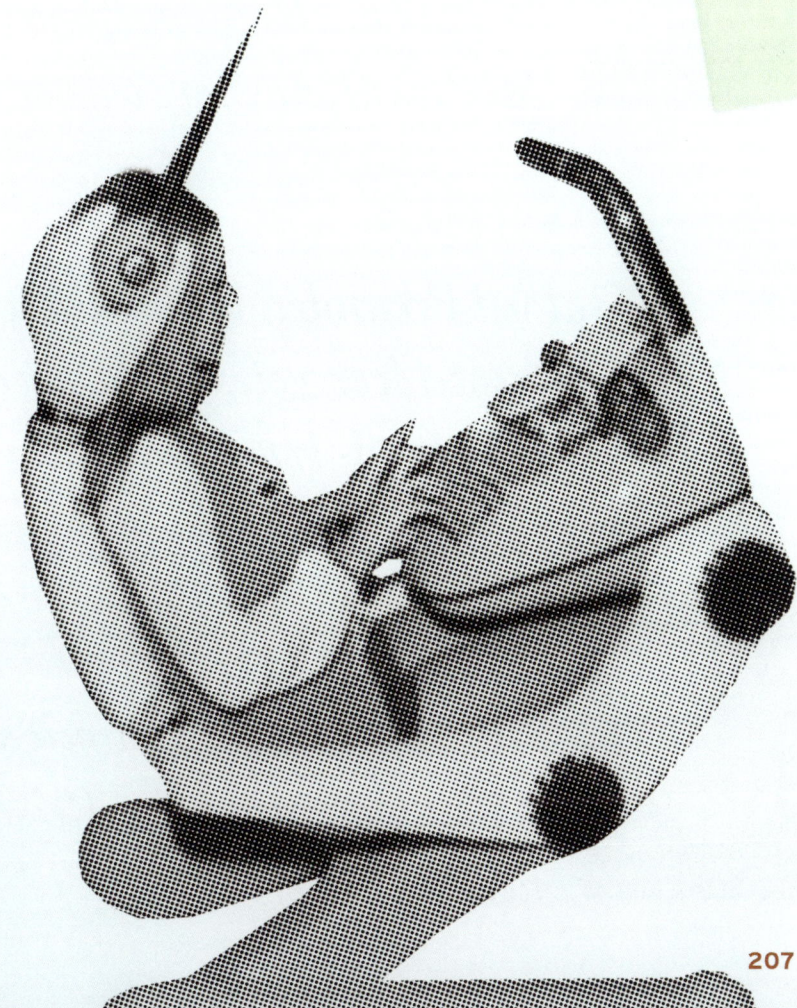

Wir stellen vor:

WILLKOMMEN IN DER WELT DES PROTOTYPING.
Wir stellen dir hier ein paar Life-Designer und ihre Prototypen vor. Sie haben ihre Job-Ideen auf sehr unterschiedliche Art und Weise getestet. Aber sie alle verbindet die Lust am Ausprobieren.

Alexander Fröhlich

Wusste nach einem Probetag beim Maßschuhmacher, was er will.

THOMAS BLOME

Hat bei Freunden und Nachbarn seine Rezept-Ideen getestet, bevor er seinen Traum vom Food-Truck wahr werden ließ.

Julian Weisse

Hat sich eine Auszeit mit seiner Familie genommen, um beim Reisen sein Leben neu zu sortieren.

Markus Querengässer

Hat einen Tag als Tischler gearbeitet und dabei ganz neue Talente an sich entdeckt.

Gerhard Raith

Hat ein Jahr lang jeden Samstag in einem Friseursalon mitgearbeitet, bis er sich sicher war, das ist es.

Sandra Spinneken

Arbeitet einen Tag die Woche auf dem Bauernhof und lebt ihren Traum vom Arbeiten in der Natur bei Wind und Wetter.

Acht Prototypen

KALTES UND WARMES PROTOTYPING

Wir unterscheiden Life-Design-Prototypen in zwei Kategorien: kalte und warme Prototypen. Warme Prototypen kannst du bequem von zu Hause aus erstellen. Sie haben den Vorteil, dass sie relativ schnell durchführbar sind und du deine Komfortzone dafür nicht verlassen musst. Sie sind der einfachste Weg, etwas über einen Job herauszufinden. Gleichzeitig fehlt ihnen die Genauigkeit. Kalte Prototypen stammen aus zweiter oder dritter Hand – sie sind also nicht durch dich erlebt und erfahren, sondern sind Job-Ideen anderer Menschen. Deshalb kannst du dich auf ihre Ergebnisse nicht so gut verlassen. Das Live-Erlebnis hingegen bieten dir nur warme Prototypen. Sie erfordern jedoch deutlich mehr Einsatz: Um sie durchzuführen, musst du dich aufmachen und deine Job-Idee tatsächlich in der Realität ausprobieren. Dadurch gewinnst du jedoch auch genauere Erkenntnisse.

Die Vorteile und Besonderheiten der acht Wege des Prototyping werden wir dir auf den folgenden Seiten vorstellen.

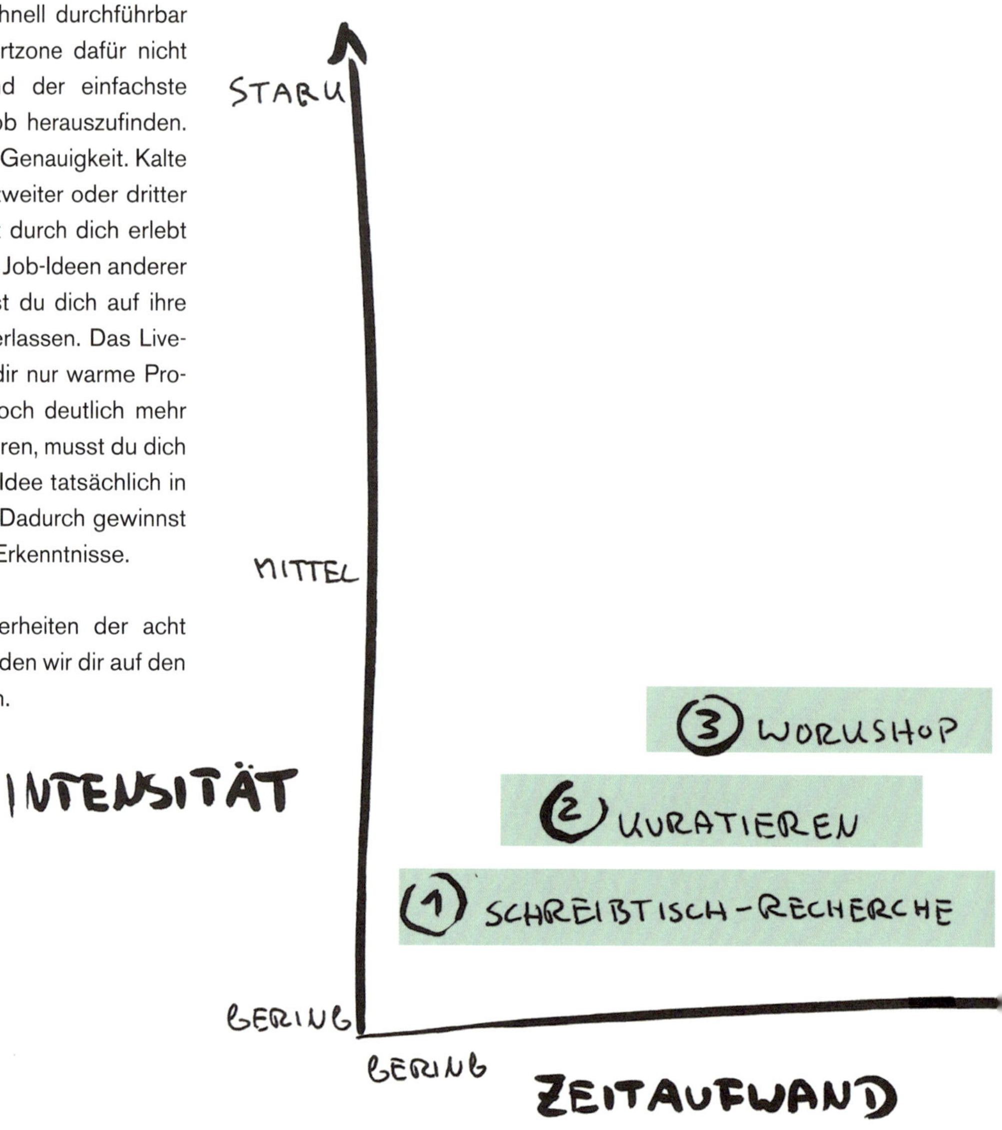

INTENSITÄT (STARK / MITTEL / GERING) × ZEITAUFWAND (GERING)

① SCHREIBTISCH-RECHERCHE
② KURATIEREN
③ WORKSHOP

ARBEITEN MIT DEN ACHT PROTOTYPEN

Die Vorgehensweise beim Prototyping hängt von drei Faktoren ab:
JOB-IDEE: Wie leicht ist sie zu testen?
LEBENSSITUATION: Wie viel Zeit kannst du investieren?
RISIKOBEREITSCHAFT: Wie weit willst du gehen?

Wir möchten dir hier acht Arten des Job-Prototyping vorstellen, die sich vor allem in Intensität und Aufwand deutlich voneinander unterscheiden. Jede einzelne bietet dir aber die Möglichkeit, dich deiner Job-Idee anzunähern und herauszufinden, ob sie tatsächlich zu dir passt.

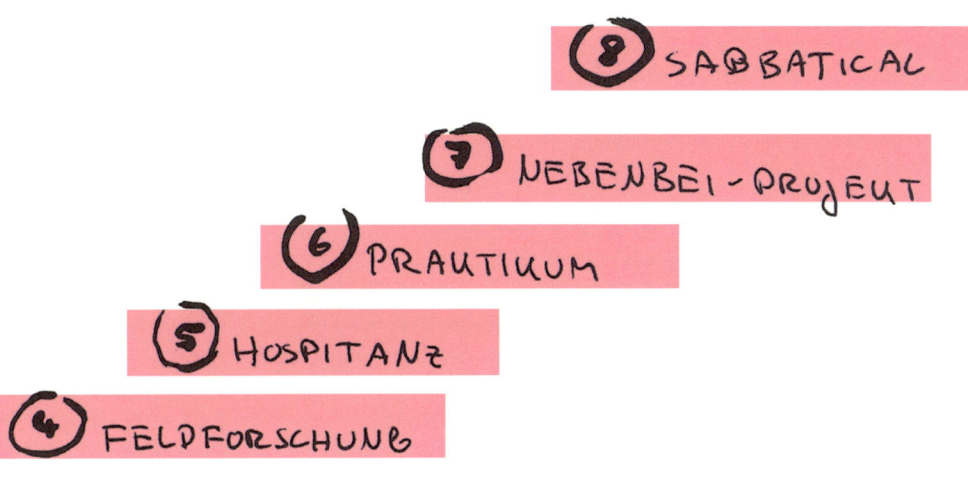

Schreibtisch-Recherche

PROTOTYP 1: SCHREIBTISCH-RECHERCHE
INTENSITÄT: GERING
ZEITAUFWAND: GERING

ERSTELLE DEINEN RECHERCHE-PLAN
Desk-Research ist der einfachste und am häufigsten genutzte der acht Wege des Prototyping. Du kannst ihn bequem vom Schreitisch aus durchführen und dafür alle Recherche-Mittel nutzen, die dir zur Verfügung stehen, wie das Internet oder eine Telefon-Recherche. Desk-Research kannst du aber auch in gut sortierten Bibliotheken und Buchhandlungen durchführen. Trotz seiner Einfachheit erfordert dieser Prototyp eine gute Vorarbeit. Erstelle zunächst einen Recherche-Plan: Welche Fragen möchtest du klären? Was willst du genau herausfinden? Wen kannst du fragen? Was genau kannst du von jedem Ansprechpartner in Erfahrung bringen? Sortiere deine Fragen so, dass du von ein paar Leitfragen, die möglichst allgemein sind, zu immer spezielleren Fragen kommst. Und denk dran: Eine einzelne Meinung reicht nicht aus, du musst ein Problem immer von möglichst vielen Seiten beleuchten!

DAS INTERNET ALS STARTPUNKT
Du hast eine Job-Idee. Was ist das erste, was du machst? Na klar, du googelst oder suchst bei YouTube nach Informationen. Über eine erste Suchabfrage findest du schnell relevante Webseiten, Blogs und Überblicksartikel. Lies dich in das Thema ein, verschaffe dir einen Überblick. Nutze Desk-Research als Startpunkt für den Einstieg in persönliche Interviews.

MANCHES STEHT NUR IN BÜCHERN
Vieles wirst du online finden. Aber gerade die tiefergehenden Informationen wirst du eher in Büchern als im Web finden. Bei deiner Suche wirst du schnell herausfinden, was die „Bibel" auf dem jeweiligen Gebiet ist. Besorg dir das Buch, entweder kaufst du es oder du fährst in die nächste Bibliothek. Per Fernleihe sind so gut wie alle Bücher bestellbar und in wenigen Tagen verfügbar.

EINFACH ANRUFEN

Nimm dein Telefon und ruf Menschen an, die deine Fragen beantworten können. Menschen, die bereits in deinem Traumjob arbeiten oder eine ähnliche Idee schon umgesetzt haben. Menschen, die in der Branche arbeiten, die dich interessiert. Menschen, die zu einem Thema, das du spannend findest, in Erscheinung treten, sei es als Blogger, als Speaker oder Buch-Autoren. Viele scheuen davor zurück, mit solchen Experten in ein persönliches Gespräch zu gehen. Dabei haben wir die Erfahrung gemacht, dass die meisten Menschen sehr auskunftsbereit sind, wenn es um ihre Arbeit geht, und sie sich über das Interesse freuen.

FOLGE DEINEM PLAN, AUCH WENN SICH UMWEGE AUFTUN

Schon bei einer einfachen Recherche wirst du merken, dass sich nicht alle deine Fragen leicht beantworten lassen und dass ganz neue Fragen auftauchen. Folge solchen Umwegen und baue sie in deinen Plan ein. Denk aber daran, was die eigentliche Frage war, und versuche der Antwort auf die Spur zu kommen. Übrigens: Manchmal ergeben sich ganz neue Ideen, wenn du anfängst, dich in einem Thema auszukennen. Wenn das passiert, nimm die Idee auf deiner Wall auf!

Werde zum Kurator

ARBEITE WIE EIN KURATOR UND ERSTELLE EINEN 3-D-PROTOTYPEN
PROTOTYP 2: WORK-LIFE-ROMANCE-KURATOR
INTENSITÄT: GERING
ZEITAUFWAND: MITTEL

Diese Vorgehensweise stammt aus dem Museumsbetrieb. Wenn Kuratoren in Museen eine Ausstellung planen, nutzen sie oft ein verkleinertes Modell des Museums zum Test-Hängen der Bilder. Alle Werke werden maßstabsgetreu verkleinert und an die Wände des Modells gehängt. Auf diese Weise können die Ausstellungsmacher einfach und günstig ausprobieren, ob die Hängung, die sie sich vorgestellt haben, auch funktioniert, ob Sichtachsen, Lichteinfall und Besucherführung richtig sind. Mit diesem Tool kannst du dein Leben kuratieren und verschiedene Konstellationen „probehängen".

DEIN LEBEN IN EINEM SCHUHKARTON
Und so funktioniert es: Du erstellst für jedes Szenario deines zukünftigen Lebens eine Ausstellung und kannst sie dann von oben beurteilen. Wie sehr entspricht dieses Leben deinen Zielen, deinen Vorstellungen und Idealen? Wie fühlt sich dieses Leben an? Durch die Visualisierung kannst du einen prototypischen Eindruck von deiner Work-Life-Romance entwickeln. Probiere es aus und werde zum Kurator!

DEINE AUFGABE: KURATIERE DEIN LIFE-DESIGN!
Das brauchst du für diesen Prototypen:
Ausreichend Pappe, idealerweise mehrere Schuhkartons oder ähnliche Boxen, Papier, Schere, Stifte, Stattys, Zeitschriften, Kleber und Tesafilm, deinen Life-EQ.

SCHRITT 1
Ordne zunächst jedem Bereich aus deinem Life-EQ einen Schuhkarton zu. Verbinde sie mit Durchgängen und ordne sie als Ausstellungsräume neben- oder hintereinander an.

SCHRITT 2
Entwickle dann auf einem Blatt Papier unterschiedliche Szenarien, wie deine Job-Ideen, und damit auch dein zukünftiges Leben, aussehen könnten. Gib jedem Szenario einen Namen und beschreibe es mit ein paar Sätzen oder Stichpunkten.

BEISPIEL SZENARIO:
„IT-Consultant in Teilzeit + Ausbildung als Barista:
Ich arbeite weiter in meinem Job als IT-Consultant, reduziere allerdings auf 25 Stunden pro Woche. In meiner freien Zeit möchte ich als Barista arbeiten. Dafür werde ich im kommenden Jahr eine Weiterbildung machen."

SCHRITT 3
Visualisiere nun nacheinander jedes Szenario in den Schuhkartons. Wie würden die Bereiche deines Life-EQ in dem beschriebenen Szenario aussehen? Nutze dazu Stattys, Bilder aus Zeitschriften oder eigene Zeichnungen, die du wie Bilder in eine Ausstellung hängst. Wenn du mit einem Szenario fertig bist, dokumentierst du die Ausstellung, hängst sie wieder ab und beginnst mit dem nächsten Szenario – in den gleichen Ausstellungsräumen.

SCHRITT 4
Bewerte die verschiedenen Szenarien nach den folgenden Kriterien: Wie ist der Gesamteindruck? Was sagt dein Bauchgefühl? Erscheint das Szenario umsetzbar oder siehst du sofort Probleme? Für jedes Kriterium kannst du bis zu zehn Punkte vergeben. Addiere dann die Punkte und bring die Szenarien den Punkten nach in eine Reihenfolge. Notiere dir, ob und was dir noch fehlt, um ein klareres Urteil fällen zu können.

DOKUMENTATION:
Dokumentiere jede Ausstellung mit Fotos und/oder Video. So kannst du sie immer wieder miteinander vergleichen.

IT-Consultant plus Barista

Jeder Raum repräsentiert einen Bereich deines Life-EQs. Fülle die Räume mit deinen bisher erarbeiteten Ideen und überprüfe, ob dein angestrebter Wert auf dem Life-EQ sich so herstellen lässt.

Triff dein Designteam!

DEINE PERSÖNLICHEN BERATER ZUSAMMENTROMMELN
PROTOTYP 3: WORKSHOP MIT DEINEM DESIGN-TEAM
INTENSITÄT: MITTEL
ZEITAUFWAND: MITTE

Dein Design-Team stand dir bereits an vielen Stellen dieses Buches zur Seite; sei es als Unterstützer, Berater oder Ideengeber. Jetzt ist der Zeitpunkt gekommen, eine Team-Konferenz einzuberufen. Versuche dafür so viele Mitglieder deines Design-Teams wie möglich an einem Ort zusammenzubringen. Nutze diese Zusammenkunft, um ihnen deine bisherigen Ergebnisse vorzustellen und gemeinsam deine Ideen auf Umsetzbarkeit zu testen.

NUTZE DIE DISNEY-METHODE
Organisiere den Ablauf mithilfe der Disney-Methode in drei Phasen: Träumer, Kritiker, Realist. Die einzelnen Phasen sollten klar voneinander abgegrenzt werden. Wenn du nicht wie Walt Disney die Räume wechseln kannst, dann änderst du einfach die Sitzordnung und die Methode. Ein Schritt könnte ein klassisches Brainstorming sein, ein anderer als Diskussion oder mit Kleingruppen organisiert sein. Für jede der drei Phasen kannst du dich an diesen Fragen orientieren:

1 TRÄUMER:
Wie könnte die Idee noch verbessert oder erweitert werden? Was sind die positiven Aspekte? Wer oder was könnte die Umsetzung dieser Idee noch unterstützen?

2 KRITIKER:
Was sind die Nachteile? Wo könnten Stolpersteine, Hürden oder Risiken liegen? Was muss ich beachten, um nicht zu scheitern?

3 REALIST:
Wie kann die Idee nach Beurteilung der Chancen und Risiken eingestuft werden? Was könnten nächste Schritte sein? Welche konkreten Tipps kann dein Team dir geben?

Die gemeinsamen Stunden sollen vor allem dazu dienen, deine Job-Ideen deinen Unterstützern vorzustellen und ein umfangreiches Feedback zu bekommen. Idealerweise kann dein Design-Team dich auch beim Netzwerken unterstützen und dich mit den richtigen Menschen in Kontakt bringen.

MÖGLICHER ABLAUF

15:00 UHR Eintreffen und Begrüßung: Erkläre das Ziel dieses Workshops
15:30 UHR Vorstellen der bisherigen Ergebnisse mit Schwerpunkt Job-Ideen
16:00 UHR Phase Träumer
16:30 UHR Phase Kritiker
17:00 UHR Phase Realist
17:30 UHR Auswertung der drei Schritte in Richtung Umsetzung: Wie kann es weitergehen?
18:00 UHR Ausblick und Verabschiedung
18:30 UHR Ende

PROTOTYPEN-WORKSHOP BEI DER BUCHERSTELLUNG

Auch wir haben bei der Fertigstellung des Buches dieses Tool regelmäßig genutzt. Als das Buch in groben Zügen fertig war, haben wir regelmäßige Testleser-Workshops veranstaltet, um die einzelnen Abschnitte des Buches auszuprobieren: Funktionieren unsere Tools? Gibt es einen gelungenen Lesefluss? Ist die Sprache stimmig? Ohne die Unterstützung unserer Community hätten wir das nie herausfinden können. Dabei haben wir einige der Treffen bei uns im Büro veranstaltet, andere über Google Hangouts online mit Testlesern aus dem ganzen deutschsprachigen Raum durchgeführt.

Feldforschung

GEHE RAUS IN DIE WELT UND FRAGE
PROTOTYP 4: FELDFORSCHUNG
INTENSITÄT: MITTEL
ZEITAUFWAND: MITTEL

Hier geht es jetzt endlich an die „warmen" Prototypen! Warm bedeutet, dass du die sicheren vier Wände verlässt und deine Job-Ideen in der Realität untersuchst. Feldforschung ist der erste Schritt auf diesem Weg. Die Idee hinter diesem Prototyping-Tool ist so simpel wie effektiv: Geh zu denen, die deinen Traum schon leben und frage sie um Rat. Du willst ein Café aufmachen? Dann frag einen Café-Besitzer, was das tatsächlich bedeutet! Du möchtest Sportlehrer werden? Dann such dir einen auskunftsfreudigen Sportlehrer und hör dir an, was er zu sagen hat.

SCHRITT 1 : Erstelle einen Plan
Überlege dir im Vorfeld, wohin du für die Feldforschung gehen willst. Folgende Fragen solltest du im Vorfeld beantworten:

→ Welche Menschen willst du treffen? Welche Orte willst du besuchen?
→ Wie viel Zeit hast du für die einzelnen Besuche?
→ Musst du im Voraus Termine vereinbaren und wenn ja, mit wem?
→ Auf welche Fragen brauchst du Antworten?

Unser Tipp: Bereite dich auf jedes Gespräch gut vor. Wenn dein Gegenüber merkt, dass du gut vorbereitet bist, wird er dir umso lieber Auskunft geben.

<u>Das brauchst du für diesen Prototypen:</u>
Ein Notizblock, ein Aufnahmegerät und eine Kamera (oder ein Smartphone, das beides kann)

SCHRITT 2: Gehe ins Feld
Folge deinem Plan und observiere vor Ort. Wenn du mit Menschen redest, sei von Anfang an transparent: Erkläre ihnen ausführlich, was du machst und warum. Je offener du bist, umso offener werden sie mit dir sein. Gib ihnen deine Kontaktdaten, für den Fall, dass sie dich noch einmal kontaktieren möchten. Sei neugierig auf alles, was sie dir sagen können. Die meisten Menschen geben bereitwillig Auskunft, wenn sie das Gefühl haben, als Experten angesprochen zu werden.

SCHRITT 3: Mache dir Notizen!
Deine Feldforschung kann noch so ergiebig gewesen sein; ohne Dokumentation wird sie dir nicht viel nutzen. Denke also immer daran, die gewonnenen Informationen zu sichern. Das kannst du am besten, wenn du Gespräche direkt oder im Anschluss schriftlich zusammenfasst. Noch besser sind Tonaufnahmen. Dadurch bist du in Gesprächen nicht abgelenkt und kannst dich ganz auf dein Gegenüber konzentrieren. Wichtig: Frage vor jedem Tonmitschnitt dein Gegenüber nach seinem Einverständnis! Gleiches gilt für Fotos oder Videos.

SCHRITT 4: Halte Ergebnisse fest
So bald wie möglich nach deinem Feldbesuch solltest du deine Ergebnisse zusammenfassen. Gehe zu deinem vorher erstellten Fragenkatalog zurück (Schritt 1) und notiere dir, welche davon du ausreichend beantworten kannst. Welche neuen Fragen haben sich ergeben? Wie kannst du diese noch beantworten? Oft sind mehrere Feldbesuche notwendig, um genügend Einblick zu bekommen. Übertrage deine Ergebnisse auf deine Wall.

Hospitanz

JOB-IDEEN DIREKT AUSPROBIEREN
PROTOTYP 5: HOSPITANZ
INTENSITÄT: STARK
ZEITAUFWAND: MITTEL

Es gibt keinen direkteren Weg des Prototypings als einen Job unter Realbedingungen auszuprobieren! Und das ist oft einfacher, als du vielleicht denkst. Wenn wir den Teilnehmern in unseren Workshops vorschlagen, ihre Job-Idee einfach mal für ein paar Tage zu testen, kommt häufig die gleiche Reaktion: „Das geht doch nicht!" Tatsächlich ist es überhaupt nicht schwierig, ein paar Tage in einen anderen Job einzutauchen. Warum sollte man dir nicht erlauben, für ein paar Tage zum hospitieren vorbeizukommen? Viele unserer Kunden sind durch eine Hospitanz in ihren zukünftigen Job gekommen. Sei dabei mutig und hartnäckig. Und lass dich von Absagen nicht einschüchtern.

WIE VIEL ZEIT MUSS ICH INVESTIEREN?
Wie lange dein Prototyping dauern soll, entscheidest du. Einerseits hängt es natürlich davon ab, wie viel Zeit dir zur Verfügung steht oder wie viel Zeit du dir nehmen willst. Manche nehmen sich einen Tag Zeit und andere eine ganze Woche. Du solltest dir die Frage stellen, was du konkret erreichen willst. Eine Hospitanz nimmt nicht so viel Zeit in Anspruch. Wenn du tiefer eintauchen willst, dann solltest du den nächsten Prototypen in Betracht ziehen: das Praktikum.

DIE QUAL DER WAHL
Wie viele Tage und bei wie viel unterschiedlichen Firmen du hospitierst, hängt von dir ab. Wir raten Menschen, die von einem bestimmten Job träumen, aber noch gar keine praktische Erfahrung darin haben, erst mal bei unterschiedlichen Arbeitgebern eine Hospitanz anzufragen, um ein möglichst breites Spektrum an Eindrücken zu bekommen. Über unsere eigenen Erfahrungen mit Hospitanzen schreiben wir übrigens am Ende dieses Kapitels.

ESCAPE FROM YOUR DESK
Inzwischen gibt es sogar Anbieter, die dich bei der Suche und Vermittlung von Mini-Sabbaticals unterstützen. Einer davon ist „Descape". Über Descape hat Markus Querengässer drei Tage bei einem Tischler gearbeitet. Über seine Motivation, die Tage in der Werkstatt und was er dadurch gelernt hat, schreibt er in seinem Erlebnisbericht.

Hartes Holz & harte Arbeit

Von Markus Querengässer

Nach meinem internationalen BWL-Studium habe ich in einer Unternehmensberatung gearbeitet und war anschließend fünf Jahre in einem großen Konzern für die Themen „Strategie", „Projektmanagement" und „Vertrieb" zuständig. Um mir darüber klar zu werden, was ich eigentlich will, habe ich Anfang 2014 meinen Job gekündigt. Die freie Zeit habe ich für viele Dinge genutzt, für die sonst keine Zeit da war: Ich habe Segeln gelernt und begonnen, Gitarre zu spielen.

 Die Möglichkeit, in einen völlig fremden Job unverbindlich reinzuschnuppern, hat mir spontan gefallen, und die Tischlerei fand ich sehr spannend. In meinem alten Job war es manchmal frustrierend, weil Ergebnisse selten sofort greifbar und ersichtlich waren. Dass man als Tischler das Ergebnis seiner kreativen Arbeit unmittelbar vor sich hat, hat mich gereizt. Und so war es auch: Am Ende meiner Arbeit stand tatsächlich ein hochwertiger Designtisch da, den ich fast komplett mit meinen eigenen Händen gebaut hatte.

Markus Querengässer

 Faszinierend fand ich, wie lang die einzelnen Arbeitsschritte dauerten, um einen Tisch herzustellen, vor allem wenn er aus Roteiche besteht. Ein hartes Stück Holz benötigt eben auch ein hartes Stück Arbeit. Die Wertschätzung für dieses Handwerk hatte ich vorher nicht. Mitgenommen habe ich vor allem die Erfahrung, dass ich auch in anderen Bereichen erfolgreich sein kann. Ich muss Dinge einfach nur mal ausprobieren und auch eine Weile verfolgen, um zu sehen, wie sie sich entwickeln. Dieses Wissen empfinde ich als Bereicherung.

 Trotz der tollen Erfahrung will ich aber in Zukunft nicht als Tischler arbeiten. In meinen alten Job will ich auch nicht zurück. Ich arbeite derzeit daran, mich selbstständig zu machen. Dafür baue ich mir mehrere Standbeine auf. Einerseits verfolge ich die Tätigkeit als Trainer und Coach für Kommunikation und Teameffizienz. Andererseits will ich mich als freier Redner für Hochzeitszeremonien etablieren. Zu dieser Idee kam ich eher zufällig. Eine gute Freundin hatte mich gefragt, ob ich auf ihrer Hochzeit die freie Trauung durchführen könnte. Sie hatte meine eigene Hochzeit erlebt und fand sie toll. Zudem spreche ich die drei Sprachen, die für ihre internationalen Gäste notwendig waren.

 Um ehrlich zu sein, war ich zunächst von der Anfrage überrascht, habe dann aber zugesagt und bin ins kalte Wasser gesprungen. Die Vorbereitung und Abstimmung über drei Länder hinweg war sehr abwechslungsreich; der intensive Kontakt mit dem Paar, den Freunden und der Familie bereichernd. Schließlich war die Zeremonie wunderschön, für das Paar und auch für mich. Ich habe gemerkt, dass mir die Tätigkeit Spaß bereitet. Dass ich das einmal zu meinem Beruf machen könnte, hätte ich nie gedacht. Jetzt probiere ich es einfach aus und arbeite mich Schritt für Schritt an mein Ziel.

Praktikum

TRAUMJOBS UNVERBINDLICH TESTEN
SYSTEMATIK
PROTOTYP 6: PRAKTIKUM
INTENSITÄT: STARK
ZEITAUFWAND: MITTEL

EIN PRAKTIKUM KANN GANZ UNTERSCHIEDLICHE FORMEN ANNEHMEN

Wer andere Jobwelten entdecken will, muss dafür nicht erst seinen Job kündigen oder den Jahresurlaub dafür verwenden. Ein Praktikum ist in der Regel für jeden umsetzbar, der bereit ist, eine Urlaubswoche zu investieren. Aber es muss nicht immer nur durch Urlaub sein: Gerhard Raith, der heute sowohl als Frisör als auch als Controller arbeitet, hat ein Jahr lang neben seinem Vollzeit-Job jeden Samstag im Salon gejobbt, um zu testen, ob er sich diesen Beruf wirklich vorstellen kann. Nach den zwölf Monaten war er sich sicher: Das ist es! In der Regel sind Praktika jedoch in einem Block.

Gerhard Raith

MUSS ICH UNENTGELTLICH ARBEITEN?

Praktika bis drei Monate können unbezahlt sein. Danach gilt seit dem 1. Januar 2015 der Mindestlohn von 8,50 Euro pro Stunde. Genau genommen trifft die Mindestlohn-Regelung dann nicht zu, wenn das Praktikum zur Orientierung bei der Berufswahl gemacht wird. Solange du möglichst viel über den Beruf lernst, profitierst du ja vom Praktikum. Erst wenn deine Arbeitsleistung ausgenutzt wird und deine Lernkurve nicht mehr stimmt, solltest du entweder Geld verlangen oder aufhören.

WIE LANGE SOLLTE DAS PRAKTIKUM SEIN?

Unserer Meinung nach fängt ein Praktikum ab einer Woche an. Im Gegensatz zur Hospitanz lernst du einen Beruf tiefer kennen, du bist eingebunden in den Rhythmus deines Praktikumbetriebs und erlebst den Alltag. Ein bis zwei Wochen reichen aus, um einen Eindruck von der Arbeit zu bekommen und ein Gespür dafür, ob sie einem liegt. Nutze die Zeit auch, um deine Kollegen dort zu befragen und möglichst viel über die Inhalte, aber auch die Rahmenbedingungen zu erfahren.

VOLUNTEERING: DURCH FREIWILLIGEN-ARBEIT IN BERUFSFELDER SCHNUPPERN

In vielen sozialen Bereichen kannst du als Volunteer ein Arbeitsfeld kennen lernen. Das kann im Naturschutz oder im Bereich Flüchtlingshilfe sein oder auch im Bereich Nachhaltigkeit. Es gibt viele Organisation, die solche Plätze vermitteln – im In- oder Ausland. Wenn du dich gleichzeitig sozial engagieren und etwas neues lernen willst, könnte Freiwilligen-Arbeit genau das richtige sein.

Robert Kötter

VON SCHWEDISCHEN HÄUSERN UND JAPANISCHEN BAUERN

„Ich selber habe zwar nie in meinem Leben ein Praktikum gemacht, dafür allerdings als Volunteer sehr viel erlebt. Mit dem Service Civil International, einer internationalen Freiwilligenorganisation, habe ich das Haus einer schwedischen Volkshochschule renoviert, Kindern in Albanien und nach dem Krieg auch im Kosovo sowohl Filme als auch das Müllsammeln nähergebracht und in Japan einem Bauern geholfen, eine Wohnung für Obdachlose zu renovieren. Bei diesen Einsätzen habe ich nicht nur tolle Menschen kennen gelernt und mich für tolle Projekte engagiert, sondern ganz nebenbei noch unterschiedliche Arbeitsformen und Jobs kennen gelernt."

Nebenbei-Projekte

AUS DER SICHERHEIT HERAUS NEU ANFANGEN
SYSTEMATIK
PROTOTYP 7: NEBENBEI-PROJEKTE
INTENSITÄT: STARK
ZEITAUFWAND: GROSS

Du glaubst, dass dein Karriere-Reboot mit der Kündigung deines aktuellen Jobs einhergehen muss? Sehr wahrscheinlich ist das gar nicht nötig. Denn viele Menschen, die du in diesem Buch kennen gelernt hast, haben einen anderen Weg gewählt: Sie haben ihre Job-Ideen nebenberuflich aufgebaut. Erinnerst du dich noch an die Geschichte von Toms Food-Truck? Das ist ein typisches Beispiel für ein solches Nebenbei-Projekt. Für viele Karriere-Reboots ist diese Form des Prototyping ein optimaler Start. Du behältst die Sicherheit eines festen Gehalts und setzt deine Job-Idee als Zusatzprojekt um. Das kann die Naturpädagogin sein, die einen Kurs pro Woche gibt, der Wedding-Planner, der zunächst nur einen Auftrag annimmt und ihn neben seinem eigentlichen Beruf ausführt oder ein Coach, der seine Kunden abends oder am Wochenende empfängt.

SUBHEAD

Nebenbei-Projekte ermöglichen dir, deine Job-Ideen über einen längeren Zeitraum auszuleben ohne auf die Sicherheit eines festen Einkommens zu verzichten. Denn diese Projekte zeichnen sich dadurch aus, dass du sie dann ausübst, wann es dir passt. Das kann im Feierabend sein oder am Wochenende. Einige unserer Workshop-Teilnehmer reduzieren ihre Arbeitszeit, um sich einen oder zwei Tage in der Woche ihrem Nebenbei-Projekt zu widmen. Anders als in einer Hospitanz oder einem Praktikum ermöglichen dir solche Projekte, Schritt für Schritt an deiner Job-Idee zu arbeiten, und sie immer weiter auszubauen, bis sie schließlich so weit ist, dass du dich ihr voll und ganz verschreibst. Unterliege nicht dem Irrtum, dass du alle Brücken hinter dir abbrechen musst, um etwas Neues aufzubauen! Dann wirst du den Neubeginn womöglich nie wagen. Starte lieber ein Nebenbei-Projekt und entscheide dich für den nächst größeren Schritt wenn du es so willst.

VOM PROTOTYP ZUM LEBENSMODELL

Ist bei vielen Nebenbei-Projekten zunächst der Traumjob-Test das Ziel, kann aus dem Versuchsballon auch ein langfristigeres Modell werden. So wie bei Sandra Spinneken. Die 42-jährige Verlagskauffrau und Kommunikationsexpertin arbeitet vier Tage die Woche bei einer großen gemeinnützigen Stiftung. Diese Arbeit gefällt ihr sehr gut. Sandra hat jedoch eine große Leidenschaft für die Natur. Sie liebt es, mit Pflanzen zu arbeiten – eine Leidenschaft, die sie in ihrem Bürojob nicht ausleben kann. Nach einer achtmonatigen Weltreise und langem Nachdenken hat sich Sandra entschlossen, eine Weiterbildung zur Kräuterfachfrau zu absolvieren und jeden Freitag auf einem Bauernhof zu arbeiten. Als Mitglied der Solidarischen Landwirtschaft auf dem Gut Wegscheid bei Aachen steht sie nun einmal die Woche bei Wind und Wetter auf dem Feld bei ihren Kräutern.

WIE SCHAFFE ICH ZEIT FÜR DAS NEBENBEI-PROJEKT?

Für alle, die einen Vollzeitjob haben, ist ein Nebenbei-Projekt schwer zu stemmen. Zu knapp bemessen die Freizeit, zu anstrengend die Arbeit. Dennoch empfehlen wir zu versuchen, die Zeit für das Neue zu finden. Es muss ja nicht viel sein, vielleicht reicht schon eine Stunde am Abend oder ein Samstagvormittag aus, um eine Idee zu testen.

Die andere Möglichkeit ist es, in Teilzeit zu gehen: Weniger Arbeiten und die freie Zeit für die eigenen Projekte zu nutzen. Das geht natürlich mit weniger Einkommen daher und dem Verzicht auf den einen oder anderen Luxus. Tatsächlich erleben viele, die so ein „Downshifting" erst mal ausprobieren, gerade den Verzicht als befreiend. Wer denkt, dass Teilzeit bedeutet, dass es mit Führungsaufgaben und Karriere dann vorbei ist, dem würden wir gerne das Modell „Jobsharing" vorstellen. Wir glauben, dass das Teilen von Positionen ein Modell der Zukunft ist.

Sandra Spinneken

ARBEITEN AUF DEM BAUERNHOF

„Das Thema Bauernhof und vor allem das Thema Kräuter hat mich einfach gepackt. Nach meinem ersten Tag auf dem Hof war mir schnell klar: Das will ich machen! Ich habe mir dann überlegt, das zunächst als sinnvolles Ehrenamt zu beginnen, um dann offen zu sein für das, was passieren wird. Geld bekomme ich dafür erst mal nicht und das wird auch in absehbarer Zeit so bleiben. Aber die Arbeit in und mit der Natur, vor allem mit den Kräutern, die Gemeinschaft der Leute dort und überhaupt dieser Ort entschädigen für alles! Seit Anfang des Jahres gehe ich nun auch noch meiner anderen langjährigen Leidenschaft nach: dem Yoga. Im Januar habe ich (berufsbegleitend) eine zweijährige Ausbildung zur Yogalehrerin angefangen. Der Weg geht weiter!"

TESTIMONIAL DESIGN YOUR LIFE

Zwischen Medizin und Comic-Kunst

Fünf Tage die Woche im selben Büro zu sitzen, mit den selben Kollegen und jahrelang den selben Job zu machen, das kann irgendwann eintönig werden. Doch welche Alternative gibt es, ohne gleich alles hinzuschmeißen? Das zeigt das Beispiel von Georg von Westphalen.

Der Mediziner, der Karriere beim Ärzte-Portal DocCheck gemacht hat, hatte eines Tages das Gefühl, dass er etwas ändern muss. Seine Leidenschaft seit der Jugend war es, Comics zu zeichnen. Der 42-Jährige wusste aber, wie schwierig es war, allein davon zu leben – und es wäre ihm auch zu eingeschränkt gewesen. „Außerdem wäre ich dann gezwungen, Aufträge anzunehmen, mit denen ich mich nicht identifizieren kann, so wie es meine Kollegen teilweise machen müssen."

Also fragte er seinen Chef, ob er in Zukunft nur noch drei Tage die Woche seinem alten Job nachgehen könnte, um dann zwei Tage Zeit fürs Zeichnen zu haben. Der war überhaupt nicht begeistert. Aber Westphalen war fest entschlossen, sein neues Arbeitsmodell auszuprobieren und weil sein Vorgesetzter ihn als Mitarbeiter nicht verlieren wollte, vereinbarten die beiden schließlich ein entsprechendes Teilzeitmodell. „Jetzt habe ich in beiden Bereichen so viel zu tun, dass ich eigentlich nie fertig werde." Montags freut er sich aufs Büro, aber an den anderen beiden Tagen findet er es auch schön, zuhause zu zeichnen. „Ich bekomme mein regelmäßiges Einkommen von DocCheck und kann mich deshalb beim Zeichnen auf Projekte konzentrieren, die mir am Herzen liegen", erzählt Westphalen.

Georg von Westphalen

KÜNSTLER MIT ÜBERZEUGUNGEN

Für die Figur „Bernd das Brot" vom Kinderkanal entwarf er das Character Design, also den Charakter und das Aussehen – sein bisher größter Erfolg im Zweitberuf. Eines seiner Herzensprojekte jedoch ist das bedingungslose Grundeinkommen, eine gesellschaftliche Idee, die Westphalen fasziniert. Auf seiner Seite cimoc.de zeigt er seinen Comic: „Du bist der Grund für ein Einkommen", den er für die Kölner Initiative Grundeinkommen gezeichnet hat. Feste Überzeugungen spielen eine große Rolle in Westphalens Leben. Obwohl er Medizin studierte, um Arzt werden zu können, erkannte er schon während der Praxisphasen der Ausbildung, dass sein Idealbild des Mediziners wenig mit der Realität zu tun hatte. Es fehlte die Zeit für die Patienten: „Im Gesundheitssystem ist inzwischen fast alles dem Primat der Ökonomie untergeordnet. Wir haben eine ineffiziente Zweiklassenmedizin, zulasten der Patienten."

COMIC-TAGE UND BÜRO-TAGE

Er rät jedem, der mit seinem Leben wegen des Berufs unzufrieden ist, sich zu fragen, was er tun würde, wenn für sein Einkommen gesorgt wäre. „Und wie lässt sich das – vielleicht wenigstens zum Teil – in die heutige Realität übertragen?"

Der Mediziner und Comiczeichner ist sich sicher, dass man bei der Arbeit generell in sehr viel kürzerer Zeit das gleiche schaffen könnte wie heute, wenn man sie nur anders organisieren würde. Sein Chef müsse ihm jetzt weniger Gehalt zahlen, bekomme aber vergleichsweise mehr dafür, weil er viel effizienter arbeite und es auch nicht kategorisch ausschließe, an den Comic-Zeichnen-Tagen etwas fürs Büro zu tun. „Gerade die guten und engagierten Mitarbeiter, die sich sonst einen anderen Job suchen würden, kann man durch solche Möglichkeiten nicht nur halten, sondern auch motivieren." Von diesem Argument ließen sich bestimmt noch mehr Chefs überzeugen.

Jobsharing

ARBEITEN IM TANDEM: ZWEI FRAUEN – EINE FÜHRUNGSPOSITION

Wer einen Vorgeschmack davon bekommen will, wie die Zukunft der Arbeit aussehen könnte, der sollte Anna Altintzoglou und Tina Akbar kennen lernen. Die beiden arbeiten im Personalbereich der Deutschen Telekom und teilen sich eine Führungsposition. Tina arbeitet dabei hauptsächlich von Berlin aus, Anna ist durchgehend vor Ort in der Zentrale in Bonn. Für beide ist das Modell kein Kompromiss, sondern ein bewusster Schritt zu mehr Flexibilität und Freiraum. „Ich will mich nicht zwischen meiner Familie und meinem Beruf entscheiden müssen", erklärt Tina. „Beides sind wichtige Teile meines Lebens, auf die ich nicht verzichten möchte." Und Anna fügt hinzu: „Unser Job ist anspruchsvoll und herausfordernd. Durch das Tandem habe ich neben dem Job immer noch Zeit für Dinge, die mir privat wichtig sind und die zu mir gehören."

KARRIERESCHUB DURCH TOPSHARING

Zum Tandem kamen beide eher zufällig. Als Tina nach der Elternzeit mit ihrem zweiten Kind zurück in den Job kam, sollte sie eine neue Führungsposition in Bonn übernehmen. Ihren Lebensmittelpunkt in Berlin, bei ihrer Familie und ihren Freunden wollte sie dafür aber nicht aufgeben. Sie schlug ihrem Vorgesetzten daher vor, die Stelle als Tandem auszuführen und brachte Anna ins Spiel. Anders als Tina hatte die etwas jüngere Anna zwar noch keine Führungserfahrung, brachte dafür aber eine hohe fachliche Expertise in das Tandem ein. „Für mich bot sich die tolle Chance, Führung ‚on the job' durch einen unmittelbaren Austausch und Coaching im Arbeitsalltag kennen zu lernen und mich so beruflich weiterzuentwickeln", sagt Anna. Das Konzept überzeugte und ihr Arbeitgeber zog mit. Seit 2013 bilden die beiden nun eines von vielen Tandems im Telekom-Konzern. Sie lernen täglich voneinander und genießen den gewonnen Freiraum. Ihr Fazit: „Job-Sharing ist ein Win-Win-Win von dem wir ebenso profitieren wie unser Arbeitgeber und unser Team!"

Anna und Tina haben uns ihre Top-5-Gründe genannt, warum es sich lohnt, als Jobtandem zu arbeiten:

1. VONEINANDER LERNEN

Beide bringen ihre persönlichen Stärken in die Stelle ein, tauschen sich aus und lernen so voneinander. Sie ergänzen sich nicht nur gut, sondern werden durch die Zusammenarbeit besser. Davon profitiert auch ihr Team und ihr Arbeitgeber.

2. MEHR ZEIT

Während Tina ihren freien Montag für Yoga und Zeit mit ihrem Partner und ihren Kinder nutzt, trainiert Anna nicht nur freitags für den nächsten Marathon. Gleichzeitig engagiert sie sich ehrenamtlich für Schulprojekte in Drittweltländern. Die daraus gewonnene Energie bringen sie wiederum in ihre Arbeit ein.

3. VERTRAUEN UND KOMMUNIKATION

Tina und Anna arbeiten gemeinsam für das gleiche Ziel: miteinander statt gegeneinander! Die Beiden stellen immer wieder fest, wie wichtig häufige und offene Kommunikation ist: Den freien Tag kann man nur dann als solchen nutzen, wenn man sich hundertprozentig aufeinander verlassen kann. Mit Missgunst, Neid oder Geheimnissen würde ein Tandem nie funktionieren.

4. DOPPELT PROFITIEREN

Lange Zeit galt das tradierte Führungsverständnis: entweder ganz oder gar nicht. Das Jobtandem hat für den persönlichen Mittelweg gekämpft: eine Stelle voll ausfüllen und gleichzeitig Zeit für sich, für die Familie und Zeit für andere zu haben. Mittlerweile gibt es immer mehr Tandems, die die Vorteile von „sowohl als auch" für sich nutzen.

5. KARRIERECHANCE STATT KARRIEREKNICK

Während viele glauben, dass eine Teilzeitstelle aufs berufliche Abstellgleis führt, war es bei Tina und Anna dank Tandem anders. Für Anna war das Konzept sogar die frühe Chance, sich als Führungskraft zu bewähren. Beide sind sich einig: „Das Jobtandem hat unseren Karrieren genutzt!"

Anna Altintzoglou und Tina Akbar

3 Fragen an Tandemploy

DIE TEILZEIT-REVOLUTION

Jana Tepe und Anna Kaiser haben mit Tandemploy eine Plattform für Jobsharing gegründet. Darauf bringen sie Menschen mit passenden Tandempartnern und jobsharing-freundlichen Unternehmen in Kontakt.

WIE/WO FINDET MAN EIGENTLICH EINEN TANDEM-JOB?

Da gibt es mehrere Möglichkeiten. Jeder klassische „Vollzeitjob" ist im Grunde ein potenzieller Tandem-Job. Vielleicht hat man bereits seinen Wunschjob, den man in bestimmten Lebensphasen zu einem Tandem-Job umwandeln möchte, weil man mehr Zeit für weitere Lebensbereiche (Weiterbildung, Familie, eigene Projekte…) haben möchte oder schlicht braucht (eigene Gesundheit, Pflege Angehöriger…). Dann fehlt eigentlich nur noch der richtige Tandempartner. Oder aber man ist gerade auf der Suche nach einem neuen (eher hochqualifizierten) flexiblen Vollzeitjob. Dann kann man sich gleich zu zweit bewerben und zeigen, warum man zu zweit das perfekte Team für die Position ist – und vielleicht sogar mehr kann, als eine Person alleine es könnte. Den Tandempartner und jobsharing-freundliche Unternehmen und Jobs findet man zum Beispiel bei uns. Wir ermutigen aber immer auch dazu, sich initiativ zu zweit zu bewerben, bei Unternehmen, die noch nicht explizit jobsharing-freundlich sind. Je mehr sich Unternehmen an Tandem-Bewerbungen gewöhnen – desto mehr wird das Jobsharing-Arbeitsmodell eine echte und ernstgenommene Alternative zu klassischer Teilzeit und Vollzeit.

KANN JEDER JOB IM TANDEM AUSGEÜBT WERDEN? WAS MUSS MAN BEACHTEN?

Zuerst haben wir gedacht, dass es Jobs gibt, die weniger gut für ein Jobsharing geeignet sind als andere. Mit der Zeit haben wir aber festgestellt, dass gerade die Jobs, von denen wir es nicht gedacht hätten, sehr wohl jobsharing-freundlich sind: Zum Beispiel Führungspositionen, Projektmanagement-Stellen, Beratung – ja sogar Vertrieb! Es ist viel mehr eine Frage des Willens, des Mutes und der Kommunikation. Bei Vertriebsjobs hatten wir etwa Bedenken, dass Kunden von zwei Ansprechpartnern irritiert sein könnten. Wir lernten dann allerdings schnell ein Jobsharing-Tandem kennen, dass sich bereits seit Jahren eine Sales-Stelle teilte – und ihr Erfolgsrezept war bestechend einfach und charmant: Sie hatten einfach ganz zu Beginn all ihre Kunden über das Jobsharing informiert und ihnen ganz klar die Vorteile dargelegt. Vor allem, dass sie nun gleich zwei bestens informierte Ansprechpartner hätten und davon immer einer erreichbar sei – keine Krankheits-, keine Urlaubslücken. Die Kunden waren begeistert, niemand fühlte sich schlechter aufgehoben oder betreut – im Gegenteil.

Wenn man sich vor Beginn der Zusammenarbeit gut überlegt, wie man den Job aufteilen und organisieren möchte, kann eigentlich nicht viel schief gehen. Anfängliche Fragezeichen erledigen sich meist schon in den ersten Wochen. Man spielt sich ein und findet einen gemeinsamen Modus – wie ein gutes Team eben.

FÜR WEN IST JOB-SHARING DAS RICHTIGE MODELL?
Jobsharing eignet sich für Menschen, die gerne im Team arbeiten und gut und transparent kommunizieren können. Wichtig sind vor allem das gegenseitige Vertrauen, eine strukturierte Arbeitsweise (damit derjenige, der am Montag kommt, auch weiß, was der andere am Freitag getan hat) und eine vergleichsweise hohe Flexibilität. Wem es ermöglicht wird, derart eigenverantwortlich und flexibel zu arbeiten, sollte auch selbst einen ausgeprägten Hang zur Flexibilität mitbringen. Jobsharing ist eben gerade keine 9-to-5 – die Tandems telefonieren auch mal am Wochenende oder Abend, um sich für den nächsten Tag kurzzuschließen.

Jana Tepe und Anna Kaiser

Das Sabbatical

DIE AUSZEIT VOM JOB
SYSTEMATIK
PROTOTYP 8: DAS SABBATICAL
INTENSITÄT: SEHR STARK
ZEITAUFWAND: SEHR GROSS

Auf der großen Reise wurde Julian Weisse klar: „Ich muss das machen, was mich glücklich macht." Während seines viermonatigen Sabbaticals war Julian mit seiner Frau und seiner Tochter durch die Welt gereist. Als Familie haben sie diesen mobilen Life-Style lieben gelernt. Doch während Julians Frau als Fotografin ohnehin international unterwegs war, hatte er einen festen Job. Er war bei einem Internet-Unternehmen als Projektmanager tätig. Doch schon vor dem Sabbatical hatte eine schwere Krankheit ihm die Augen geöffnet. „Ich brauchte etwas Neues, etwas, wo Geld nur das Nebenprodukt ist, etwas, dass mich erfüllen sollte." Inspiriert von einer Reise mit einem alten VW-Bulli durch Cornwall kam ihm während seiner Auszeit die Idee: „Der Fotobulli" – ein mobiler Fotoautomat in einem Vintage VW-Bulli, mit dem er zu Hochzeiten und Unternehmensfeiern reisen könnte. Heute reist die ganze Familie zusammen: Seine Frau fotografiert Hochzeiten, während Julian den Fotobulli betreut und das kleine Familienunternehmen organisiert. „Die Auszeit hat mich inspiriert, begeistert und mir einen neuen Weg gezeigt. Reisen ist fester Teil unseres Lebens und unserer Arbeit geworden."

Julian Weisse

FREIHEIT PUR!

Sabbaticals – also längere Auszeiten vom Job – waren noch vor ein paar Jahren eher selten. Wer sich mehr als zwei oder drei Wochen vom Job verabschiedete, wurde von Kollegen und Vorgesetzten oft schräg angeguckt. Heute setzt sich diese Möglichkeit mehr und mehr durch. In vielen Unternehmen gehören Sabbaticals zum Repertoire der Personalentwicklung – auch wenn es vom Gesetzgeber keinen Anspruch darauf gibt. Und sogar Unternehmer und Selbstständige nehmen sich die Zeit, um Energie zu tanken und neue Ideen zu entwickeln. Der erfolgreiche New Yorker Designer Stefan Sagmeister etwa schließt alle sieben Jahre seine gesamte Agentur, um sie ein Jahr später wieder zu eröffnen. Sein Erfolg bestätigt ihn darin.

EINEN NEUEN BLICKWINKEL EINNEHMEN

Wüsstest du jetzt in diesem Moment schon, was du in einem freien Jahr machen würdest? Dann denk doch mal darüber nach, ob ein Sabbatical für dich infrage kommt, um deine Ideen umzusetzen. Wenn du noch nicht genau weißt, ob ein Sabbatical für dich interessant ist, schaue dir noch einmal die Übung für das Work-Life-Romance-Stipendium auf Seite 108 an. Dort findest du sicher ein paar Ideen, die dich inspirieren werden. Eine Auszeit kann dir in jedem Fall dabei helfen, einen neuen Blick auf dein Leben zu gewinnen, neu zu gewichten, was wichtig ist und was nicht. Vorausgesetzt, du nutzt diese Zeit, um Erfahrungen zu sammeln – so wie Jannike Stöhr, die wir dir auf der nächsten Doppelseite vorstellen möchten.

Außerdem wichtig:
AUSZEIT MIT ARBEITGEBER VORBEREITEN
Kläre mit deinem Arbeitgeber am besten schon ein Jahr im Voraus die Bedingungen deiner Auszeit und treffe die Vorbereitungen.

FAMILIE EINBINDEN
Je nach Vorhaben solltest du dich auf die Unterstützung deiner Familie verlassen können. Kläre auch die Konsequenzen, die deine Auszeit für sie hat.

FINANZIERUNG KLÄREN
Kümmere dich um deine finanzielle Absicherung für laufende Kosten während deines Sabbaticals. Schaffe hierfür Rücklagen oder triff eine Regelung mit deinem Arbeitgeber.

TESTIMONIAL   DESIGN YOUR LIFE

30 Jobs in einem Jahr

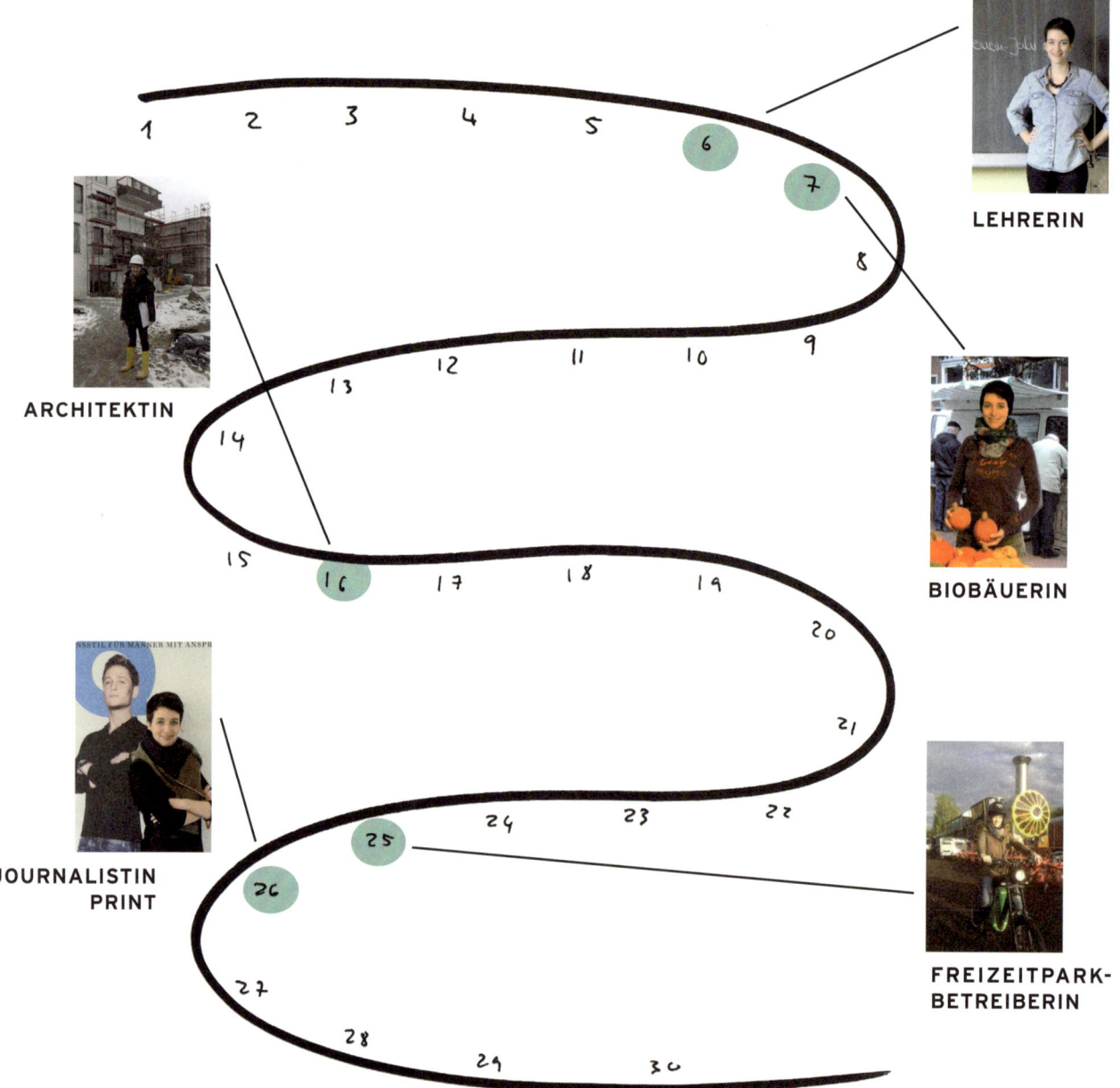

Probieren geht über Studieren

EIN ERFAHRUNGSBERICHT VON JANNIKE STÖHR

Ich sitze im Büro an meinem Schreibtisch und starre auf den Bildschirm. Dass etwas fehlt, spüre ich schon seit einiger Zeit und die Vorstellung, weitere vierzig Berufsjahre hinter einem Schreibtisch wie diesem zu sitzen, fühlt sich einfach falsch an. Wie wäre mein Leben wohl als Journalistin, Buchhändlerin, Stiftungsmanagerin oder Gärtnerin? Ich weiß es nicht, denn meine Vorstellungskraft ist begrenzt, und lässt mich nur in eine Richtung denken – nämlich in die alte. Wenn nicht bald etwas passiert, werde ich wohl Personalerin bleiben, bis ich irgendwann in Rente gehe.

Wenige Monate später: Ich befinde mich auf einem Kartoffelernter und sortiere in Windeseile Lehmklumpen von einem Fließband, das Kartoffeln aus der Erde in einen Container befördert. Biobauer Karl-Heinz zieht mit seinem Trecker die Erntemaschine und mich obendrauf über das Feld – hin und zurück, wieder und wieder. So anstrengend hatte ich mir den Job als Bäuerin eigentlich nicht vorgestellt. Dass ich überhaupt einmal auf einem Kartoffelernter stehen würde, war für mich noch vor kurzem unvorstellbar.

Unvorstellbar, bis ich mich entschieden habe, mich von meinem Job freistellen zu lassen und die Berufe einfach zu testen, die mir am Schreibtisch immer so verführerisch erschienen. Statt über Ideen immer nur zu brüten, einfach mal handeln. Inspiriert durch ein ähnliches Projekt der Belgierin Laura van Bouchout, teste nun ich innerhalb von zwölf Monaten dreißig verschiedene Jobs. Von der Erzieherin, über die Tierpräparatorin oder eben Ökobäuerin ist in diesem Jahr nahezu alles dabei. Die Zweifel, ob ich tatsächlich dreißig verschiedene Praktika organisieren kann, sind schnell verschwunden. Fast alle meine Anfragen sind auf ein positives Echo gestoßen.

Meine Talente, dich ich während des Jahres entdeckt habe, möchte ich auf jeden Fall in mein Leben integrieren, sei es beruflich oder privat. Mein Ziel, den passenden Beruf zu finden, hat sich im Laufe dieses Jahres jedoch verändert. Das Gefühl, mir würde etwas fehlen, ist inzwischen weg. Ich bin gelassener geworden, und versuche nicht alles langfristig im Voraus zu planen. Bei Entscheidungen vertraue ich jetzt meinem Bauchgefühl. Bisher hat mich mein Bauch nicht im Stich gelassen und ich bin mir sicher, dass er es auch bei der Berufswahl nicht tun wird.

Jannike Stöhr ist gelernte Kauffrau für Bürokommunikation mit einem Bachelor of Science in Wirtschaftswissenschaften mit den Schwerpunkten Personal und Organisation. In den letzen 5,5 Jahren arbeitete sie im Personalwesen eines großen Industrieunternehmens.

Jannike Stöhr

John-Wayne-Reboot

VON MENSCHEN, DIE ALLES HINSCHMEISSEN UND NOCH MAL GANZ VON VORNE ANFANGEN

Mit den vorangegangenen acht Arten des Job-Prototyping haben wir dir Wege zum Traumjob vorgestellt, die du ohne großes Risiko neben deinem Job durchführen kannst. Vielleicht ist dir das aber nicht radikal genug und du willst lieber heute als morgen alles hinschmeißen? Wir treffen in unseren Workshops immer wieder auf Menschen, die kurz davor sind ihren aktuellen Job zu kündigen, um noch einmal ganz von vorne anzufangen. Die Medien sind voll von solchen Berichten über Menschen, die Karriere gegen Lebensqualität eingetauscht haben. Solche Geschichten haben eine große Anziehungskraft, weil sie Sehnsüchte ansprechen und noch dazu versprechen, dass eine einfache Lösung für all unsere Probleme existiert.

WAS ALLES IN UNS STECKT

Dennoch haben solche Exit-Stories durchaus ihre guten Seiten: Sie können uns dazu bringen, den Status quo zu hinterfragen, anstatt alles hinzunehmen, wie es ist. Wenn wir durch eine solche Geschichte daran erinnert werden, dass wir neben unserem täglichen Job auch noch andere Träume und Wünsche haben, ist das gut. Wir merken dadurch, dass viel mehr in uns steckt als nur das eine Arbeits-Ich, das sich jeden Morgen zur Arbeit quält. Solche Aussteiger-Geschichten konfrontieren uns mit der Tatsache, dass in uns oft noch mehr Leidenschaften, Interessen und Talente stecken, die darauf warten, entdeckt zu werden. Dabei ist es erst mal vollkommen egal, zu welchem Ergebnis uns diese Auseinandersetzung führt.

„JOHN-WAYNE-REBOOT"

Manchmal braucht es einfach gute Geschichten, um den Mut für die eigene Veränderung aufzubringen. In vielen Fällen wirken solche Beispiele als Initialzündung oder sie nehmen den letzten Zweifel, den eigenen Traum zu leben. In manchen Fällen bewirken sie allerdings das genaue Gegenteil. Denn sie unterstützen einen der größten Veränderungsmythen im Berufsleben überhaupt: das „John-Wayne-Reboot". Frei nach dem Motto „Diese Stadt ist zu klein für uns beide", haben die Protagonisten in diesen Aussteiger-Geschichten oft nur eine Wahl: die Beibehaltung des Status quo oder die radikale Kündigung. Entweder, oder. Bleiben oder kündigen. Dazwischen gibt es nichts.

ES GEHT AUCH SANFT

Viele Reboot-Geschichten aus den Medien folgen dieser Logik. Cut. Kündigung. Das alte Leben hinter sich lassen und noch mal ganz von vorne anfangen. Wir sind in unseren Workshops zwar auf Menschen getroffen, deren Geschichten so verlaufen sind. Wir haben aber auch viele andere kennen gelernt, die ohne „Big Bang" großartige Veränderungen erreicht haben. Vielleicht sind sogar die meisten Veränderungen im Berufsleben eben solche soften Jobwechsel. Doch genau diese Geschichten werden viel zu selten erzählt. Leider. Denn im Schatten dieser spektakulären Aussteigergeschichten sehen wir eben auch die vielen anderen Menschen, die über ein Nebenbei-Projekt oder ein Job-Portfolio ihr Glück gefunden haben.

VON DER ANGST, ALLES ZU VERLIEREN
So inspirierend das John-Wayne-Reboot auch sein mag, es hat auch eine negative Auswirkung: Es befördert die Angst vor Veränderung. Wir begegnen bei unserer Arbeit immer wieder Menschen, die die unterschiedlichsten Gründe dafür vorbringen, warum Veränderung bei ihnen nicht möglich ist. Und die Geschichten der „John-Wayne-Reboots" liefern ihnen hierfür perfekte Argumente. Mal ist es das Alter: „Mit 50 fängt man nicht mehr ganz von vorne an." Mal sind es familiäre Verpflichtungen: „Ohne die Kinder würde ich es wagen, aber so ist das Risiko zu groß." Wieder andere treibt die Angst, „nicht mehr reinzukommen", wenn sie einmal aus der Karriere aussteigen. Halten wir also fest: „John-Wayne-Reboots" können den notwendigen Impuls geben, über neue Perspektiven nachzudenken. Oft genug implizieren sie aber auch tausend und einen Grund, besser alles beim Alten zu lassen.

GUTE GRÜNDE, SCHLECHTE GRÜNDE
Besonders schade ist dies dann, wenn es wirklich gute Gründe gibt, die momentane Situation zu hinterfragen. Permanenter Frust im Job muss nicht, kann aber sehr wohl darauf hindeuten, dass etwas nicht stimmt. Und wenn die Gründe dafür nicht mehr mit einem klärenden Gespräch, neuen Aufgaben oder einer Gehaltserhöhung aus der Welt geschafft werden können, ist es genau die richtige Reaktion, den eingeschlagenen Weg zu überdenken – und zwar auch radikal zu überdenken. Dass die Umsetzung aber nicht zwangsläufig mit Pauken und Trompeten ablaufen muss, ist nur den wenigsten klar. Immer wieder treffen wir auf Menschen, die in ihrer Situation nur zwei Extreme zu sehen scheinen: Entweder alles bleibt so wie es ist, oder das bisherige Lebensmodell muss komplett und kompromisslos eingestampft werden.

ALTERNATIVEN ZUM BIG BANG
Ehrlich gesagt wären wir, vor diese Wahl gestellt, auch ziemlich gestresst und würden vermutlich erst mal gar nichts tun. Schließlich sind beide Optionen nicht gerade beruhigend. Die gute Nachricht ist aber: Zwischen beiden Extremen liegen viele Möglichkeiten Neues auszuprobieren, ohne sich dem Stress aussetzen zu müssen, alles hinzuschmeißen. Mit den acht Arten des Job-Prototyping haben wir dir solche Wege aufgezeigt. Wie du herausfindest, welcher für dich der richtige ist, werden wir dir im Folgenden zeigen.

Welchen nehme ich?

EINIGE TIPPS ZUR AUSWAHL

Auf den letzten Seiten haben wir dir acht verschiedene Möglichkeiten vorgestellt, um dein Life-Design zu testen. Manche sind einfach von zu Hause aus in ein paar Stunden zu erledigen, andere erfordern einen größeren Einsatz deiner Energie und Zeit. Gemeinsam ist jedoch allen, dass sie dir eine Möglichkeit bieten, alternative Lebens- und Arbeitsentwürfe auszutesten. Vielleicht fällt es dir aufgrund der vielen Möglichkeiten schwer, dich zu entscheiden und du fragst dich, welcher Prototyp für dich der richtige ist.

ERST KALT, DANN WARM

Eine wichtige Regel: Fang mit kalten Prototypen an, gehe dann aber zu warmen Prototypen über. Also Dinge erst zuhause durchspielen und dadurch ein Gefühl bekommen, welche Idee sich weiterzuverfolgen lohnt. Danach solltest du aber unbedingt das Testen in die Welt „da draußen" verlegen, und mit einer Hospitanz oder einem Feldversuch weitermachen. Wir haben die Reihenfolge der Prototypen so gewählt, dass sie aufeinander aufbauen können, also zum Beispiel vom Workshop zur Feldforschung zum Praktikum.

PRO IDEE MINDESTENS DREI PROTOTYPEN

Jede Idee verdient es, ausführlich getestet zu werden. Wir schlagen deshalb vor, jede Idee mit mindestens drei unterschiedlichen Ansätzen aus unserer Liste auszuprobieren. Wenn du drei Prototypings durchgeführt hast, solltest du eine Vorstellung haben, ob es sich lohnt, diese Idee weiterzuverfolgen. Ansonsten: die Idee weiterentwickeln oder auf Halde legen!

MANCHMAL DAUERT ES JAHRE

Für manche Ideen muss die Zeit reif sein – sowohl in deinem Leben als auch gesellschaftlich. So hätten Musik-Streaming-Dienste Anfang der 2000er-Jahre nicht funktioniert, ohne flächendeckendes Internet. Heute ist es eine Boom-Industrie. Wenn deine Testläufe ergeben haben, dass die Idee nicht funktioniert, dann kann es auch einfach am Zeitpunkt liegen. Deswegen nicht verzweifeln, sondern abwarten oder an den Rahmenbedingungen arbeiten!

Dein Zielplaner

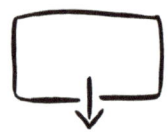

MIT DEM ZIELPLANER KANNST DU DIE UMSETZUNG EINES PROTOTYPEN SYSTEMATISIEREN.

Du kennst sicherlich das Problem mit guten Ideen: Sie bleiben oft in der Schublade liegen. Es ist gar nicht so einfach, in den Modus „Testen und Ausprobieren" zu kommen. Um dir den Weg zu erleichtern und dir etwas Unterstützung zu geben, haben wir den Zielplaner entwickelt, der dir hilft, große Pläne in kleine, umsetzbare Schritte herunterzubrechen. Mit ein bisschen Systematik und guter Planung kannst du dann alle deine Prototypings tatsächlich durchführen. Am Ende wird aus einem oder mehreren deiner Prototypen hoffentlich mehr ...

2. Plane den Weg: Welche Arbeitsschritte sind nötig, um den Prototypen umzusetzen? Was sind wichtige Meilensteine bei der Umsetzung?

TIPP: BELOHNE DICH FÜR ERREICHTE MEILENSTEINE

Motivation ist schwer aufrechtzuhalten. Das wissen wir alle. Unser Gehirn braucht immer wieder Erfolgserlebnisse. Auch wenn es banal klingt: Manchmal motiviert die Aussicht auf ein Belohnungsabendessen im Lieblingsrestaurant nächste Woche mehr als die Aussicht, irgendwann einen genialen Job für sich designt zu haben. Also nutze diese Erkenntnis und plane Belohnungen für dich ein, die du für erfolgreich absolvierte Meilensteine bekommst. Übrigens: Manche Menschen sind nur dann durch Belohnung motiviert, wenn sie die Erreichung der Meilensteine nicht selbst kontrollieren. Oder in anderen Worten, wir betrügen uns gerne selbst. Deshalb ist es gar nicht so dumm, jemand anderes über die Meilensteine zu informieren und diesen Menschen dann mit der Belohnung zu beauftragen.

TESTE MIT PROTOTYPEN KAPITEL 5

1. Definiere dein Ziel: Was willst du mit dem Prototypen herausfinden?

JOB-IDEE:

PROTOTYP:

MEIN ZIEL:

MEIN ERGEBNISSE:

ARBEITSSCHRITTE:

MEILENSTEINE:

HÜRDEN MASSNAHMEN:

3. Sei vorbereitet: Welche Hindernisse könnten dir bei der Umsetzung begegnen und wie kannst du sie aus dem Weg räumen?

WAS WAR GUT?

WAS WAR SCHLECHT?

4. Dein Fazit: Zu welchen Ergebnissen hat dich dein Prototyp gebracht und was hast du herausgefunden?

BEWERTUNGSSKALA

5. Auswertungsbogen: Trage hier deine Ergebnisse und Erfahrungen zusammen; welche positiven und welche negativen Dinge nimmst du mit? Bewerte deine Idee, die du mit diesem Prototypen getestet hast, auf einer Skala von 1 (Reinfall) bis 10 (Traumjob). Trenne diesen Bogen mit einer Schere ab und hänge ihn auf die Wall.

DEIN ZIELPLANER

243

Auswertung

WAS SAGEN DIR DEINE PROTOTYPEN?
Nachdem du deine vielversprechendsten Job-Ideen in Prototypen umgewandelt und ausführlich getestet hast, kommt die Frage: Und nun? An diesem Punkt solltest du dir klar machen, wofür das alles gut war. Was hast du auf deinem Weg in den letzten Wochen gelernt und was sagt das über dein zukünftiges Life-Design aus? Nutze unser Formular, um alle Erkenntnisse zusammenzutragen und auf einen Blick zu sehen.

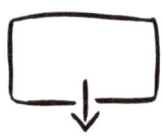

BLICKE AUF DEINE WALL
Nimm dir jetzt die Zeit, um deine Wall nochmal ausgiebig zu betrachten. In den letzten Tagen und Wochen hast du hier ganz viel zusammengetragen. Sie gibt dir einen Überblick über all das, was dir wichtig ist. Auf deiner Zukunfts-Seite siehst du die Punkte, die dich auf deinem weiteren Weg begleiten sollten. Schau dir diese Seite wirklich gut an. Oft stecken hier noch Inhalte, die du bei deinen Prototypen nicht berücksichtigt hast. Versuch immer wieder, wie ein Designer zu denken und für dich selbst alles aus diesen Infos herauszuholen. Was kannst du noch tun, um die bisher vernachlässigten Elemente zu testen und in dein Leben zu bringen?

TESTE MIT PROTOTYPEN — KAPITEL 5

Trage hier alle Prototypen ein, die du absolviert hast.

Was hast du hier mitgenommen für dich und dein Life-Design?

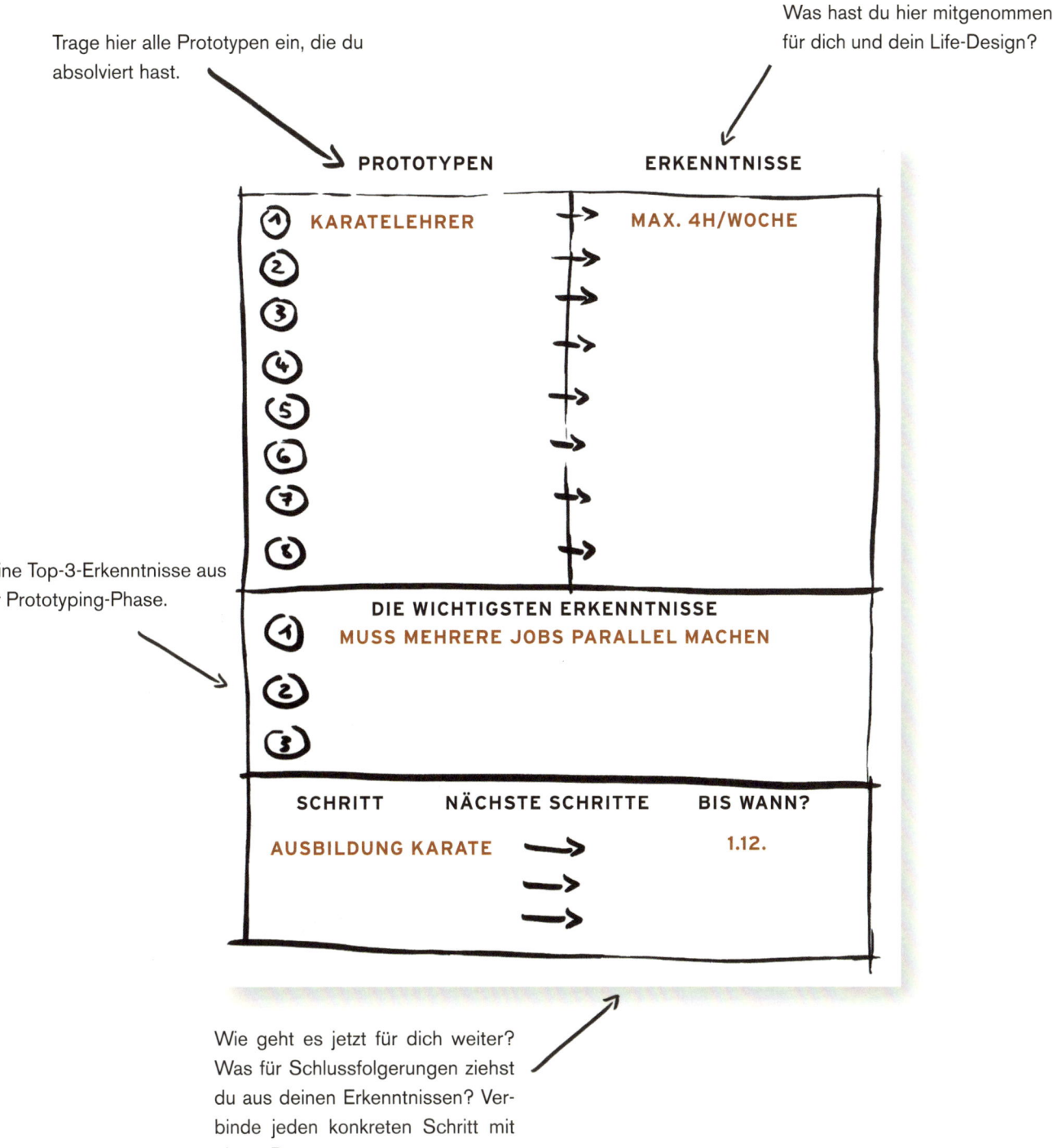

eine Top-3-Erkenntnisse aus er Prototyping-Phase.

Wie geht es jetzt für dich weiter? Was für Schlussfolgerungen ziehst du aus deinen Erkenntnissen? Verbinde jeden konkreten Schritt mit einem Datum.

AUSWERTUNG

Wie geht es weiter?

IN DIE UMSETZUNG ODER NOCH EINE SCHLEIFE?

FRUSTRIERT? NIX KLAPPT?	→	Geh nochmal zu S. 66 und fange nochmal mit frischen Blick an. Keine Sorge, dass ist bei Design-Prozessen völlig normal.
DIE IDEEN WAREN NICHT GUT GENUG?	→	Geh nochmal zu S. 144. Jedes Mal, dass du die Ideen-Übungen machst, werden dir neue Ideen kommen. Versprochen!
DIE TESTS SIND GESCHEITERT?	→	Geh nochmal zu S. 210. Versuche, die Prototypen zu nutzen, die du bisher ausgelassen hast. Oder mach die selben nochmal, aber anders, z.B. in dem du bei einer anderen Organisation hospitierst.
LÄUFT GUT, TESTEN WAR SUPER?	→	Dann lies weiter. Ab jetzt geht es um die nächsten Schritte!

Du bist viele!

ENTDECKE DEINE UNBEKANNTEN SEITEN DURCH PROTOTYPING

Für uns ist Prototyping mehr als eine Methode. Es ist fast schon zu einer Weltanschauung oder Haltung geworden. Sie drückt die unstillbare Neugier aus, immer neue Job-Welten kennen zu lernen und damit auch ständig neue Seiten an sich selbst zu entdecken. Sie ist das Gegenteil der Ein-Job-fürs-Leben-Philosophie, die wir für einen Irrglauben und eine unnötige Limitierung halten. Denn eins steht für uns fest: In den meisten Menschen steckt weit mehr Potenzial als sie tatsächlich ausleben. Die Erfahrungen aus unseren Workshops bestätigen das immer wieder: Da wird aus einem Richter ein Gastronom, aus einem Archäologen ein Physiotherapeut oder aus einer Ingenieurin eine Change-Beraterin.

MINDESTENS EINMAL IM JAHR IN ANDERE JOBS HEREINSCHNUPPERN

Wie viele alternative Lebensentwürfe in ihnen stecken, finden viele Menschen leider erst heraus wenn sie es müssen; etwa aufgrund einer Kündigung oder einer Krankheit, die sie ihren alten Job nicht mehr ausüben lässt. Unter diesem Druck verliert das Prototyping schnell seinen Reiz. Warum aber sollte man nicht auch aus der Sicherheit eines festen und zufriedenstellenden Jobs heraus in andere Berufe hereinschnuppern? Warum sollte man dieses Entdecken nicht mal aus der Perspektive des „Ich kann" statt „Ich muss" ins Auge fassen? Wir haben es uns zur festen Regel gemacht, mindestens einmal im Jahr für kurze Zeit in andere Jobs zu wechseln und damit andere Seiten kennen zu lernen als die, die wir in unserer Beratungsarbeit bei Work-Life-Romance Tag für Tag ausleben. Und jedes Mal ist es eine große Bereicherung und ein Kurzurlaub von unserer Arbeit, den wir nicht mehr missen möchten.

GANZ UNTERSCHIEDLICHE SZENARIEN DENKEN

Wichtig bleibt, beim Testen die Offenheit für die unterschiedlichen Persönlichkeitsanteile in dir zu behalten. Erst durch das Ausprobieren wirst du feststellen, ob ein Beruf wirklich mit dir korrespondiert oder nicht. Leg dich nicht zu früh fest! Stelle dir bei jedem Prototyp vor, dass dieser Test einem möglichen Szenario für dein Leben und deine Zukunft entspricht. Du kannst mehrere ganz unterschiedliche Leben ausprobieren und bei jedem etwas entdecken, das für dein Life-Design wichtig ist.

Magnolien und Muskelkater

DREI TAGE ALS GARTEN-DESIGNER

Ich liebe meine Arbeit. Ich habe sie mir nach meinen eigenen Vorstellungen gestaltet und erlebe Tag für Tag, was Work-Life-Romance bedeutet. Das heißt aber nicht, dass ich nicht auch von Zeit zu Zeit mit anderen Jobs „flirte". Denn wie vielen Menschen, die in akademisch geprägten Berufen arbeiten, fehlt es mir manchmal, körperlich gefordert zu sein, und am Ende des Tages ein greifbares Arbeitsergebnis in den Händen halten zu können oder unter freiem Himmel und an der frischen Luft zu arbeiten. Aus unseren Workshops weiß ich, dass es etwa 90 Prozent unserer Teilnehmer ebenso geht.

So war für mich der Beruf des Garten-Designers ein Job, der mich lange schon gereizt und interessiert hat. Allerdings hatte ich immer nur eine vage Vorstellung, geprägt von Magazinen, Fernsehbeiträgen und Erzählungen. Ich wollte schließlich wissen, wie es wirklich ist und beschloss, mich direkt an einen der besten seiner Branche zu wenden: Garten-Designer Peter Berg. Ich verfasste eine Bewerbung und bekam schon nach wenigen Tagen eine Antwort mit dem Vorschlag, drei Tage zum Probearbeiten zu kommen. Volltreffer nach nur einer Bewerbung!

Marius Kursawe

Diese Offenheit für fachfremde Interessenten erklärt sich vielleicht aus Peter Bergs eigener Biografie: Er, der heute zu den gefragtesten deutschen Garten-Designern zählt, ist selbst Quereinsteiger und hat erst im zweiten Beruf seine Berufung gefunden. Für mich waren die drei Tage bei ihm ein echtes Abenteuer. Ich habe erfahren, dass der Traum von „echter" körperlicher Arbeit unter freiem Himmel ganz schön hart sein kann, wenn es Hochsommer ist und die Arme nach der zehnten Schubkarre mit Bruchsteinen immer länger werden. Ich habe erkannt, dass meine Vorstellung mit der Praxis nur wenig gemeinsam hatte. Gelernt habe ich dennoch viel und ich habe ganz nebenbei in Peter Berg einen charismatischen Menschen kennen gelernt, der ganz für seine Arbeit lebt und vormacht, dass man es auch als Spätberufener nach ganz oben schaffen kann.

LEBE DEINE TRÄUME

Plane deine weiteren Schritte und beginne mit der Umsetzung deiner Ideen. Lasse dein Life-Design Realität werden.

Von heute an

VON DER PFLICHT ZUR KÜR: WARUM DU DEINE IDEEN JETZT UMSETZEN MUSST
Zum Ende des Workshops wollen wir zwei Dinge tun: Dir auf die Schulter klopfen und gleichzeitig einen Schubs nach vorne geben! Wenn du bis hierhin gelesen – und tatsächlich auch die Übungen durchgezogen hast – dann hast du die Pflicht hinter dir. Die Kür allerdings kommt erst noch. Und das bedeutet: Umsetzen! All die Pläne, die du gemacht hast: Wann wirst du mit ihrer Umsetzung beginnen? Die Ideen, die du entwickelt hast: Wann werden sie lebendig werden? Und all das Wissen, das du generiert hast: Was passiert jetzt damit?

LOS GEHT'S!
Unser Tipp an dieser Stelle: Ruhe dich nicht auf dem Erreichten aus! Heute ist der Tag, an dem du damit loslegen solltest, dein Leben selbst in die Hand zu nehmen. Auf den nächsten Seiten haben wir Übungen vorbereitet, die dir dabei helfen werden. Darüber hinaus wollen wir dir bewährte Erfolgsstrategien auf den Weg geben, die anderen Life-Desinger auf ihrem Weg geholfen haben. Denke in dem Zusammenhang immer daran: Du bist nicht der Erste und auch nicht der Einzige, der sich mit dem Thema beschäftigt. Es gibt viele andere, die denselben Prozess durchmachen wie du, manche mithilfe dieses Buchs, andere auf ihre eigene Weise. Vernetze dich mit ihnen, hol dir Ratschläge und teile dein Wissen!

Kennst du dein U.W.E. ?

DEFINIERE DAS ZIEL, DAS DU ERREICHEN WILLST

Als wir Katharina kennen gelernt haben, wusste sie nicht, welche ihre nächsten Schritte sein sollten. Sie wusste nur, dass sie etwas ändern musste. Weg von ihrem Job im Controlling, weg vom Konzern, weg vom Nine-to-Five. Also haben wir mit ihr eine Vision entwickelt. Ein Ziel, dass am Ende ihrer Reise stehen sollte, das ihr eine Richtung geben soll und als Kompass dient. Wir nennen diese Art von Zielvision U.W.E.: Unglaublich waghalsiges Endziel!

WAS MACHT EIN U.W.E. AUS?

Ein U.W.E. muss bestimmte Kriterien erfüllen, um wirklich hilfreich zu sein: Es sollte groß, sinnlich konkret und kühn sein.

GROSS bedeutet, dass es nicht leicht zu erreichen sein darf, sondern groß und weit sein sollte. Nur ein Ziel, dass aus der Ferne zu sehen ist, kann über lange Zeit angestrebt werden und Orientierung bieten!

SINNLICH KONKRET steht für sinnlich konkret, erfahrbar und überraschend. Deine Ziele solltest du sinnlich genau beschreiben können: Wie sieht der Zielzustand aus, wie fühlt es sich an, ihn erreicht zu haben, gibt es Geräusche oder vielleicht sogar einen Geschmack oder einen Geruch? Je genauer und sinnlich konkreter du dein Ziel beschreibst, umso besser funktioniert es als Motivator.

KÜHN bedeutet, dass deine Ziele mutig und fast ein bisschen größenwahnsinnig sein sollten – aber nur fast. Das Ziel „Bundeskanzler werden" ist ziemlich sicher hoch gesteckt und eher unwahrscheinlich. Aber zu sagen: „Ich will in der Politik für die Menschen in meinem Wahlkreis ein gutes Leben ermöglichen" – das ist kühn. Es muss ja nicht gleich tollkühn sein.

DEINE AUFGABE:
Formuliere deinen persönlichen U.W.E. und orientiere dich dabei an den Erklärungen auf dieser oder dem Beispiel auf der nächsten Seite. Lass dir dabei Zeit. Eine solche Zielvision lässt sich gar nicht so leicht auf den Punkt bringen. Es kann Tage dauern bis du zu der passenden Formulierung gelangst. Wenn du spürst, dass dein U.W.E. die Kriterien GROSS, SINNLICH KONKRET und KÜHN erfüllt und als Vision funktioniert, dann kommt der nächste Schritt: Mach' es schön! Gestalte dein U.W.E. so, dass du es dir aufhängen würdest – am Kühlschrank, am Arbeitsplatz oder im Auto. Es gehört auf keinen Fall in die Schublade! Bring es dort an, wo es dich motiviert und anspornt: handschriftlich auf schönem Papier oder gestaltet am Computer. Hänge es außerdem als Kopie an deine Wall, es soll dich durch dieses Kapitel begleiten.

„Ich werde einen Job machen, der meine Begeisterung für gesunde Ernährung und für Umweltschutz zusammenbringt. Dieser Job erfüllt und begeistert mich so, dass ich morgens gerne aufstehe und jedem mit einem Funkeln in den Augen davon erzähle, der mich fragt, was ich beruflich mache. Ich habe auch ausreichend Zeit für meine Familie und nutze meine Freizeit, um mich mit Fotografie zu beschäftigen."

KATHARINAS U.W.E.:

Dein Big Picture

Milena Wälder

VISUALISIERE DEINEN WEG VOM HEUTE INS MORGEN
In unseren Workshops entwicklen wir mit den Teilnehmern große Landkarten, die ihr individuelles Life-Design-Projekt in starke emotionale Bilder übersetzen. Eine solche Karte ist ein echtes Big Picture ihrer Reise von der Gegenwart in die Zukunft. Die Karte hilft ihnen, ihr Vorhaben in seiner Gänze zu begreifen, Zusammenhänge zu erkennen und die Orientierung unterwegs nicht zu verlieren. Wie ein Navigationssystem hilft das Big Picture dabei, den Weg in die Zukunft zu finden. Wie ein solches Big Picture aussehen kann, möchten wir dir am Beispiel von Milena Wälder zeigen.

3. DAS ZIEL: Milena: „Auf einem Boot befinde ich mich quasi in einem Atoll der Interessen mit verschiedenen Inseln. Sie sind die zentralen Punkte in meinem Leben, bei denen ich mich nicht für ausschließlich eine Sache entscheiden muss, sondern die Möglichkeit habe sie jeweils zu besuchen. Da ist eine Insel mit der Reiselust, dem Fernweh unbekanntes kennen zu lernen, Distanzen zu bewältigen und den Genüssen, welche die Sinne ansprechen (dem italienischen Lebensgefühl). Eine auf der Projekte und Konzepte (in einer Gemeinschaft) entwickelt und organisiert werden. Eine andere, auf der es um Meditation, Kalligrafie und Sinnfindung geht; auf der es um mich geht und ich alleine bin. Eine andere, bei der künstlerische Tätigkeiten wie Musik, Tanz und das Schreiben zentral sind. Eine, auf der für die Liebsten Platz und Zeit ist und eine mit dem Ziel der Reduzierung, mit wenig auszukommen."

2. DER WEG: Milena: „Wenn dann ein Einfall kommt, beginnt die Reise, vorbei an Gewitterwolken, Wind und Meeresströmungen, die mich abbringen wollen und Felsen, gegen die ich schwimmen könnte, bis vielleicht der richtige Gedanke/Schatz kommt. Es sind Symbole für das, was mir im Weg steht: Ängste, Selbstzweifel, Erwartungen und Zeit. Welcher Wind weht in die richtige Richtung?"

1. DIE GEGENWART: Milena: „Das Gefängnis, die Berge und Gedankenspinnereien symbolisieren das, wo ich mich gerade befinde. Eingeengt von Zeit und Strukturen, in denen ich mich befinde. Zwischen Bergen der Orientierungslosigkeit, dem Gefühl verloren und antriebslos zu sein. Darüber schweben Ideen und Fragen (in Wolken)."

Reiseplanung

Das brauchst du
Papier (groß), Stifte, Kleber

ERSTELLE DEIN EIGENES BIG PICTURE

Nachdem du Milenas Karte kennen gelernt hast, ist es an der Zeit, deine eigene Karte zu designen. Alles, was du dafür brauchst, hast du im Laufe dieses Buches erarbeitet: ein Bewusstsein über dein gegenwärtiges Leben und eine konkrete Vorstellung deiner Zukunft. Denke bei der Arbeit daran: Keine Karte gleicht der anderen. Jeder hat eine andere Zielvision und muss seinen eigenen Weg gehen. Die Karte von Milena ist ein Beispiel. Es gibt auch ganz andere Möglichkeiten. In unseren Workshops haben sich insbesondere drei Karten-Typen bewährt: Die „Zwei-Kontintente-Karte", die „Mein-Weg-in-die-Zukunft-Karte" und die „Berg-und-Tal-Karte".

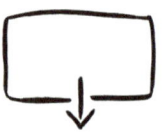

DEINE AUFGABE: ERSTELLE DEINE EIGENES INDIVIDUELLE BIG PICTURE

Du hast die Wahl: Entweder nutzt du einen der Vordrucke, die du auf unserer Website findest, oder du gestaltest deine Karte selbst. Wir empfehlen immer selbst zu zeichnen. Das führt zu einer viel intensiveren Auseinandersetzung mit deinem Thema als bei der Nutzung eines Templates. Wenn du dir das Zeichnen selbst aber nicht zutraust, kannst du dir die passenden Bilder auch im Internet zusammensuchen, ausdrucken und in deine Karte einkleben. In jedem Fall solltest du mit einer groben Skizze beginnen. Diese kannst du dann immer noch überarbeiten und verbessern. Egal, wie du vorgehst, wichtig ist, dass du diese drei Schritte befolgst, dabei sollte jeder Teil grob ein Drittel der Karte erhalten:

TEIL 1

Der erste Teil deiner Karte repräsentiert deinen Status quo, also dein Leben heute. In diesen Teil gehören alle positiven und negativen Dinge in deinem jetzigen Leben. Dazu hast du alle Elemente auf deiner Wall gesammelt: Wie sieht dein Life-EQ für die Gegenwart aus? Wie sieht ein normaler Tag für dich aus? Was sind Gründe dafür, dass du dich mit beruflicher Veränderung beschäftigst? Vergiss auch nicht die Sachen aufzunehmen, die dir heute schon wichtig sind und die du nicht missen willst, wie zum Beispiel deine Familie oder deine Hobbys. In diesem Teil der Karte verortest du also auch deine Ressourcen, also Menschen oder Dinge, die dir Kraft geben. Gib all diesen Aspekten Raum auf deiner Karte, idealerweise jeweils durch ein Symbol beziehungsweise Bild repräsentiert.

TEIL 2

Der zweite Teil der Karte ist deinem Zielzustand gewidmet. Wie soll deine Zukunft aussehen? Anders als Teil 1 ist dieser Teil deiner Karte ein weißer Fleck, den du nach deinen Vorstellungen befüllen kannst. Schau dir nochmal dein U.W.E. an: Wie kannst du das, was du dort geschrieben hast, visualisieren? Wie ist dein Life-EQ für die Zukunft? Was hast du auf der Wall gesammelt, was für deine Zukunft an Werten, Interessen und Fähigkeiten wichtig ist? Welche Job-Ideen hast du erfolgreich getestet? All das soll nun seinen Platz auf deiner Life-Design-Karte finden. Das kann 1:1 umgesetzt sein (Ein Garten steht für „Arbeit im Garten") oder metaphorisch (Eine Hängematte zwischen zwei Palmen steht für „ausreichend Zeit für mich").

TEIL 3

Der Weg: Er verbindet das Heute mit dem Morgen. Was beinhaltet dieser Weg? Was brauchst du, um ihn zurückzulegen? Welche Hindernisse könnten dir begegnen und wie kannst du sie aus dem Weg räumen? Auch hier gilt es, die für dich passenden Symbole zu finden. Es ist hilfreich, für die Probleme, die du auf deinem Weg erwartest, kraftvolle Bilder zu übersetzen. Eine Wüste kann für eine Zeit des Verzichts stehen, ein Sturm für die Zweifel an dir selbst.

Wähle deine Karte

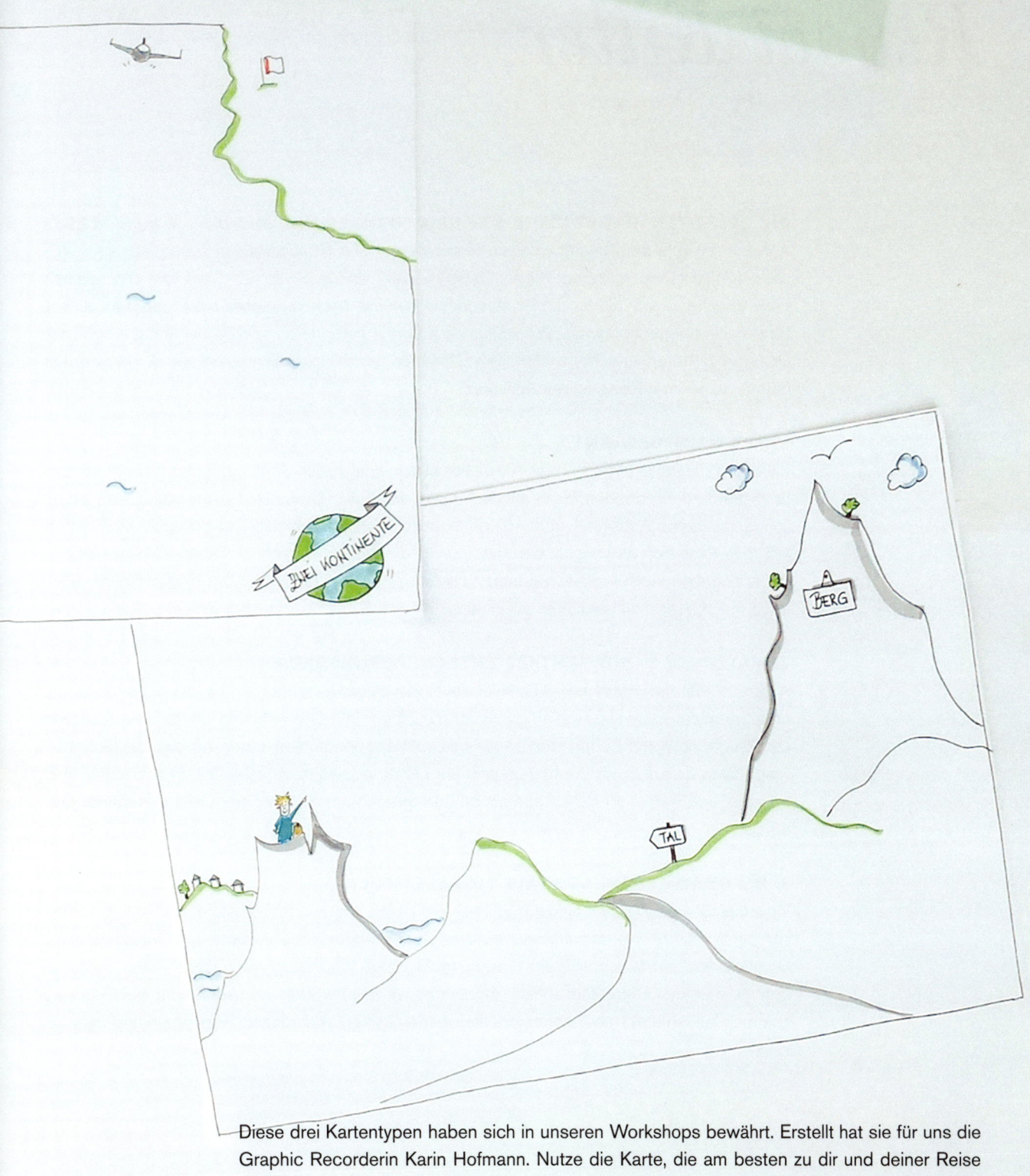

Diese drei Kartentypen haben sich in unseren Workshops bewährt. Erstellt hat sie für uns die Graphic Recorderin Karin Hofmann. Nutze die Karte, die am besten zu dir und deiner Reise passt.

Reboot-Killer

DIE GRÖSSTEN HINDERNISSE AUF DEINER REISE UND WIE DU SIE MEISTERST

Auf dem Weg in die Zukunft wirst du Hindernissen und Stolpersteinen ausgesetzt sein. Wir nennen diese Dinge „Reboot-Killer". Damit meinen wir alles, was dich vom Erreichen deines Ziels abhalten kann. Es ist sehr wahrscheinlich, dass auch du einem oder mehreren dieser Hindernisse begegnen wirst. Wir wollen dich darauf vorbereiten und haben erfolgreiche Life-Designer gebeten, uns ihre wichtigsten Lehren zu verraten; die Dinge, die sie gerne gewusst hätten, als sie ihre Reise angetreten sind.

1. WER WAGT, GEWINNT

Viele Life-Designer hatten große Angst vor einem finanziellen Abstieg. Einen gewohnten Lebensstandard einzubüßen, ist tatsächlich kein erfreulicher Gedanke. Hinzu kommt: Wer plötzlich ein kleineres Auto fährt oder in eine kleinere Wohnung umzieht, macht auch nach außen sichtbar, dass sich etwas geändert hat. Soweit die Angst. Tatsächlich haben viele Life-Designer angegeben, nach ein bis drei Jahren wieder auf dem alten finanziellen Niveau zu sein oder sogar noch besser zu verdienen als im alten Job.

2. MATERIELLE UND MENTALE ENTSCHLACKUNGSKUR

Andere wiederum verdienen heute zwar deutlich weniger als früher, sind aber reicher an Glück und Zufriedenheit und vermissen gar nichts. Das finanzielle Downshifting war für viele zunächst ein unausweichlicher Schritt, den sie aber zum Anlass genommen haben, um sich die generelle Frage nach dem wirklich Wichtigem in ihrem Leben zu stellen. Anschließend konnten sie sich bewusst und fokussiert darauf ausrichten und leben heute mit weniger Geld zufriedener und erfüllter.

3. BEFREIUNGSSCHLAG STATT TOTALSCHADEN

Viele Life-Designer gaben an, im Rückblick viel zu lange gewartet zu haben, bis sie ihrem Herzen gefolgt sind – manchmal sogar bis zum Zusammenbruch. Da wurde aus Unzufriedenheit Unglück, und permanenter Frust führte zum Burnout. Und auch wenn diese Zäsur von einigen als wichtiger Befreiungsschlag angesehen wird, sie würden es heute nicht mehr so weit kommen lassen und früher anfangen, ihr eigenes Leben in die Hand zu nehmen und aktiv zu werden.

4. KLEINER EINGRIFF, GROSSE WIRKUNG

Sich mit einem radikalen Befreiungsschlag von allem Übel zu trennen – das klingt verlockend. Manchmal sind es aber eher die kleinen Veränderungen, die zum Ziel führen. Wie bei einem Teilnehmer unseres JobCamps, der nach seinem Staatsexamen mit der Arbeit als Jurist total unzufrieden war. Nach einer großen Krise und dem Plan noch mal komplett von vorne zu beginnen, lernte er das Berufsbild des Mediators kennen und wusste, dass es genau das war, was er sich vorgestellt hatte. Für diesen Beruf hatte er mit seinem Jura-Studium die perfekte Grundlage für eine Weiterbildung und ist heute sehr zufrieden.

5. BAUCHGEFÜHL STATT MASTERPLAN

Erfolg ist das Resultat perfekter Vorbereitung. Das zumindest glauben viele. Die von uns befragten Life-Designer beschrieben ihr Vorgehen zwar als grundlegend strukturiert, an entscheidenden Punkten allerdings als hauptsächlich intuitiv. Gerade elementare Entscheidungen treffen sie eher aus dem Bauch heraus als auf Grundlage von Statistiken und Erhebungen. Der Drang nach perfekter Planung entspringt oft eher der Angst, den ersten praktischen Schritt ins Ungewisse tatsächlich zu tun, auch wenn es meistens gar nicht anders geht.

TESTIMONIAL DESIGN YOUR LIFE

Von der PR-Beraterin zur Online-Unternehmerin

Wenn Helene Stolzenberg heute von ihrer Arbeit spricht, dann tut sie das mit einem Lächeln im Gesicht. Im November 2012 eröffnete die 36-jährige Berlinerin nordliebe.com, einen Online-Shop für skandinavisches Design und erfüllte sich damit den lange ersehnten Traum von der Selbstständigkeit. „Ich kann jetzt Beruf und Familie viel besser miteinander vereinbaren", sagt sie und nennt damit nur einen Vorteil ihrer beruflichen Veränderung. Diese Freiheit hatte sie jedoch nicht immer.

DAS LEBEN VERLANGTE MEHR FLEXIBILITÄT

Helene Stolzenberg zog es nach dem Studium in die PR-Branche. Das Geschäft lag ihr und sie machte dort eine ziemlich steile Karriere: spannende Kunden, große Budgets und herausfordernde Projekte. „Diese acht Jahre waren sehr intensiv", sagt sie heute. „Ich habe viel erlebt und gelernt, Projekte von A bis Z zu durchdenken. Davon habe ich beim Aufbau von Nordliebe sehr profitiert." Mit der Geburt ihrer Tochter begann der Job allerdings zunehmend zur Belastung zu werden. Nach einem Jahr Elternzeit merkte sie schnell, dass Beruf und Privatleben nicht weiter vereinbar waren. Stolzenberg: „Die Strukturen des Agenturbetriebes waren starr und passten nicht mehr zu meinem Leben. Als Alleinerziehende musste ich flexibler sein können."

Helene Stolzenberg

KEINE LUST MEHR AUFS HAMSTERRAD

Irgendwann merkte sie dann, dass sie so nicht weitermachen konnte. Heute bezeichnet sie diesen Moment als Startpunkt von Nordliebe. Innerhalb einer Woche kündigte sie und wagte einen kompletten Neustart. Einige ihrer Kollegen bewunderten sie für diesen Schritt. Andere waren skeptisch, gerade weil sie keinen konkreten Plan B hatte. Stolzenberg: „Ich bewarb mich schnell bei anderen Agenturen. Doch das lief letztendlich auf dasselbe hinaus, dieselbe Arbeit, dieselben Strukturen. Das war keine Lösung." Sie nahm sich die Zeit eine bewusste Entscheidung zu treffen: „Ich hatte bereits mein ganzes Leben radikal umgestellt. Da wurde mir bewusst, dass diese Zeit auch Platz für Träume schafft." Wo sie bis dato einem hohen Leistungsdruck ausgesetzt war, entstand nun Raum für persönliche Verwirklichung. „Ich sagte mir: ‚Now or never!'"

EIN LANG ERSEHNTER TRAUM WIRD ZUM KONKRETEN PLAN

Durch zahlreiche Erfahrungen in der Vergangenheit wusste sie, dass das Verkaufen zu ihren Talenten zählte. So keimte der lang ersehnte Traum vom eigenen Laden wieder auf. Als sie die Idee in ein konkretes Konzept überführte, erkannte sie, dass eCommerce ihr genau die Flexibilität ermöglichen konnte, die sie in ihrem alten Job vermisst hatte. „Der Aufbau des Shops war ein Jahr lang mein Fulltimejob und erforderte viel Planung bis zur finalen Umsetzung", so Stolzenberg. Gerade in dieser Zeit war der soziale Halt besonders wichtig: „Meine Familie und Freunde haben mich in den Phasen des Zweifels bestärkt, weiter meinen Weg zu gehen. Das war enorm wichtig für mich", erinnert sie sich heute.

FREI VON FREMDEN ZWÄNGEN SEIN

Heute ist Helene Stolzenberg mit Nordliebe erfolgreich und die Skeptiker von einst bewundern sie heute für ihren Mut. Viele von ihnen würden es ihr gerne gleich tun, wenn sie nur eine konkrete Geschäftsidee hätten. „Not macht erfinderisch. Ich musste mir meinen Traumjob erst selbst bauen, um ihn zu finden", erklärt Helene Stolzenberg. „Heute bin ich in jeder Hinsicht ausgeglichen. Mein Shop ist rund um die Uhr geöffnet, sodass ich auch Geld verdiene, wenn ich im Kino oder beim Abendessen sitze." Parallel dazu ist sie auch weiter als Beraterin tätig – mit dem Unterschied, dass sie sich heute die Zeit frei einteilen kann: „Mein Job ist nun befriedigender, frei von fremden Zwängen. Er ist erfüllender, seitdem ich ihn wirklich für mich tue."

Stairway to Heaven

VON DER VISION ZUR WIRKLICHKEIT

Stairway to Heaven ist für uns ein unersetzliches Strategie-Werkzeug geworden, dass wir selbst regelmäßig nutzen. Mit ihm kannst du ganz einfach visualisieren, wie dein Life-Design heute aussieht, was deine nächsten Projekte sind und wohin deine Vision geht. Diese drei Ebenen (Gegenwart, nächste Schritte, langfristige Vision) liegen übereinander auf der Zeitachse.

Hierhin gehören alle Projekte, die du gerade betreibst. Dazu gehören Jobs, Aufträge, Ehrenamt, aber auch Themen wie Freizeit, Familie und Hobbys.

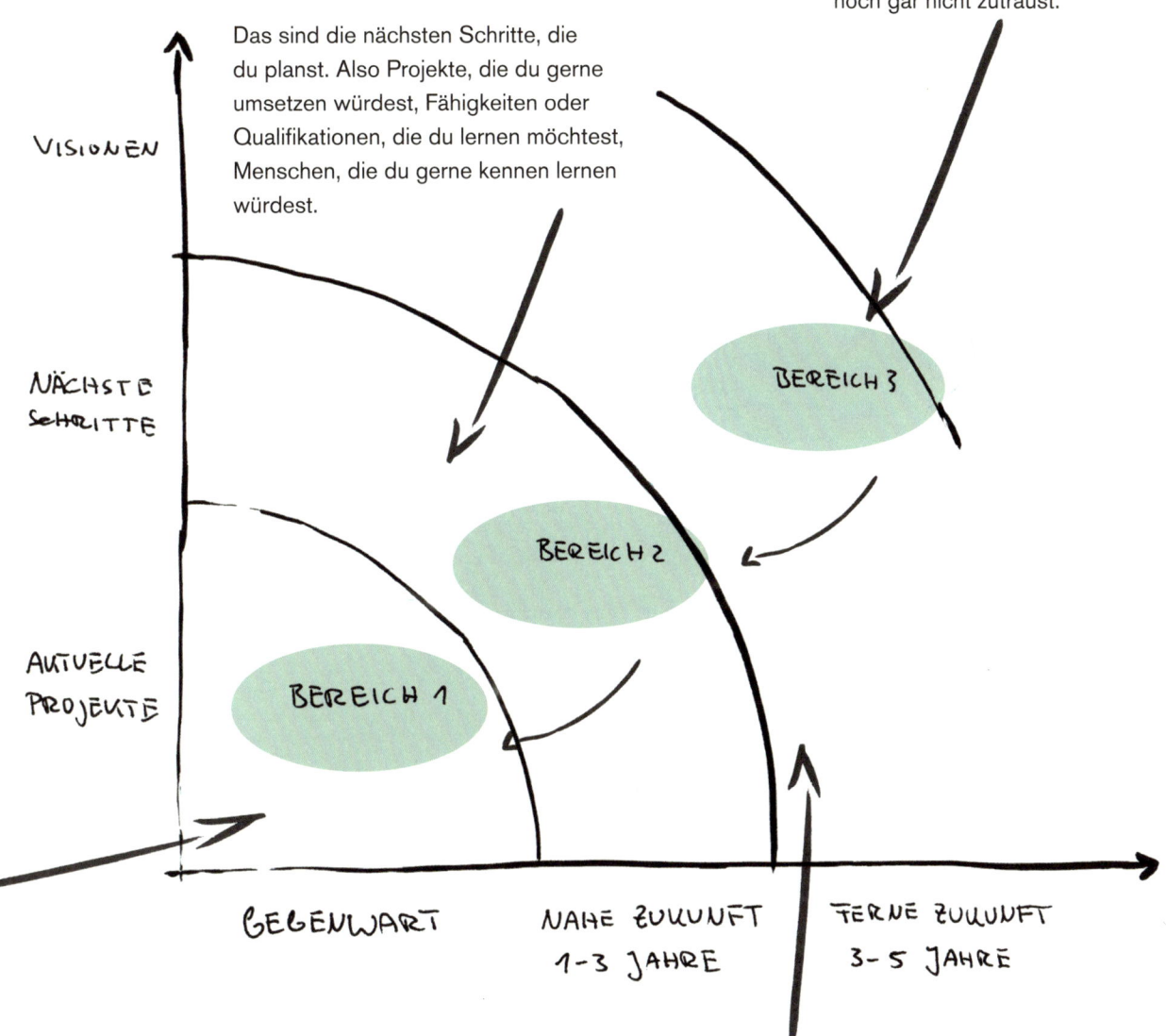

Der Clou: Dein Masterplan sagt dir, woran du arbeiten musst: Nämlich die einzelnen Elemente jeweils eine Ebene nach unten zu holen und gleichzeitig näher an die Gegenwart zu bringen. Jeder Bereich hat aber nur begrenzt Platz. Für jedes Element, das dazukommt, muss ein Element weichen. So muss unten immer genug Arbeit sein, die deinen Lebensunterhalt sichert. Aber das, was du heute machst, ist in ein paar Jahren vielleicht gar nicht mehr da. Dafür haben sich dann aber auch deine Träume geändert. Was dann auf der visionären Ebene ist, kannst du dir heute noch gar nicht vorstellen. Es wird auf jeden Fall mit deinen Werten und deiner Leidenschaft zu tun haben.

Unsere Stairway

HIER ZEIGEN WIR EUCH, WIE WIR AUS EINER VISION REALITÄT GEMACHT HABEN.

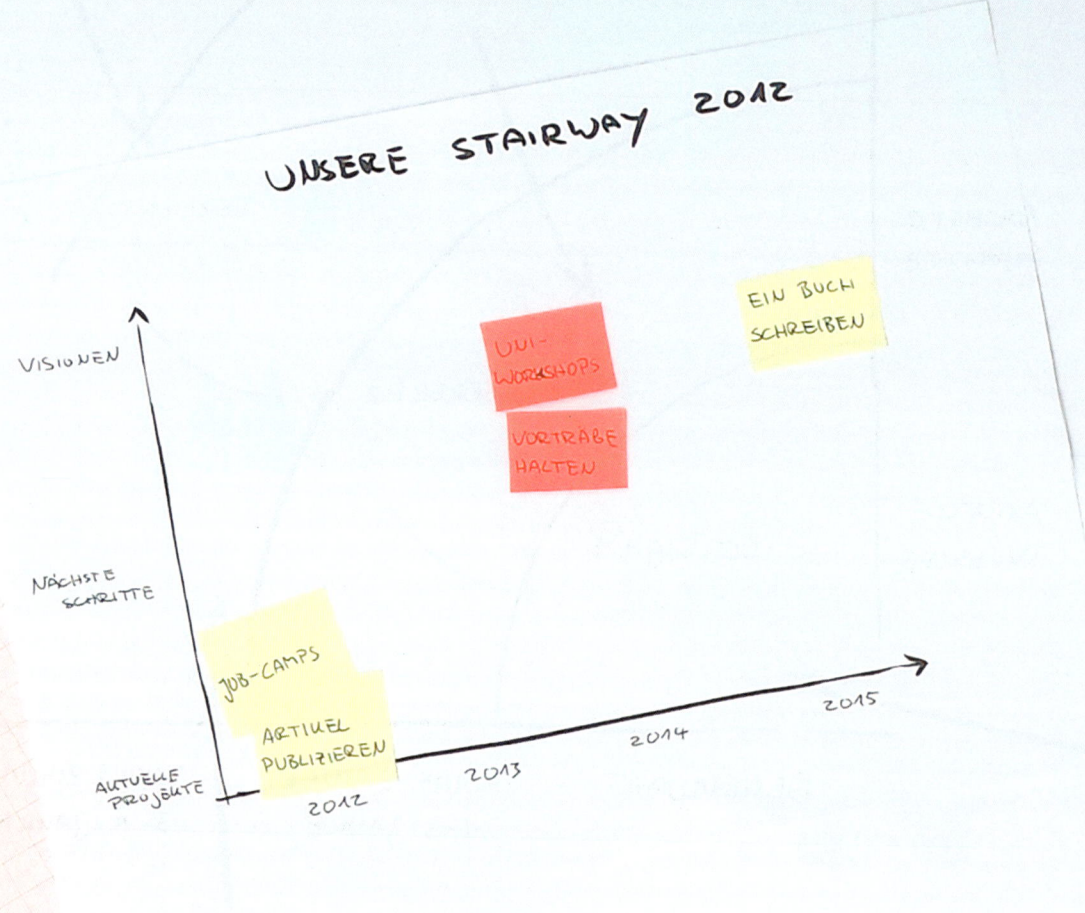

DESIGN YOUR LIFE KAPITEL 6

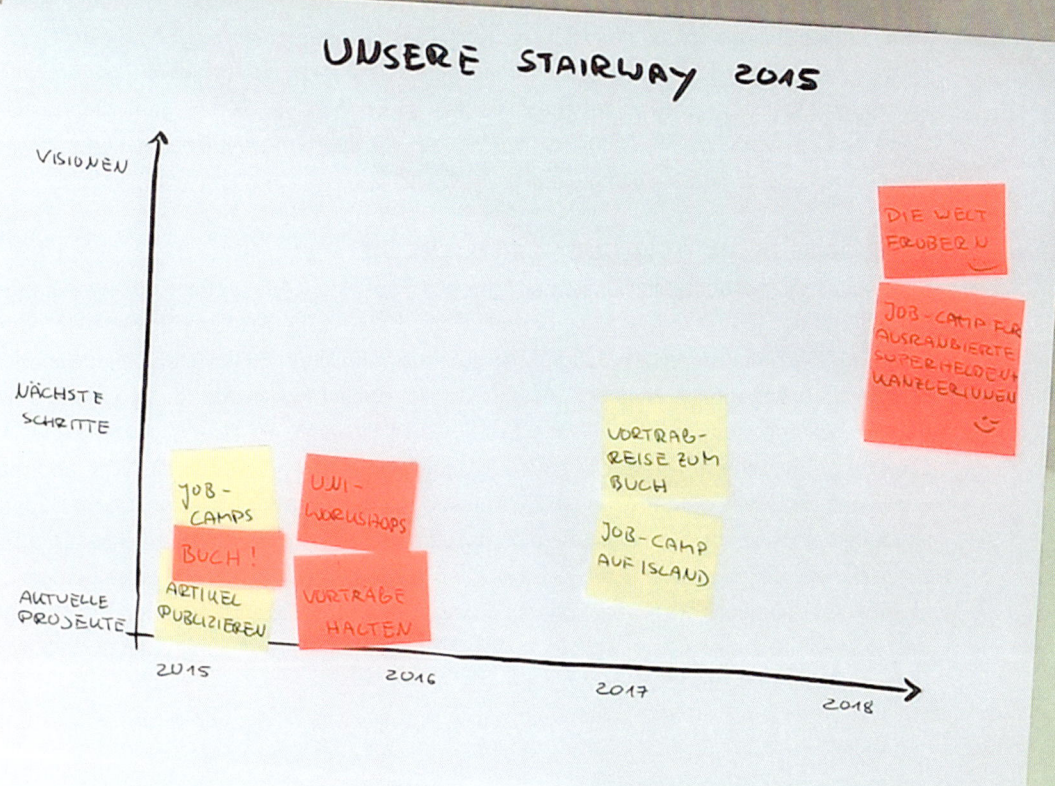

UNSERE STAIRWAY

Statt eines Endes...

WORAN WIR GLAUBEN

Wollten wir Design Thinking – die Philosophie, die wir diesem Buch zugrunde gelegt haben – auf eine einzige Metapher reduzieren, dann wäre das der Looping. Er symbolisiert die Idee, dass Design niemals fertig ist. Es ist vielmehr der ewige Versuch auf den permanenten Wandel zu antworten und das Bestreben, immer wieder die beste aller möglichen Antworten darauf zu finden – für den Moment, für das Hier und Jetzt. Dieser Anspruch gilt auch für dieses Buch und für den Prozess des Life-Designs. Du bist niemals damit fertig. Du bist immer mittendrin! Und auch wenn das Buch „Design Your Life" hier fast zu Ende ist, für dich fängt es gerade erst an. Doch bevor du dich an die Arbeit machst, wollen wir dir noch zwei Botschaften mit auf den Weg geben, die uns sehr wichtig sind.

GEHE RAUS IN DIE WELT UND VERÄNDERE SIE!

Es ist eines der bekanntesten Zitate der Film- und Popkultur: „Aus großer Kraft erwächst große Verantwortung". Es ist dieser Satz, der aus Peter Parker „The Amazing Spider-Man" werden lässt. Der Satz, der aus einem Jungen mit außergewöhnlichen Fähigkeiten einen Kämpfer für die Gerechtigkeit macht. Natürlich, das ist Comic, das ist Hollywood, das ist amerikanische Can-Do-Attitüde vom Feinsten. Dennoch stecken in diesem Satz zwei Aspekte, die wir beim Life-Design für zentral halten. Die erste Botschaft lautet: Gehe raus in die Welt und mache etwas aus dem, was dir gegeben ist! Du musst dafür nicht Spider-Man sein. Deine Superkraft ist deine Leidenschaft. Sie ist es, die dich dazu bringt, über dich hinauszuwachsen und Dinge zu erreichen, die du nicht für möglich gehalten hast. Tust du etwas aus tiefer Leidenschaft, mobilisierst du ungeahnte Kräfte, findest Lösungen selbst für die schwierigsten Probleme. Und das vielleicht faszinierendste: Du steckst die Menschen in deinem Umfeld an und überträgst diese Energie im besten Fall auch auf sie.

LASS' ANDERE VON DEINEN IDEEN PROFITIEREN!
Der zweite Aspekt des Zitates bezieht sich auf die Verantwortung, die du als Life-Designer anderen gegenüber hast. Seine Botschaft lautet: Leidenschaft ist kein Wellness-Faktor für ein schönes Leben. Seine Leidenschaft ausleben zu können, das ist ein Privileg, das sich viele Menschen nicht leisten können. Mache diese Menschen zu Profiteuren deiner Leidenschaften. Wir sind uns sicher: Jede deiner Job-Ideen kann dazu beitragen, anderen zu helfen, die dieses Privileg nicht haben. Aus eigener Erfahrung wissen wir: Die eigenen Leidenschaften dafür einzusetzen, etwas zu bewirken, ist unglaublich befriedigend. Begreife, dass Leidenschaft eine Kraft ist, die indem sie auf andere wirkt, auch auf dich zurückstrahlt. Wir wünschen uns, dass du dir immer dann, wenn von Leidenschaft die Rede ist, die Frage stellst, wen du mit deiner Leidenschaft zum Lächeln bringen kannst.

Outro

Es gibt Tage, die man nicht mehr vergisst. Die sich einbrennen in das Gedächtnis. Und die im Rückblick eine ganz besondere Bedeutung erhalten. Heute ist für dich so ein Tag! Denn du hast deine Ausbildung zum Life-Designer abgeschlossen. Du hast den Prozess vollständig durchlaufen und das Handwerkszeug des Life-Designers in deinem Leben auf ganz zentrale Fragestellungen angewandt. Nutze dieses Wissen! Wende es an und lebe es im Alltag.

Wir würden uns wünschen, dass du in dieser Zeit, die wir miteinander verbracht haben, einen neuen Blick auf dich und deine Möglichkeiten gewonnen hast. Den Blick des Life-Designers: Neugierig, freudig, optimistisch und offen. Vielleicht fängt heute nicht ein neues Leben für dich an. Aber im besten Fall haben wir dich ein Stück näher an diese Entscheidung herangeführt, von der wir ganz am Anfang dieses Buches gesprochen haben: Der Entscheidung für ein Leben nach deinen Vorstellungen und Möglichkeiten. Ein Leben, in dem Arbeit nicht mehr jene acht Stunden sind, die dich vom nächsten Feierabend trennen. Ein Leben voll von Arbeit, die Spaß macht, sinnstiftend ist und Relevanz hat – für dich und dein Umfeld.

Jetzt ist es an dir. Beginne jetzt. Beginne hier. Werde zum Designer deines Lebens.

DESIGN YOUR LIFE

OUTRO

271

Die Autoren

ROBERT KÖTTER UND MARIUS KURSAWE

Robert ist Coach, Vortragsredner und Gründer von Work-Life-Romance. Seit über zehn Jahren berät er Menschen und Organisationen im Umbruch. Außerdem ist er als Experte an der Bundeskunsthalle in Bonn tätig, als Reiseleiter in Asien unterwegs und tritt als Clown auf. Robert hat Vergleichende Religionswissenschaft und Philosophie in Bonn, Leipzig und Tokio studiert und ist zertifizierter Systemischer Berater und NLP-Practitioner. Seine Begeisterung gilt Menschen, die ihr Leben immer wieder erfolgreich umkrempeln. Er lebt mit seiner Frau in Köln.

Marius ist Gründer von Work-Life-Romance. Als Berater, Speaker und Autor widmet er sich Fragen zur Zukunft der Arbeit. Der Change-Experte hat über Jahre hinweg Unternehmen durch schwierige Veränderungen begleitet. Diese Erfahrung bringt er bei Work-Life-Romance mit großer Leidenschaft in die Entwicklung und Umsetzung beruflicher Veränderungen ein. Marius ist Absolvent der Universität Bonn und der Rotterdam School of Management. Er ist Vater eines Sohnes und lebt mit seiner Frau in Bonn.

Danke

UNSER BESONDERER DANK GILT DEN LIFE-DESIGNERN, DEREN GESCHICHTEN WIR IN DIESEM BUCH ERZÄHLEN DURFTEN:

Christiane Ahumada, Tina Akbar und Anna Altintzoglou, Christopher Batke, Thomas Blome, Christiane von Burkersroda, Jendrik Busch, Jürgen Courret, Anja Depner, Tamas Fejer, Alexander Fröhlich, Marco Fuß, Karin Hofmann, Sylvia Kautz, Kathrin Kelz, Paul Ketz, Wolfgang Mans, Markus Querengässer, Gerhard Raith, Simone Sauter, Marc Schemmann, Harald Schmidt-Ott, Ole Seidenberg, Carola Sonnet, Sandra Spinneken, Jannike Stöhr, Helene Stolzenberg, Sabrina Szabo, Lisa Szeponik, Milena Wälder, Nicole Wahl, Friederike von Wedel-Palow, Julian Weisse und Georg von Westphalen

DANKE FÜR INSPIRATION UND IMPULSE:

Ina Vera von Bargen, Carmen Bellscheidt, Simon Broich, Branislav Busovsky, Tomislav Cikojevic, Lena Viktoria Dickgießer, Lena Felixberger, Anne Fischer, Annika Hartmann, Lars von Hugo, Anna Kaiser, Jasmin Köhler, Katja Kremling, Birte Kötter, Henriette Kötter, Charlotte Kötter, Ana Lichtwer, Klaudia Michalek-Kursawe, Insa Moog, Holger Nils Pohl, Marc Schemmann, Jan Sessenhausen, Magdalena Smaha, Felix Stang, Robby Steuding, Lisa Szeponik, Jana Tepe, Stefan Trinius, Stephanie Walter, Ellen Winter und Manuela Wieder

DANKE UNSEREM DESIGN-TEAM:

Maria Klingenberg und Pascal Schöning haben unsere Vision von „Design Your Life" mit großem Einsatz Wirklichkeit werden lassen und selbst in den stürmischsten Momenten die Ruhe bewahrt. Ohne sie wäre dieses Buch eine Textwüste. Danke euch beiden!

DESIGN YOUR LIFE

Bildquellen

Das Foto von Christiane Ahumada auf Seiten 16 und 112: © Jennifer Fey
Das Foto von Alexander Fröhlich auf Seiten 16, 82, 208: © Felix Eisenmeier
Das Foto von Christiane von Burkersroda auf Seiten 17 und 96: © Monika Wrba
Das Foto von Harald Schmidt-Ott auf Seiten 17 und 130: privat
Das Foto von Wolfgang Mans auf Seiten 17 und 72: © Jasmin Köhler
Das Foto von Friederike von Wedel-Parlow auf Seite 24: © Natalie Toczek
Das Foto von Jürgen Courret auf Seiten 24 und 138: privat
Das Foto von Sandra Spinneken auf Seiten 25, 209 und 227: privat
Das Foto von Gerhard Raith auf Seiten 25, 209 und 224: privat
Das Foto von Kathrin Kelz auf Seiten 25 und 44: privat
Das Foto von Paul Ketz auf Seite 25: © Diefenbacher
Das Foto von Sylvia Kautz auf Seite 55: privat
Das Foto von Nicole Wahl auf Seite 64: © Steffen Stilpirat Böttcher
Das Foto von Anja Depner auf Seite 78: © Monika Nonnenmacher
Die Zeichnung auf Seiten 78-79: © Anja Depner
Das Foto von Carola Sonnet auf Seite 102: Detlef Eden
Das Foto von Lisa Szeponik auf Seite 119: privat
Das Social Media Prisma auf Seite 121: © Ethority (http://ethority.de/social-media-prisma/)
Das Foto von Karin Hofmann auf Seite 134: © Heimo Binder
Die Zeichnung auf Seiten 135 und 258-259: © Karin Hofmann
Das Foto von Marco Fuß auf Seite 150: © Henning Kreitel
Das Foto von Jendrik Busch auf Seite 152: privat
Das Foto von Simone Sauter auf Seiten 156 und 162: privat
Das Foto von Georg von Westphalen auf Seiten 161 und 228: privat
Das Foto von Marc Schemmann auf Seite 163: privat
Das Foto von Sabrina Szabo auf Seite 170: © Insa Moog
Das Foto von Christopher Batke auf Seite 185: privat
Das Foto von Ole Seidenberg auf Seite 192: © Heinz Naundorf
Das Foto von Tamas Fejer auf Seite 198: privat
Das Foto von Thomas Blome auf Seiten 203 und 208: privat
Das Foto von Julian Weisse auf Seiten 208 und 234: Nancy Ebert
Das Foto von Markus Querengässer auf Seiten 209 und 223: privat
Das Foto von Anna Altintzoglou und Tina Akbar auf Seite 231: privat
Das Foto von Jana Tepe und Anna Kaiser auf Seite 233: © Christian Stumpp

Die Fotos von Jannike Stöhr auf Seite 236: privat; Foto auf Seite 237: © Sabine Rosch
Das Foto von Milena Wälder auf Seite 254: privat
Das Foto von Helene Stolzenberg auf Seite 262: privat
Das Foto von Jana Tepe und Anna Kaiser auf Seite 231: privat
Die Fotos von Robert Kötter und Marius Kursawe auf den Seiten 24, 225, 249 und 272:
© Nicole Wahl
Zeichnungen auf dem Foto von Robert Kötter und Marius Kursawe auf S. 272: © Holger Nils Pohl
Bildbearbeitung beim Foto von Robert Kötter und Marius Kursawe auf S. 272: © Simon Broich